普通高等学校"十二五"省部级重点规划教材

水 资 源 评 价

（第 2 版）

主　编　王双银　宋孝玉
副主编　张　鑫　马耀光　董　洁
主　审　刘俊民

黄河水利出版社

·郑州·

内 容 提 要

本书系统介绍了水资源及其评价的基本概念和原理,详尽论述了降水量和蒸发量的计算方法,对地表径流和地下水资源计算参数的计算方法,水资源数量、质量和开发利用现状评价作了深入阐述,并对水资源管理的有关内容作了介绍。

本书可作为普通高等院校水文与水资源工程专业本科生的教材,也可供水利工程、农业水土工程等相关专业的本科生及从事水资源管理规划工作的技术人员阅读参考。

图书在版编目(CIP)数据

水资源评价/王双银,宋孝玉主编.—2版.—郑州:黄河水利出版社,2014.7 (2023.7 修订重印)
普通高等学校"十二五"省部级重点规划教材
ISBN 978-7-5509-0837-6

Ⅰ.①水… Ⅱ.①王…②宋… Ⅲ.水资源-评价-高等职业教育-教材 Ⅳ.①TV211.1

中国版本图书馆 CIP 数据核字(2014)第 164850 号

策划组稿:杨雯惠 电话:0371-66020903 E-mail:yangwenhui923@163.com

出 版 社:黄河水利出版社
　　　　　　地址:河南省郑州市顺河路黄委会综合楼 14 层　邮政编码:450003
发行单位:黄河水利出版社
　　　　　　发行部电话:0371-66026940、66020550、66028024、66022620(传真)
　　　　　　E-mail:hhslcbs@126.com
承印单位:河南承创印务有限公司
开本:787 mm×1 092 mm　1/16
印张:17
字数:393 千字
版次:2014 年 8 月第 2 版　　　　　　印次:2023 年 7 月第 3 次印刷

定价:35.00 元

出版者的话

随着 2011 年中央 1 号文件《中共中央 国务院关于加快水利改革发展的决定》的发布和中央水利工作会议的召开,水利作为国家基础设施建设的优先领域迎来了前所未有的黄金期。到 2015 年全国水利投资总额达 1.8 万亿元,到 2020 年,水利投资达 4 万亿元。据《第一次全国水利普查公报》,截至 2011 年 12 月 31 日,全国堤防总长度为 413 679 公里(其中 5 级及以上在建堤防长度为 7 963 公里),共有水库 98 002 座(其中在建水库 756座),共有水电站 46 758 座(其中在建水电站 1 324 座)。水利水电工程的大规模建设对设计、施工、运行管理等水利水电专业人才的需求也更为迫切,如何更好地培养适应现今水利水电事业发展的优秀人才,成为水利水电专业院校共同面临的课题。作为水利水电行业的专业性科技出版社,我社长期关注水利水电学科的建设与发展,并积极组织水利水电类专著与教材的出版。

在对水利水电类本科层次教材的深入了解中,我们发现,以应用型本科教学为主的众多水利水电类专业院校普遍缺乏一套完整构建在校本科生专业知识体系又兼顾实践工作能力的教材。在广泛调研与充分征求各课程主讲老师意见的基础上,按照高等学校水利学科专业教学指导委员会对教材建设的指导精神与要求,并结合教育部实施的多层次建设、打造精品教材的出版战略,我社组织编写了本系列"全国高等院校水利水电类精品规划教材"。

此次规划教材的特点是:

(1)以培养水利水电类应用型人才为目标,充分重视实践教学环节。

(2)在依据现有的专业规范和课程教学大纲的前提下,突出特色,力求创新。

(3)紧扣现行的行业规范与标准。

(4)基本理论与工程实例相结合,易于学生接受与理解。

本系列教材除了涵盖传统专业基础课及专业课外,还补充了多个新开课程的教材,以便于学生扩充知识与技能,填补课堂无合适教材可用的空缺。同时,部分教材由工程技术人员或有工程设计施工从业经历的老师参与编写,也是此次规划教材的创新。

本系列教材的编写与出版得到了全国 21 所高等院校的鼎力支持,特别是三峡大学原党委书记刘德富教授和华北水利水电大学副校长刘汉东教授对系列教材的编写与出版给予了精心指导,有效保证了教材出版的整体水平与质量。在此对推进此次规划教材编写与出版的各院校领导和参编老师致以最诚挚的谢意,是他们在编审过程中的无私奉献与辛勤工作,才使得教材能够按计划出版。

"十年树木,百年树人",人才的培养需要教育者长期坚持不懈的努力,同样,好的教材也需要经过千锤百炼才能流传百世。本系列教材的出版只是我们打造精品专业教材的开始,希望各院校在对这些教材的使用过程中,提出改进意见与建议,以便日后再版时不断改正与完善。

黄河水利出版社

编 审 委 员 会

再版前言

水是生命之源、万物之本,是实现可持续发展的重要物质基础,同时又是一个国家综合国力的重要组成部分。随着人类社会对水的需求不断增加,水资源的供需矛盾日益突出,已成为国民经济发展的重要制约因素。水资源评价是科学规划和合理开发水资源的基础,是保护和管理水资源的依据,是实现国民经济可持续发展的前提。为了适应水资源调查评价和水资源综合规划的发展和生产实践的需要,贯彻教育部关于加强高校、高职、高专教育人才培养工作的意见,根据水文与水资源工程专业指导性教学计划编写了《水资源评价》一书。

《水资源评价》是水文与水资源工程专业的一门专业课,教材编写注重理论与实践相结合,同时考虑水资源评价工作发展的趋势,以传承经典、成熟理论体系为主,适当吸收了本学科领域的部分新成果,主要内容包括水资源数量评价、水资源质量评价和水资源开发利用评价,同时为了适应各院校课程设置的特点,本教材还增加了水资源管理的内容。

本教材编写大纲由编写人员集体讨论,经审稿人审定后确定。教材共分八章,参加具体编写工作的有:西北农林科技大学张鑫(第四章)、西北农林科技大学马耀光(第六章)、昆明理工大学程乖梅(第三章第五、六节)、西安理工大学宋孝玉(第一章第四、五节,第七章)、河南省农田水利水土保持技术推广站李凌涌(第八章)、西北农林科技大学王双银(第一章第一、二、三节,第二章,第三章第一、二、三、四、七节,第五章)。本书由王双银、宋孝玉担任主编,由王双银统稿,山东农业大学董洁参与了本次改版工作。西北农林科技大学教授、博士生导师、水利部水文与水资源工程专业教学指导委员会委员刘俊民主审。

本教材的出版得到了西北农林科技大学、西安理工大学、昆明理工大学、山东农业大学、陕西省水利厅水资源与科技处、陕西省水文水资源勘测局、陕西省宝鸡市水资源管理处等单位的关心和支持,在此我们向所有关心和支持本教材的单位和个人表示诚挚的谢意。同时,在编写过程中参阅了大量参考文献,在此谨向原作者表示衷心感谢。

由于本教材涉及学科领域较多,加之编者水平所限,书中不足及疏漏之处在所难免,恳请广大读者批评指正。

编 者

2014 年 5 月

目　录

第一章 绪 论

　　人类对水资源的认识和关注程度是随着水资源的日渐紧缺及生态环境的日渐恶化而不断增强的。水不仅是人类生存、经济发展和社会进步的生命线及实现可持续发展的重要物质基础,而且是一个国家综合国力的重要组成部分,是一个国家经济社会、文明发展的战略资源。1997 年联合国发布的《世界水资源综合评估报告》中指出:水问题将严重制约 21 世纪全球经济与社会发展,并可能导致国家间的冲突。

第一节　水资源的含义与特征

一、水资源的含义

　　水资源(water resources)的含义在国内外的有关文献中有多种提法,至今没有形成公认的定义。

　　《大不列颠大百科全书》将水资源解释为"全部自然界任何形态的水,包括气态水、液态水和固态水的总量",为"水资源"赋予了十分广泛的含义。实际上,资源的本质特性应体现其"可利用性",不能被人类利用即不能称其为资源。基于此,1963 年英国的《水资源法》将水资源定义为"(地球上)具有足够数量的可用水"。在水环境污染并不突出的特定条件下,这一概念比《大不列颠大百科全书》的定义赋予水资源更为明确的含义,强调了其在量上的可利用性(李广贺等,1998)。联合国教科文组织(UNESCO)和世界气象组织(WMO)共同制定的《水资源评价活动——国家评价手册》中,定义水资源为"可以利用或有可能被利用的水源,具有足够的数量和可用的质量,并能在某一地点为满足某种用途而可被利用"。这一定义的核心主要包括两个方面:其一是应有足够的数量;其二是强调了水资源的质量。有"量"无"质",或有"质"无"量",均不能称之为水资源。这一阐述比英国《水资源法》中有关水资源的定义具有更为明确的含义,它不仅考虑了水的数量,同时还指出其必须具备质量的可利用性(李广贺等,1998)。

　　《中华人民共和国水法》将水资源认定为"地表水和地下水"。《环境科学词典》定义水资源为"特定时空下可利用的水,是可再利用资源,不论其质与量,水的可利用性是有限制条件的"。《中国大百科全书大气科学·海洋科学·水文科学》定义的水资源是指地球表层可供人类利用的水,包括水量(水质)、水域和水能资源,一般指每年可更新的水量资源。《中国水利百科全书》定义的水资源是指地球上所有的气态、液态或固态的天然水。人类可利用的水资源,主要指某一地区逐年可以恢复和更新的淡水资源。1991 年,我国《水科学进展》编辑部以"水资源的定义与内涵"为题,组织国内有关人士进行了笔谈,但是由于各自的研究角度和侧重点不同,差异较大,难以把握。

　　对水资源的概念及其内涵之所以有不尽一致的认识与理解,主要原因是各种类型的水体具有相互转化的特性,不同用途对水量和水质具有不同的要求,水资源的"量"和"质"在一定条件下是可以改变的,水资源与自然生态系统、社会经济系统及其变化有着密切的联系和作用,特别是水资源的开发利用还受经济技术条件、社会条件和环境条件的制约。为此,李广贺等(1998年)将水资源界定为:"水资源可以理解为人类长期生存、生活和生产活动中所需要的各种水,既包括数量和质量含义,又包括其使用价值和经济价值。水资源的概念具有广义和狭义之分。狭义上的水资源是指人类在一定的经济技术条件下能够直接利用的淡水;广义上的水资源是指能够直接或间接使用的各种水和水中物质,在社会生活和生产中具有使用价值和经济价值的水都可称为水资源。"

二、水资源的基本特性

水资源作为主要的自然资源,既是一切生物赖以生存的基本条件和人类生产生活的重要资源,又是自然环境的重要要素。为了防止因水资源过量利用而造成地表、地下水体枯竭,给自然环境和生态平衡带来严重的不良后果,水资源开发利用应以参与水循环的动态水量为上限,一般不宜动用静态水量。水资源具有一般资源的基本特性,但就其本身的存在形式及与自然环境、人类生产生活、经济社会等的关系来看,又具有某些比一般资源更重要的特性。只有充分认识它的特性,才能合理、有效地利用。

(一)水资源属于可更新资源(可再生资源)

地表水和地下水不断得到大气降水的补给,开发利用后可以恢复和更新,并在一定时空范围内保持动态平衡,因此水资源属于可更新资源,具有可再生性。若能设法合理地增加和诱导天然补给,合理地控制其使用量和存在的空间,则能持续开发利用。例如,人为地控制地下水的埋深,可增加地下水的可补给量,并减少潜水蒸发。

水资源的质还表现为可改善性。水质的改善既可根据水体的生态环境和物理化学特性,利用水体的自净功能和水文地质环境对水体的净化能力来达到,也可通过人为技术措施来实现,但是改善程度取决于人、财、物的投入和用水目的的要求。

(二)水资源具有不可替代性

水资源不仅是人类及其他一切生物生存的必要条件和基础物质,也是国民经济建设和社会发展不可缺少的资源。在当今世界,对水的认识是把其纳入国家综合国力的重要组成部分来对待,人均年耗水量已成为衡量一个国家经济发展程度的重要标志,其用水结构成为判断一个国家工业化程度和生活水平的重要依据,而单方水所能创造的财富,又是衡量一个国家技术经济水平的重要尺度,其开发利用潜力决定着一个国家的发展后劲。在我国,把"水利是农业的命脉"提高到水利是国民经济基础设施和基础产业的地位,并纳入国家可持续发展长远目标规划进行优先考虑。国际上已公认,水是未来繁荣昌盛和社会稳定的一种关键自然资源,应被作为区域合作的一个促进因素来认识。

(三)水资源的有限性及不均匀性

水循环过程虽然是无限的,但各种水体的补给量是不同的和有限的,这决定了水资源在一定数量限度内才是取之不尽、用之不竭的。水资源在空间和时间上分布极不均衡,与人类的需要相差很远,加之水基本上是就地利用,难以远距离输送,因此世界上不少地区水资源匮乏。我国是世界上水资源比较贫乏的国家之一,突出表现在水资源地区分布很不均匀;与人口、土地、矿产资源的分布和经济布局也不相适应;年际、年内变化较大;同时,我国还是世界上水旱灾害频发的国家之一。

(四)水环境较脆弱、易破坏

水环境较脆弱、易破坏的特性主要体现在两个方面:一是水环境易受污染,使原本洁净的水域失去利用功能,而且作为一种载体,能使污染物在更大范围扩散蔓延;二是水环境极易受破坏,特别是地下水,当开采量超过补给量时,水资源的质和量都会失去平衡状况,并由此引发一系列的地质环境问题,从而使水资源失去原有存在的环境条件,失去作为开发利用水源基地的应有价值。例如,地下水超量开采所造成的直接后果是地下水位持续下降,地下水降落漏斗逐年扩大、加深。据《全国水资源综合规划》成果,全国目前已形成深浅层地下水超采区 400 多个,地下水超采区总面积近 19 万 km^2,占平原区总面积的 11% 左右,主要分布在北方地区,其中海河平原地下水超采区面积占其平原面积的 91%。在超采区中,开采率大于 120% 及年均地下水位下降速率大于 1.5 m 的严重超采区面积约为 7.2 万 km^2,约占全国超采区面积的 39%。地下水降落漏斗的发生导致机井大批报废,设备不断更新,井越凿越深,取水成本越来越高,形成恶性循环。同时,诱发海水、咸水入侵以及地面沉陷、堤坝裂缝等水文地质环境问题,致使生态环境日益恶化。

在开发利用水资源时,必须切实保护环境,否则会产生严重危害。同时,水环境一旦受到污染和破坏,治理起来非常困难,代价也是巨大的。这也是人类在开发利用水资源时所逐步认识到的,水环境的脆弱性无时不在提醒我们注意保护人类的生存环境。

第二节 我国水资源概况

一、水资源数量

据《全国水资源综合规划》成果,我国多年平均年降水量为 61 775 亿 m^3,折合降水深 650 mm。我国南方地区面积占全国的 36%,降水量占全国的 68%;北方地区面积占全国的 64%,降水量占全国的 32%,其中西北诸河区面积占全国的 35%,降水量仅占全国的 9%。全国多年平均年地表水资源量为 27 388 亿 m^3,折合径流深 288 mm,其中南方地区地表水资源量占全国的 84%,折合径流深 667 mm,北方地区地表水资源量占全国的 16%,折合径流深 72 mm。全国多年平均年地下水资源量为 8 218 亿 m^3,其中北方地区地下水资源量为 2 458 亿 m^3,占全国的 30%,南方地区为 5 760 亿 m^3,占全国的 70%。全国山丘区地下水资源量为 6 770 亿 m^3,占全国的 79%,绝大多数通过河川径流的形式排泄;全国平原区地下水资源量为 1 765 亿 m^3(含与山丘区间重复计算量 317 亿 m^3),占全国的 21%。

全国多年平均年降水量为 61 775 亿 m^3,多年平均年地表水资源量为 27 388 亿 m^3,多年平均年地下水资源量为 8 218 亿 m^3,全国多年平均年水资源总量(地表水资源量和地下水资源量之和扣除二者之间的重复计算水量 7 194 亿 m^3)为 28 412 亿 m^3,其中北方地区水资源总量为 5 267 亿 m^3,占全国的 19%,南方地区为 23 145 亿 m^3,占全国的 81%。全国和省级行政区水资源数量见附表 1 和附表 2。

二、水资源质量

据《全国水资源综合规划》成果,我国地表水和地下水矿化度总体趋势均由东南向西北逐渐升高。全国地表水矿化度小于 0.1 g/L 极低矿化度水、0.1 ~ 0.3 g/L 低矿化度水、0.3 ~ 0.5 g/L 中等矿化度水、0.5 ~ 1 g/L 较高矿化度水、大于 1g/L 高矿化度水的分布面积分别占全国的 8%、39%、21%、19% 和 13%。全国平原区地下水矿化度小于或等于 1 g/L、1 ~ 2 g/L、2 ~ 3 g/L 的面积分别占 63.6%、21.2% 和 6.3%;矿化度 3 ~ 5 g/L 的半咸水面积占 4.3%;矿化度大于 5 g/L 的咸水面积占 4.6%。

1980 年以来,我国工业及城镇废污水排放量年均增长率为 6% 左右。由于点源污染不断增加而废污水达标和处理程度低(2006 年全国设市城市污水处理率为 57%,县城仅为 23%),非点源污染日渐严重但缺乏有效的防治,进入我国江河湖库水体的污染物不断增加,如海河区、太湖流域、辽河流域的污径比分别高达 50%、44% 和 38%。由于许多河流(段)污染物入河量远远超过了其水体容纳能力,水环境污染十分严重。在全国主要江河湖库划定的 6 834 个水功能区中,有 33% 的水功能区化学需氧量 COD 或氨氮现状污染物入河量超过其了纳污能力,其污染物入河量为其纳污能力的 4 ~ 5 倍,部分河流(段)甚至高达 13 倍,造成水体质量不断恶化,湖泊和水库富营养化加剧问题突出,一些水体使用功能部分或全部丧失。全国水功能区达标个数比例为 55%,其中南方地区为 67%,北方地区为 39%。海河区、淮河区、辽河区的辽河流域和太湖流域分别为 28%、29%、29% 和 24%。全国评价的湖泊、河流和水库类水功能区达标比例分别为 48%、60% 和 76%。总体上,湖泊水质较河流水质状况差、河流水质较水库差,缺水地区较丰水地区差,水网地区较其他地区差,城镇河段较一般河段差,下游人口密集地区河段较上游地区差。

全国平原区浅层地下水水质评价结果表明,Ⅰ ~ Ⅲ 类水面积占评价面积的 37%,Ⅳ、Ⅴ 类水面积分别占评价面积的 29% 和 34%。总体而言,经济社会活动强度大、人口密集、地表水污染严重、土地开发利用程度高和地下水天然本底较差地区的地下水水质较差,如辽河区、海河区 Ⅴ 类地下水面积占评价面积的比例分别为 61%、50%。若剔除地下水水质受天然因素影响造成部分指标本底超标,全国平原区浅层地下水约 26% 的 Ⅳ、Ⅴ 类水面积是人为污染造成的。

三、我国水资源的特点

(1)总量相对丰富,但人均拥有水量少,水资源供需矛盾突出。

我国水资源总量为 28 412 亿 m^3,仅次于巴西、前苏联、加拿大、美国和印度尼西亚,位居世界第六。但我国人均水资源占有量为 2 114 m^3,仅为世界平均值的 28%;耕地亩均水资源占有量 1 500 m^3 左右,为世界平均值的一半左右;单位国土面积水资源量 30 万 m^3/km^2,约为世界平均值的 4/5。全国 669 座城市中,有 400 座供水不足,110 多座严重缺水,严重缺水城市中北方城市占 71 个,南方城市有 43 个。

(2)水资源地区分布不均匀,与生产力布局不相匹配。

我国水资源时空变化大、分布不均且与生产力布局不相匹配。北方地区国土面积、人口、耕地面积和 GDP 分别占全国的 64%、46%、60% 和 45%,但其水资源总量仅占全国的

18.6%,人均水资源占有量为 883 m^3,不足南方地区的 1/3。其中,黄河、淮河、海河 3 个水资源一级区水资源总量仅占全国的 7%,人均水资源占有量不足 450 m^3。由于人均水资源量少,年内年际变化大,分布不均且与生产力布局不相匹配,不但易造成旱涝灾害,也使得水资源开发利用难度较大,可利用水量有限。

(3)水资源时间分配不均匀,水资源年际、年内变化大。

我国降水及河川径流量的年际变化大,年降水量最大值与最小值之比,南方为 2~3,北方为 3~5;年径流量最大值与最小值之比,长江、珠江、松花江为 2~3、黄河约为 4,淮河达到 15,海河高达 20。一些主要河流都曾出现过连续丰水年和连续枯水年的现象。例如,黄河 1922~1932 年是连续 11 年的枯水年,11 年的平均年径流量比常年偏少 24%,同样也出现过 1943~1951 年的连续 9 年的丰水年,9 年平均年径流量比常年偏多 19%。这种连续丰、枯水年现象,是造成水旱灾害频繁、生产供水保证率降低和水资源供需矛盾加剧的重要原因,增加了开发利用水资源的难度和复杂性。

同时,年内降水、径流的发生主要集中在汛期。例如,我国华北和东北地区每年 6~9 月份的降水量一般占全年降水量的 60%~80%,而 10 月至次年 5 月才占到 20%~40%。全国多数地区河流最大 4 个月(一般指 6~9 月)的径流量占全年的 40%~70%。降水、径流年内集中分布,加大了拦蓄、调节水资源的难度,尤其是在当前对雨洪资源开发利用措施不多、能力有限的情况下,大量雨洪资源不能成为可利用的有效水资源而白白流掉,造成水资源评价量偏大。但是,也应看到我国的雨热同期优势,为农业生产充分利用降水资源,提高农业产量创造了有利条件。

第三节　水资源评价发展及其条件

一、水资源评价的发展过程

水资源评价是保证水资源可持续开发和管理的前提,是进行与水有关活动的基础。因此,应把对国家范围内水资源的评价看做是国家的责任,并关心这种评价的深度是否能适应国家的需要。联合国于 1977 年在阿根廷马德普拉塔(Mar Del Plata)召开的世界水会议的第一项决议中指出:没有对水资源的综合评价,就谈不上对水资源的合理规划与管理,并号召各国进行一次专门的国家水平的水资源评价活动。为此,世界气象组织和联合国教科文组织在联合国管理协调委员会秘书局水资源组的支持下,组织开展了这项工作。这一行动,使全球水资源评价活动大大前进了一步。

美国在 1840 年对俄亥俄河和密西西比河进行过河川径流量的统计,并在 19 世纪末 20 世纪初编写了《纽约州水资源》《科罗拉多州水资源》《联邦东部地下水》等专著;苏联在 1930 年编制了《国家水资源编目》,后来还编纂了国家水册——《苏联水册》等,都主要是对河川径流量的统计,有的还包括了径流化学成分的资料整理和其他各类水文资料的统计数据。上述这些可以看做是初期的水资源评价活动,其目的是为水资源开发规划设计准备了有关各类水文资料的汇总,包括观测资料系列、统计特征值,也包括各类水文特征值的图表,以及区域水文的研究等。

从 20 世纪 60 年代以来,由于水资源问题的突出和大量水资源工程的出现,加强对水资源开发利用的管理和保护被提上日程。1965 年美国国会通过了水资源规划法案,并成立了水资源理事会,开始进行全美国水资源评价工作,并于 1968 年完成了评价报告。这是美国进行的第一次国家级水资源评价活动,其对美国水资源的现状和展望进行了研究分析,比较了水资源的供需情况,并评价了水资源的专门问题,讨论了缺水地区的情况和问题,划分了美国主要的水资源分区,并提出了 2020 年全美国需水展望,即进行了约半个世纪的需水预测。

美国在第一次水资源评价工作完成后,在 1978 年又开始进行全美国的第二次水资源评价活动。但这一次评价的内容,与第一次评价有较大的差异,即对于天然水资源情况的评价不再作为重点,而是把重点放在分析可供水量和用水要求上。在这次评价活动中,美国把用水分为河道内用水(如航运和水力发电用水)、河道外用水(如对工业、农业、城市的供水),并重新对各类用水现状及对未来的展望进行了分析。在评价中对一些与水资源有关的关键性重要问题专门进行了研究,包括一些地区地表水供水不足、地下水超采、水质污染、饮用水的质量降低、洪水灾害、侵蚀和泥沙、清淤和清淤物的堆置、排水和湿洼地、海湾和河口沿岸水质变坏等问题,都提出了可能的解决途径。

苏联在 1960 年以后,也开始进行国家水册的第二次修订。在这次修订中按三部分进行:第一部分是《水文知识卷》,包括整编过的水文站网全部定点观测资料和野外勘察调查资料;第二部分是《主要水文特征值卷》,包括全部观测期内各站各类水文资料的统计特征值如均值、C_v 等,这些资料有河、湖水位,流量、冰情和热量变化、输沙及含沙量以及水化学资料等;第三部分为《苏联地表水资源卷》,内容包括水文图集、不同地理区水文要素情势,以及水资源工程所需的有关水文要素计算方法的图表和说明等。由于各方面对水资源信息的需要不断增长,苏联开始建立国家水册的新体系,即国家水册的统一自动化信息系统,并建立了地表水、地下水和水资源开发三个子系统,以及三个相互关联的子系统,包括水文原始观测资料的收集、管理和初步整编的子系统,水文观测资料的存储、整编、检索、样本抽取和按照不同要求进行资料整理的子系统,以及向各类用户提供相应水文资料和情报信息的子系统。这些水文信息自动化系统的建立,大大提高了水文为生产建设服务的效率。

中国从 20 世纪 50 年代开始进行各大河流域规划时,对有关大河全流域河川径流量进行过系统统计。中国科学院地理研究所曾在 50 年代提出过我国东部入海大江大河的年径流量统计。但比较全面系统整编全国水文资料、提出统计图表的是由中国水利水电科学研究院编制并于 1963 年出版的《全国水文图集》,其中对全国的降水、河川径流、蒸散发、水质、侵蚀泥沙等水文要素的天然情况统计特征进行了分析,编制了各种等值线图、分区图表等。这项工作可以看做是中国第一次全国性水资源基础评价的雏形,其特点是只涉及水文要素的天然基本情势,未涉及水的利用和污染问题。在这项工作的带动下,不少省、自治区和直辖市也都编制了本地区的水文图集,推动了这项工作的前进。1980 年前后,在中国农业区划工作的带动下,全国又开展了水资源调查评价及水资源利用的调查分析和评价工作。限于当时的条件,与水有关的各部门如水利电力部、地质矿产部、交通部水运部门等分别独立地进行了评价工作,没有协调一致的成果。在水利电力部门曾分为两个阶段进行。第一阶段基本确定了水资源评价的内容和方法,并吸收国外经验,把以统计水文资料为主的基础评价与水的利用和供需展望结合进行,提出了全国水资源调查评价初步成果。初步评价阶段因配合农业初步规划的要求,时间较紧,因此在资料的收集和加工方面来不及细致进行,只能提出轮廓性成果。第二阶段由于时间比较充分,全面收集并加工了现有的水文资料,基础工作比较扎实。在这一阶段由于水利系统内部机构的分工,以水文资料统计为主的基础评价工作和以研究水资源利用和供需问题的评价工作由不同单位进行,虽在工作过程中尽量协调,但在水资源二级分区等具体技术细节方面仍有不一致。因此,在第二阶段提出了《中国水资源评价》和《中国水资源利用》两部分。同时,地质矿产部提出了《中国地下水资源评价》,交通部提出了《中国水运资源评价》。因此,严格来说,虽然这一阶段各有关部门都提出了全国性的评价成果,但各部门提出的成果仍然属于部门级的成果,而不是国家级的成果。为此,在1985年国务院批准建立全国水资源协调小组,并由各有关部门领导参加,决定提出各部委认可的全国水资源成果。1987年以全国水资源协调小组办公室名义,在各部门成果基础上,提出了《中国水资源概况和展望》的成果,内容包括中国水资源量的概况及其特点,水质和泥沙概况,水能、水运、水产资源概况,水资源利用概况及存在问题,水资源开发利用展望及供需分析,分城乡供水、农田水利、内河航运、水能利用、水产养殖、防洪、水土保持和水源污染几个方面,分别进行阐述。成果中还提出了在水资源开发与管理方面的政策性建议。2002年水利部和国家发展计划委员会联合发布《建设项目水资源论证管理办法》(水利部、国家发展计划委员会令第15号)。开展建设项目水资源论证,目的是保证建设项目的合理用水,提高用水效率和效益,减少建设项目取水和退水对周边产生的不利影响,从而为取水许可的科学审批提供技术依据。同年,国家发展计划委员会和水利部部署了"全国水资源综合规划"任务,同时要求提出第二次全国水资源评价成果。

从有关各国在水资源评价工作的进展过程中可以看出,水资源评价的内容随时代的前进而不断增加。从早期只统计天然情况下河川径流量及其时空分布特征开始,继而增加水资源工程规划设计所需要的水文特征值计算方法及参数分析,然后又增加水资源工程管理及水源保护的内容,特别是对水资源供需情况的分析和展望,以及在此基础上的水资源开发前景展望逐渐成为主要的内容。对因水资源的开发治理引起的环境影响评价,正在成为人们十分关注的新焦点。

在1988年由联合国教科文组织和世界气象组织共同提出的文件中,给水资源评价所下的定义是这样的:"水资源评价是指对于水资源的源头、数量范围及其可依赖程度、水的质量等方面的确定,并在其基础上评估水资源利用和控制的可能性。"基于这样的定义,水资源评价活动的内容应当包括评价范围内全部水资源量及其时空分布特征的变化幅度及特点、可利用水资源量的估计、各类用水的现状及其前景、全区及其分区水资源供需状况的评价及预测、可能的解决供需矛盾的途径、为控制自然界水源所采取的工程措施的正负两方面的效益评价,以及政策性建议等。水资源评价不同于水资源规划,而应当是进行水资源规划可行性研究的基础性前期工作。

二、水资源评价的条件

水资源评价只能在具有一定基础条件的情况下进行,这些条件主要指:所评价的区域内是否有足够的水文和气象站网,且积累有一定长度的观测资料系列,对各类水文资料的整编或分析技术能力及水平是否够用,对区域内地形、地质、地貌、土壤、植被耕地的情况是否已调查过并具有可用的水平,有关的已有成果如各类地图、专用图、等值线图和图表、整编资料或资料库等是否已经具备。另外,还有关于工作条件的情况,包括进行水资源评价活动的组织形式、人员保证、技术水平和设备以及经费保证等。对此,联合国教科文组织和世界气象组织建议,当进行水资源评价时,应当对各类基本资料及其取得的手段提出相应的精度要求,对于各类自然地理资料的调查内容和重要程度也提出了相应的要求,参见文献[8]。

此外,对于观测资料的整编程度、刊印、存储及检索方式等也都有所规定。因各国情况不同,未做摘录。但基本原则是在进行水资源评价活动前,必须对所评价地区的各类资料整编情况进行了解,以便使评价具有扎实的工作基础。

在进行水资源基础评价工作前,应对所评价区域范围的气候特点有所了解,其中最主要的就是以干旱和湿润为标准进行的气候分区。这是因为对于干旱地区或湿润地区来说,水资源的重要性并不相同。对湿润地区说,由于天然水资源丰富,在经济发展中水的因素并不一定占首要位置,而制约经济发展的可能是水以外的其他因素。但对于干旱地区来说,情况则大不一样,在干旱地区经济发展的主要制约因素可能就是水资源。因此,水在评价活动中的重要程度也就有所不同。

第四节　水资源评价分区

为准确掌握不同地区水资源的量和质以及三水转化关系,水资源评价应分区进行。水资源数量评价、水资源质量评价和水资源利用现状及其影响评价均应使用统一分区。各单项评价工作在统一分区的基础上,可根据该项评价的特点与具体要求,再划分计算区或评价单元。

分区单元的划分,目的是把区内错综复杂的自然条件和社会经济条件,根据不同的分析要求,选用相应的特征指标,通过划区进行分区概化,使分区单元的自然地理、气候、水文和社会经济、水利设施等各方面条件基本一致,便于因地制宜有针对性地进行开发利用。

水资源供需分析分区的主要原则是:①尽可能保持流域、水系的完整性;②供水系统一致,同一供水系统划在一个区内;③边界条件清楚,区域基本封闭,有一定的水文测验或调查资料可供计算和验证;④基本上能反映水资源条件在地区上的差别,自然地理条件和水资源开发利用条件基本相似的区域划归一区;⑤尽量照顾行政区划的完整性。

2004 年完成的《中国水资源及其开发利用调查评价》中,为便于按流域和区域进行水资源调配和管理,按照流域和区域水资源特点,全国共划分为 10 个水资源一级区;在一级区的基础上,按基本保持河流水系完整性的原则,划分为 80 个水资源二级区;结合流域分区与行政分区,又进一步划分为 213 个三级区。全国水资源分区情况见附表 3。

依据现行国家标准及行业标准,按建立现代化水资源信息管理系统的要求,对分区进行编码。水资源一级区按照由北向南并顺时针方向编序,水资源二级区、三级区、四级区及五级区按照先上游后下游、先左岸后右岸的顺序编码。全国水资源分区编码由 7 位大写英文字母和数字组成,其中,自左至右第 1 位英文字母是一级区代码,第 2、3 位数码是二级区代码,第 4、5 位数码是三级区代码,第 6 位数码或字母是四级区代码,第 7 位数码或字母是五级区代码(其中当四级区与五级区的数码大于 9 以后用字母顺序编码)。

第五节 水资源评价在水资源规划、管理及其开发利用中的作用

水资源评价一般是针对某一特定区域,在水资源调查的基础上,研究特定区域内的降水、蒸发、径流诸要素的变化规律和转化关系,阐明地表水和地下水资源数量、质量及其时空分布特点,开展需水量调查和可供水量的计算,进行水资源供需分析,寻求水资源可持续利用最优方案,为区域经济、社会发展和国民经济各部门提供服务。

水资源评价是水资源合理开发利用的前提。随着社会的发展及人民生活水平的提高,不仅用水量大幅度增加,水体也不断受到污染,水的供需矛盾日趋尖锐,水资源的开发利用已成为各国政府和人们关注的问题。一个国家或地区,要合理地开发利用水资源,首先必须对本国和本地区水资源的状况有全面了解,包括水源、水资源量、开采利用量、水质和水环境状况等。所以,科学地评价本地区水资源的状况,是合理开发利用水资源的前提。

水资源评价是水资源规划的依据。水资源评价的内容包括规划区水文要素的规律研究和降水量、地表水资源量、地下水资源量以及水资源总量的计算。合理的水资源评价,对正确了解规划区水资源系统状况、科学制定规划方案有十分重要的作用。

在进行水资源评价之后,需要进一步对水资源开发利用现状进行分析。了解现状条件下流域用水结构、用水状况,分析目前的需水水平、存在的问题及今后的发展变化趋势,对水资源规划具有指导意义。

另外,需要进一步对水资源供需关系进行分析。其实质是针对不同时期的需水量,计算相应的水源工程可供水量;进而分析需水的供应满足程度。目的是摸清现状、预测未来、发现问题、指明方向,为今后制定规划提供依据,从而实现水的长期稳定供给。

水资源评价是保护和管理水资源的基础。水是人类不可缺少而又有限的自然资源,因此保护好、管理好水资源,才能兴利去害,持久受益。水资源的保护、管理、供需平衡、合理配置、可持续利用,水质免遭污染、水环境良性循环,水资源保护和管理的政策、法规、措施的制定等,其根本依据就是水资源评价成果。

水资源评价是在水资源供需矛盾日益突出、水源污染不断加重的历史条件下发展起来的。随着时间的推移,人类活动影响的加剧,需要不断加强地表水和地下水的动态观测工作,定期更新资料,使水资源评价不断充实、提高。

习 题

1. 水资源的含义有哪些? 各有什么特点?
2. 水资源有哪些基本特性? 我国水资源的特点是什么?
3. 什么是水资源评价? 为什么要进行水资源评价?
4. 水资源评价分区的目的是什么? 如何进行水资源分区?
5. 水资源评价在水资源规划、管理中有何作用?

第二章　降水与蒸发

第一节　大气水分的循环与平衡

以水汽、水滴和冰晶形式存在于大气中的水称为大气水。全球大气中的水汽总量为 12.9 万 km^3，如果将它散布在整个地球表面，则相当于 25mm 水深的水量。大气水是降水的来源，亦即水资源的初始来源，它通过降水形式补给地表水、土壤水和地下水。

大气水的含量不是常数，一般低纬度大气水的含量高于中高纬度。在纬度 70°，平均大气水的含量为 0.2%；在纬度 50° 为 0.9%；在赤道为 2.6%。水汽密度也随高度而显著变化，大约 90% 的水汽集中在地面以上 0~5km 的大气层中。

在平均情况下，全球每天约有 12% 的大气水降落在陆地或海洋面。全球所有大气水分被置换的平均时间约为 8.1 天。

大气水的主要研究内容包括大气水分物理化学性质、分布特征、大气水分输送量的计算以及大气水分的循环和平衡等。本节仅就后两者做一些介绍和讨论。

一、大气水分输送量的计算

水汽是形成降水的必要条件，根据质量输送方程，在 t_1 至 t_2 的时段内通过某一单位宽度垂直剖面输送的水汽量 Q 为：

$$Q = \frac{1}{g} \int_{p_Z}^{p_S} \int_{t_1}^{t_2} q\vec{v} \, dt \, dp \tag{2-1}$$

式中　p_S——地面气压，hPa；

　　　p_Z——计算剖面上界气压，hPa；

　　　q——比湿，g/kg；

　　　$\vec{v}$——风速矢量，m/s；

　　　g——重力加速度，m/s^2。

计算时先将流域（或区域）概化为平行于经度和纬度的多边形，将实测风速矢量分解为垂直计算边界的纬向分量 u 和经向分量 v，则可利用公式（2-1）求出通过边界 l 的纬向水汽输送量 Q_u 和经向水汽输送量 Q_v：

$$Q_u = \frac{1}{g} \int_{l_u} \int_{p_Z}^{p_S} \int_{t_1}^{t_2} q\vec{v} \, dt \, dp \, dl_u \tag{2-2}$$

$$Q_v = \frac{1}{g} \int_{l_v} \int_{p_Z}^{p_S} \int_{t_1}^{t_2} q\vec{v} \, dt \, dp \, dl_v \tag{2-3}$$

式中　l_u、l_v——纬向和经向的边界长度。

为便于计算，规定输入计算区域边界为正，输出计算区域边界为负。

南京水文水资源研究所刘国纬根据沿我国大陆边界地区 53 个探空气象站 1973～1981 年资料,利用式(2-2)、式(2-3)计算了历年中国大陆上空平均年水汽输送量,其计算结果如表 2-1～表 2-3 所示。

表 2-1   中国大陆上空 1973～1981 年水汽输送量

年份	总输入量		总输出量		净输入量	
	km³	mm	km³	mm	km³	mm
1973	17 184.9	1 808.9	13 854.8	1 458.4	3 330.1	350.5
1974	15 664.4	1 648.9	12 971.7	1 365.4	2 692.7	283.4
1975	18 346.7	1 931.2	15 740.1	1 656.9	2 606.6	274.3
1976	17 942.7	1 888.7	16 106.1	1 695.4	1 836.6	193.3
1977	18 476.4	1 944.9	16 428.8	1 729.3	2 047.6	215.6
1978	17 865.9	1 880.6	15 460.2	1 627.4	2 405.7	253.2
1979	20 295.7	2 136.4	18 303.0	1 926.6	1 992.7	209.8
1980	19 437.8	2 046.1	17 735.3	1 866.9	1 702.5	179.2
1981	18 724.3	1 971.0	15 957.2	1 681.6	2 767.1	291.3
平均	18 215.4	1 917.4	15 839.7	1 667.3	2 375.7	250.1

注:(1)摘自刘国纬《水文循环的大气过程》和水利电力部水文局《中国水资源评价》。
(2)概化计算面积为 9.5×10^6 km²。

表 2-2   1973～1981 年平均沿边界输入、输出水汽量

边界	总输入量		总输出量		净输入量
	km³	%	km³	%	km³
沿东边界	4 289.1	23.5	10 774.0	68.0	−6 484.9
沿南边界	7 652.9	42.0	1 883.8	11.9	5 769.1
沿西边界	2 178.7	12.0	625.8	4.0	1 552.9
沿北边界	4 094.7	22.5	2 556.1	16.1	1 538.6
合计	18 215.4	100	15 839.7	100	2 375.7

注:摘自刘国纬《水文循环的大气过程》和水利电力部水文局《中国水资源评价》。

由表 2-1 可见,中国大陆历年输入、输出的水汽量及其净输入量都有比较大的变化。净输入量的大小与水汽输入量的大小没有明显关系,如 1973 年全国水汽总输入量为 17 184.9km³,总输出量为 13 854.8km³,净输入量为 3 330.1km³;而 1979 年总输入量为 20 295.7km³,总输出量为 18 303.0 km³,净输入量仅有 1 992.7km³。全国多年平均净输

入量为 2 375.7 km³, 折合水深为 250.1mm, 它与我国多年平均入海水量 240.5mm 相当。我国多年平均水汽总输入量为 18 215.4km³, 折合全面积水深为 1 917.4mm, 与全国多年平均降水量 648mm 相比, 后者仅为前者的 1/5, 明显小于欧洲大陆(约为 1/2)。

由表 2-2 可见, 我国的水汽主要由南边界输入, 其输入量约占总输入量的 42%, 超过全年降水总量。东边界是水汽的主要输出边界, 多年平均输出量约占全国总输出量的 68%, 同时东边界也是我国水汽的另外一个主要输入边界, 输入量约为全国总输入量的 23.5%。

水汽输入随季节而变化, 不同边界有不同的季节变化。在南边界 3～7 月输入的水汽量约占全年输入量的 65.5%, 其中 6 月输入水汽通量最大(占全年 14.6%)。在西边界水汽主要输入期为 5～9 月, 此间输入量约占全年总输入量的 60.7%, 主要输入期为 7 月。在北边界水汽主要输入期为 5、6、8、9 月, 7 月输入量为全年最小。在东边界全年各月水汽的输出量大于输入量, 各月输送量均为负值。其中 4、5、6 月输出量显著高于其他月份(见表 2-3)。

表 2-3　1973～1981 年月平均水汽输送量

月份	南边界		西边界		北边界		东边界		全国净输送量
	km³	%	km³	%	km³	%	km³	%	km³
1	343.9	6.0	50.1	3.2	87.4	5.7	−475.0	7.3	6.4
2	430.2	7.4	65.5	4.2	70.1	5.1	−511.8	7.9	62.0
3	663.6	11.5	82.6	5.3	103.8	6.7	−644.6	9.9	203.4
4	732.2	12.7	144.3	9.3	140.0	9.1	−719.0	11.1	297.5
5	796.4	13.8	158.1	10.2	179.3	11.7	−745.5	11.5	388.3
6	840.0	14.6	215.6	13.9	182.6	11.9	−665.8	10.3	572.4
7	745.9	12.9	229.2	14.8	51.3	3.3	−590.3	9.1	436.1
8	227.1	4.0	178.3	11.5	177.0	11.5	−352.7	5.4	229.7
9	267.4	4.6	162.0	10.4	166.4	10.8	−432.7	6.7	163.1
10	258.7	4.5	119.9	7.7	148.6	9.3	−462.9	7.1	59.3
11	230.3	4.0	89.8	5.8	126.0	8.2	−429.7	6.6	16.4
12	233.4	4.0	57.5	3.7	103.1	6.7	−454.9	7.1	−58.9
合计	5 769.1	100	1 552.9	100	1 538.6	100	−6 484.9	100	2 375.7

以上水汽输送总量是根据每天 7 时和 19 时或 8 时和 20 时(北京时间)两次探空资料逐次连续计算求得的, 没有考虑弥散水分输送的影响。

二、区域大气水分循环和平衡

大气水分循环的主要要素是大气水汽含量、大气降水和蒸发,由这些要素和大气水汽流间的关系就可计算出研究区域上空的水分循环过程,并确定它们同基本大气水汽源——海洋的关系,如图2-1所示。图中 a 为水汽平流输入量;P_a 为水汽平流输入量中大气降水量;E 为区域蒸发量;P_E 为来自于区域内蒸发量(水汽量)中的降水量;P 为区域内总降水量;C' 为大气平流输入的水汽量中的输出量;C'' 为区域蒸发量的输出量;Q 为流出区域外的径流量。

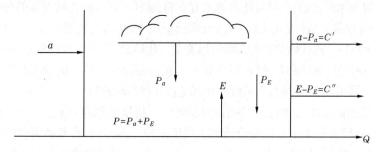

图2-1　大气中水分循环因子

因此,任何地区的大气水平衡方程式均可以表示为如下形式:

$$a - C = P - E \pm \Delta W \tag{2-4}$$

式中　C——研究区域水汽输出量,$C = C' + C''$;

　　　ΔW——大气水汽含量(可降水量的变量)的变量。

如果式(2-4)中各项都取多年平均值,则变为:

$$\overline{a} - \overline{C} = \overline{P} - \overline{E} \pm \overline{\Delta W} \tag{2-5}$$

对于多年平均而言,$\overline{\Delta W} \to 0$,则上式可以近似写成:

$$\overline{a} - \overline{C} = \overline{P} - \overline{E} \tag{2-6}$$

由于

$$\overline{P} - \overline{E} = \overline{Q} \tag{2-7}$$

所以

$$\overline{a} - \overline{C} = \overline{Q} \tag{2-8}$$

式中　$\overline{Q}$——流出区域的多年平均径流量。

式(2-4)和式(2-8)表达了地表与大气之间的水平衡关系。输入研究区域的大气水从以下三方面输出该区域:

(1)由大气平流方式直接输出研究区域。

(2)通过降水和地表凝结,使部分大气水转化为地表水,其中一部分通过河网流出研究区域。

(3)降落在地表的雨水(雪)通过蒸发转化为大气水,在一定的天气条件下,它又有一部分降落在地面,形成河川径流,流出区域外,剩下的部分随着大气环流以大气水的形态输出研究区域外,经过无数次的往返循环,最终使从区外输入区内的大气水逐步以河川径流、蒸发、水汽输送等方式排出区外。

由此可见,陆地区域水循环和水量平衡与大气水分循环和平衡之间具有相互依存的联系性。

第二节 降水资料的收集与审查

一、资料收集

在分析计算降水量之前,应尽可能多地占有资料,这样才能得到比较可靠的分析成果。因此,除了在水资源评价区域(流域或地区)内收集雨量站、水文站及气象台(站)资料,还要收集区域外围的降水资料。这样做的目的是既可以充分利用信息,弥补区域内资料不足,还可以借此分析区域内资料的可靠性和合理性,更重要的是在绘制统计参数等值线图时不致被局部的现象所迷惑,使所绘出的统计参数等值线与相邻地区在拼图时避免出现大的矛盾。

当评价区域内雨量站密度较大,各站的观测年份、精度等都存在较大差异时,可以选择资料质量好、系列较长的雨量站作为分析的主要依据站。选择时,要考虑到它们在地区上的分布,其原则是尽可能控制降水在面上的分布。一般说来,要求这些站在面上的分布比较均匀,同时又能反映地形变化对降水量的影响。这就需要对雨量站的代表性进行分析。

选站时,可参考以往分析的成果,对照地形图上的地形变化根据降水量的地区分布规律和要求的计算精度确定;一般在多雨地区和降水量变化梯度大的地区,应尽可能多选一些站;山丘区地形对降水量的影响很明显而且复杂,要多选一些站;平原地区降水量变化梯度一般较小,选站时应着重考虑分布均匀。

我国现有的雨量站网都是有关部门统一规划设置的。设站时,大都考虑了各种影响因素,使每一个雨量站都具有一定的代表性。因此,一般可不做雨量站代表性分析。但对于那些因条件限制而尚未设站或雨量站较多不需全选的情况,应进行雨量站代表性分析。对于雨量站不足而进行的代表性分析,一般只能根据当地降水特征及地形条件进行定性分析。对于站网过密的情况,可用相关系数法进行代表性分析,即用相关系数来论证不同站网密度对降水的代表性。

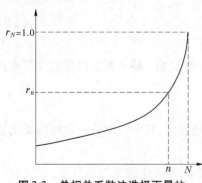

图2-2 单相关系数法选择雨量站数目的变化示意图

最常见的是分析两变量相关关系的单相关系数法。具体做法是以评价区域及其外围(如果需要)的年降水量的平均值系列作为该区域年平均降水量的"真值"系列,然后按一定准则减少站数,重新求得一个年平均降水量系列,建立两个系列的相关关系,可得两系列的相关系数。若再减少站数又可得另一相关系数。以此类推,可求得不同站数与全部站数间的一组相关系数。然后根据对降水量计算精度的要求,即可确定应选择的站数。这样做的目的是既要保证计算精度,又可减少不必要的计算工作。图2-2为这种方法选择雨量站数目的变化示意图。

降水资料的主要来源是国家水文部门统一刊印的《水文年鉴》、各省(市、自治区)刊印的《地面气候观测资料》。此外,各省(市、自治区)及地区编印的水文图集、水文手册、水文特征值统计、水资源评价、水资源利用及其他有关文献都有较系统的降水资料或特征值。但是,由于这些文献编印周期长,对于最近几年的资料,则需要去水文或气象部门摘抄。

二、资料审查

降水量分析计算成果的精度与合理性取决于原始资料的可靠性、一致性及代表性。原始资料的可靠性不好,就不可能使计算成果具有较高精度。同样,资料的一致性与代表性不好,即使成果的精度较高,也不能正确反映降水特征,造成成果精度高而不合理的现象。因此,对降水资料的审查,应主要从可靠性、一致性及代表性三个方面入手。

(一)可靠性审查

可靠性审查是指对原始资料的可靠程度进行鉴定。例如,审查观测方法和成果是否可靠,了解整编方法与成果的质量。一般来说,经过整编的资料已对原始成果做了可靠性及合理性检查,通常不会有大的错误。但也不能否认可能有一些错误未检查出来,甚至在刊印过程中会有新的错误带进。

为了减少工作量,可着重对特大值、特小值以及新中国成立前及"文革"期间的资料进行审查。因为特大值、特小值对频率曲线的影响较大,新中国成立前的资料质量往往不高,故作为审查重点。

对降水资料的可靠性审查,一般可从以下几个方面进行。

1.与邻近站资料比较

本站的年降水量与同一年的其他站年降水量资料对照比较,看它是否符合一般规律。例如特大值、特小值是否显得过分突出;与邻近站相比有偏大或偏小的情况,能不能查到其原因;是否在合理的范围内等。一旦发现某年的数值可疑,要深入仔细审查:汛期、非汛期、逐月、逐日降水量分开检查,如能进一步确认某月、某日的降水量可疑,再查原始记录。

但是,个别地区因夏秋暴雨常有局部性,相邻两站的降水量有可能相差较大。山区的降水量分布有时极为复杂,故发现问题后要分析测站位置、地形等影响,不要轻易下结论,以致随意抛弃资料。

用邻近站资料进行可靠性审查的具体做法有两种。一种是点绘逐年降水量等值线图及多年平均降水量等值线图,这样可从等值线图上直观地对与其周围点据相比明显偏大或偏小的数据进行审查,如《陕西省地表水资源》对降水资料可靠性的审查中,曾用此法发现了不少问题,进行了及时修正;另一种方法是相关分析法,即绘制审查站年或月降水系列同邻近站(单站或多站平均)的相应系列间的相关曲线图,对离差较大的点据进行审查与修正。

2.与其他水文气象要素比较

一般来说,降水与河川径流有较稳定的相关关系,降水量多,径流量就大;反之亦然。因此,对明显偏大或偏小的年降水量,可用年降水径流关系进行审查;对于时段降水资料,也可用时段降水径流关系进行分析。但是,由于暴雨在面上分布往往很不均匀,当水文站控制面积较大时,单站的暴雨径流关系往往不能确定暴雨资料的可靠与否。

一旦问题查清后,应设法校正,并采用校正后的数据;无法校正而又相差过远的资料,只得舍弃。但在做出这一处理之前,必须从多方面论证该资料的不可靠性。不论是对原记录进行校正,还是舍弃,都要对这些情况详加说明,以备查考。

对采用以往所编的水文图集、水文手册、水文特征值统计等资料中的数据,也要进行必要的审核。如果过去已做过可靠性、合理性检查,注明某年资料仅供参考者,虽然对参加长系列统计分析不会有很大的影响,但在选极值(极大值、极小值)时,不能选用,更不能选为典型年。

除了在工作开始阶段进行资料审查,在以后分析计算的各个阶段,都随时可能因发现问题而对某些资料的可靠性产生怀疑,故资料审查自始至终贯穿在整个工作中,随时发现问题,应随时分析研究,并合理解决。

(二)一致性审查

资料一致性是指一个系列不同时期的资料成因是否相同。对于降水资料,其一致性主要表现在测站的气候条件及周围环境的稳定性上。一般来说,大范围的气候条件变化,在短短的几十年内,可认为是相对稳定的,但是由于人类活动往往形成测站周围环境的变化,如森林采伐、农田灌溉、城市化等都会引起局部地区小气候的变化,从而导致降水量的变化,使资料一致性遭到破坏,此时就要对变化后的资料进行合理的修正,使其与原系列一致。另外,当观测方法改变或测站迁移后往往造成资料的不一致,特别是测站迁移可能使环境影响发生改变,对于这种现象,要对资料进行必要的修正。

对于因测站位置及测量方法等的改变而发生的变化,可用逆时序修正的方法,将变化前的资料修正到变化后的状态。对于因人类活动等引起的变化,可用顺时序修正的方法,将变化后的资料修正到变化前的"天然"状态,若受人类活动影响前的资料系列很短,而变化后的资料系列较长,将其修正到变化前的状态可能造成较大误差,也可逆时序将变化前的资料修正到变化后的状态,将变化后的状态视为"天然"状态。

常用的降水资料的一致性分析方法有下面两种。

1. 单累积曲线法

设有年降水系列 $X_t(t=1,2,\cdots,n)$,则有:

$$X_{ct} = \sum_{i=1}^{t} X_i = \sum_{i=1}^{t-1} X_i + X_t \qquad (2-9)$$

式中　X_{ct}——第 t 时段的累积降水量。

绘制 X_{ct} 的过程线,若降水资料一致性很好,过程线的总趋势呈单一直线关系(具有周期性摆动);若降水资料一致性遭受破坏,则会形成多条斜率不同的直线。如分析期后期降水量减少,曲线斜率变缓;反之,若降水量增加,则曲线斜率变陡。

该法也可以用于累积模比系数过程线。图 2-3 为某气象站年降水量模比系数过程线,由图中可看出其一致性较好。

2. 双累积曲线法

当分析站周围有较多雨量站,且认为这些雨量站降水资料一致性较好时,可通过绘制单站(分析站)累积降水量与多站平均累积降水量关系曲线,对分析站降水资料的一致性进行审查,这种方法称为双累积曲线法。具体做法是用式(2-9)分别计算分析期逐年的单站累积降水量和多站平均降水量(平均降水量计算方法在下节介绍,这里可简单地用算术平均法)累积值,然后以分析站累积降水量为纵坐标,以多站平均累积降水量为横坐标,绘制出如图2-4所示的关系曲线。

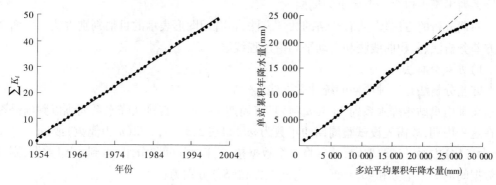

图 2-3　某气象站年降水量模比系数过程线　　　　图 2-4　双累积曲线法示例图

图 2-4 的双累积曲线是逆时序的。可以看出,同多站平均降水量累积值对照,分析站的降水量在 1976 年有突然变化,曲线斜率由 1976 年前的 0.56 变为 1976 年后的 0.95。这时,可按 0.95 与 0.56 之比对 1976 年前的降水资料加以修正,使之与 1976 年后的资料保持一致;或用相关分析法建立 1976 年以后单站累积年降水量与多站平均累积年降水量的回归方程,然后用 1976 年前多站值计算出单站降水量,作为其修正(还原)值。

(三)代表性分析

资料代表性是指样本资料的统计特性能否很好地反映总体的统计特性,也称系列代表性。当应用数理统计法进行降水量分析计算时,计算成果的精度取决于样本对总体的代表性。代表性好,实际误差就小;反之,代表性差,实际误差就大。因此,资料代表性分析对衡量频率计算成果的精度具有重要意义。代表性分析方法,也是降水量随时间变化特征的分析方法。

这里所说的样本,是指实测的降水时间系列,总体是指"无限长"的降水时间系列。实际上,降水系列的总体是无法得到的,因此只能用实测系列作为代表总体的一个样本进行分析。对无限的总体而言,样本是一个很短的系列,由样本系列估算总体的统计特性及概率分布,就不可避免地会产生抽样误差。为了减小抽样误差,必须对样本的代表性进行仔细的分析,并设法提高其代表性。

降水资料的代表性分析,主要是通过对年降水系列的周期、稳定期和代表期分析来揭示系列对总体的代表程度。

大量研究表明,降水量的年际变化具有明显的丰水年组和枯水年组交替出现的周期性趋势。我国主要江河的丰水年组的降水量与多年平均降水量之比一般为 1.1 ~ 2.0,枯水年为 0.4 ~ 0.9,当样本系列较短时,若其处于枯水期,则推算的平均降水量偏小,反之则偏大。

1. 周期分析

这里所说的周期,并不如数学上的周期函数那样有规律。年降水系列的周期长度不固定,振幅也有变动。造成这种复杂性的原因是影响降水量的因素很多,除了各种因素自身的周期而使降水量受周期性的影响,还有随机因素的影响。因此,这里所说的周期只是概率意义上的周期,需通过周期性分析来确定。

由于降水系列周期的不规则性,进行周期分析就需要较长的实测降水系列,以能保证在该系列中至少包含一个完整的周期。

周期分析的方法较多,有严格的数学方法,也有用图形表示的目估判别方法。下面介绍方差分析法、差积曲线法和滑动平均值过程线法。

1)方差分析法

方差分析法是一种严格的统计学方法。

设某雨量站年降水系列 X(共 n 项)具有周期 m。由于直接从降水系列难以判断是否存在这一周期,故需先设试验周期的年数为 m', m' 在 $2,3,\cdots,n/2$(n 为偶数)或 $(n-1)/2$(n 为奇数)中逐一试验取定,然后将 n 个数据按 m' 年时间间隔分组,得到 m' 组数据,则各组数据间的离差平方和(S_1)和组内离差平方和(S_2)分别为:

$$S_1 = \sum_{j=1}^{m'} n_j (\overline{X_j} - \overline{X})^2 \tag{2-10}$$

$$S_2 = \sum_{j=1}^{m'} \sum_{i=1}^{n_j} (X_{ij} - \overline{X_j})^2 \tag{2-11}$$

式中　n_j——第 j 组数据的项数;

　　　X_{ij}——第 j 组数据的第 i 个数值;

　　　$\overline{X}$——年降水系列的平均值;

　　　$\overline{X_j}$——第 j 组的平均值。

设各组数据相互独立,且服从方差相同的正态分布。令 $f_1 = m'-1$, $f_2 = n-m'$,则统计量:

$$F = \left(\frac{S_1}{f_1}\right) \Big/ \left(\frac{S_2}{f_2}\right) \tag{2-12}$$

服从 $F(f_1,f_2)$ 分布。

给定一个显著水平 α,可在 F 分布表上查得相应的临界值 $F_\alpha(f_1,f_2)$,并令 $m=m'$,若 $F < F_\alpha(f_1,f_2)$,则认为不存在 m 年周期;否则,若 $F \geqslant F_\alpha(f_1,f_2)$,则认为存在 m 年周期。这就是用方差分析与假设检验来判断降水系列是否存在 m 年周期的方法。但是,这种判别的结果是"是"与"否"。实际上,降水系列的周期具有模糊性,需要用模糊假设检验来判别。

利用模糊假设检验判别周期的基本出发点是给定一个显著水平区间 $[\alpha_1,\alpha_2]$, $\alpha_1 < \alpha_2$,定义存在 m 年周期的隶属函数为:

$$\mu(F) = \begin{cases} 1 & F \geqslant F_{\alpha_1}(f_1,f_2) \\ \dfrac{F - F_{\alpha_2}(f_1,f_2)}{F_{\alpha_1}(f_1,f_2) - F_{\alpha_2}(f_1,f_2)} & F_{\alpha_2}(f_1,f_2) < F < F_{\alpha_1}(f_1,f_2) \\ 0 & F \leqslant F_{\alpha_2}(f_1,f_2) \end{cases} \tag{2-13}$$

式中　$F_{\alpha_1}(f_1,f_2)$——显著水平为 α_1 的临界值;

$F_{\alpha_2}(f_1,f_2)$——显著水平为 α_2 的临界值；

$\mu(F)$——在给定的显著水平区间 $[\alpha_1,\alpha_2]$ 条件下，存在 m 年周期的隶属程度，$0 \le$ $\mu(F) \le 1$，$\mu(F) = 1$ 时表示存在 m 年周期，$\mu(F) = 0$ 时表示不存在 m 年周期。

显然，用式（2-12）求得统计量 F 后，根据式（2-13），当 $F \ge F_{\alpha_1}(f_1,f_2)$ 时，认为存在 m 年周期；当 $F \le F_{\alpha_2}(f_1,f_2)$ 时，认为不存在 m 年周期。这是两种特例。当 $F_{\alpha_2}(f_1,f_2) < F < F_{\alpha_1}(f_1,f_2)$ 时，并不能直接判别是否存在明显周期，尚需求得隶属度 $\mu(F)$ 后，再结合降水模糊划分来判断。具体方法这里不再介绍，有兴趣的读者可参阅文献[12]。

2）差积曲线法

差积曲线法（又叫距平累积法）是将每年的降水量与多年平均降水量的离差逐年依次累加，然后绘制这种差积值与时间的关系曲线进行周期分析的方法。该法的基本计算公式为：

$$S_i = S_{i-1} + (X_i - \overline{X}) \tag{2-14}$$

式中　$\overline{X}$——降水系列均值；

　　　X_i——第 i 年的降水量，$i = 1,2,\cdots,n$；

　　　S_{i-1}——第 $i-1$ 年的差积值；

　　　S_i——第 i 年的差积值。

由于降水量数值较大，习惯用模比系数表示，即：

$$S_i = S_{i-1} + (K_i - 1)$$

式中　K_i——模比系数，即 $K_i = X_i / \overline{X}$。

差积曲线法的基本特点是曲线上一个完整的上升段表示一个丰水期，一个完整的下降段则表示一个枯水期，一上一下或一下一上组成一个周期。换言之，差积曲线上的半个周期即为实际降水系列的一个周期。但应指出，由于降水量实际变化的复杂性与不确定性，大周期内有小周期，我们分析的重点是大周期，因此要按曲线的长历时大趋势来判定周期。当均值稳定的时间较短时，差积曲线表现为一种多峰式的过程，说明年降水量年际丰枯变化较频繁，但变幅不大；当均值稳定时间较长时，差积曲线则表现为一种单一半峰或馒头式过程，说明年降水量年际丰枯变化持续时间较长，变幅较大。

差积曲线又分顺时序和逆时序两种，水资源评价中进行周期分析的目的是选择评价所需的代表期即代表系列，因此采用逆时序差积曲线法较好。这样，可以以最近资料的实测年份作为周期的相对起点，逆时序取一个或两个周期数为代表期。

【例 2-1】　已知某水文站 1949~2000 年年降水资料如表 2-4 所示，试绘制其差积曲线。

解：（1）计算系列的多年平均降水量，$\overline{X}_i = 322.2$mm；

（2）计算逐年降水量的模比系数 K_i，表 2-4 中第（3）栏；

（3）计算逐年降水量的模比系数离差值 $K_i - 1$，表 2-4 中第（4）栏；

（4）计算逐年降水量的模比系数差积值 $\sum (K_i - 1)$，表 2-4 中第（5）栏；

（5）用表 2-4 中第（1）栏和第（5）栏数据点绘 $\sum (K_i - 1) \sim t$ 关系，如图 2-5 所示。

表 2-4　某水文站年降水资料代表性分析计算

年份 (1)	降水量 X_i （mm） (2)	模比系数 K_i (3)	$K_i - 1$ (4)	$\sum (K_i - 1)$ (5)	5 年滑动平均降水量（mm） (6)	$\overline{X}_i$（mm） (7)	$\overline{K}_i = \overline{X}_i / \overline{X}$ (8)
2000	312.6	1.0	0.0	− 0.03		312.6	0.97
1999	267.2	0.8	− 0.2	− 0.20		289.9	0.90
1998	197.1	0.6	− 0.4	− 0.59	232.5	259.0	0.80
1997	196.2	0.6	− 0.4	− 0.98	250.6	243.3	0.76
1996	189.2	0.6	− 0.4	− 1.39	306.5	232.5	0.72
1995	403.5	1.3	0.3	− 1.14	330.8	261.0	0.81
1994	546.7	1.7	0.7	− 0.44	363.9	301.8	0.94
1993	318.3	1.0	0.0	− 0.46	381.8	303.9	0.94
1992	361.9	1.1	0.1	− 0.33	353.4	310.3	0.96
1991	278.8	0.9	− 0.1	− 0.47	313.7	307.2	0.95
1990	261.2	0.8	− 0.2	− 0.66	297.0	303.0	0.94
1989	348.2	1.1	0.1	− 0.58	274.5	306.7	0.95
1988	234.7	0.7	− 0.3	− 0.85	298.6	301.2	0.93
1987	249.5	0.8	− 0.2	− 1.07	292.9	297.5	0.92
1986	399.2	1.2	0.2	− 0.83	290.3	304.3	0.94
1985	233.0	0.7	− 0.3	− 1.11	336.3	299.8	0.93
1984	335.0	1.0	0.0	− 1.07	339.8	301.9	0.94
1983	464.8	1.4	0.4	− 0.63	308.1	311.0	0.97
1982	267.0	0.8	− 0.2	− 0.80	356.4	308.6	0.96
1981	240.6	0.7	− 0.3	− 1.05	337.1	305.2	0.95
1980	474.8	1.5	0.5	− 0.58	297.3	313.3	0.97
1979	238.5	0.7	− 0.3	− 0.84	323.0	309.9	0.96
1978	265.4	0.8	− 0.2	− 1.02	336.7	308.0	0.96
1977	395.8	1.2	0.2	− 0.79	324.3	311.6	0.97
1976	309.2	1.0	0.0	− 0.83	362.1	311.5	0.97
1975	412.6	1.3	0.3	− 0.55	359.9	315.4	0.98
1974	427.5	1.3	0.3	− 0.22	327.8	319.6	0.99
1973	254.2	0.8	− 0.2	− 0.43	326.8	317.2	0.98
1972	235.6	0.7	− 0.3	− 0.70	292.9	314.4	0.98

续表 2-4

年份	降水量 X_i（mm）	模比系数 K_i	$K_i - 1$	$\sum (K_i - 1)$	5 年滑动平均降水量（mm）	$\overline{X}_i$（mm）	$\overline{K}_i = \overline{X}_i / \overline{X}$
1971	304.0	0.9	-0.1	-0.76	269.2	314.1	0.97
1970	243.1	0.8	-0.2	-1.00	289.4	311.8	0.97
1969	309.2	1.0	0.0	-1.04	336.7	311.7	0.97
1968	355.2	1.1	0.1	-0.94	347.3	313.0	0.97
1967	471.9	1.5	0.5	-0.48	375.7	317.7	0.99
1966	357.1	1.1	0.1	-0.37	375.1	318.8	0.99
1965	385.0	1.2	0.2	-0.17	370.8	320.7	1.00
1964	306.4	1.0	0.0	-0.22	348.4	320.3	0.99
1963	333.8	1.0	0.0	-0.19	333.4	320.6	1.00
1962	359.8	1.1	0.1	-0.07	320.8	321.6	1.00
1961	281.9	0.9	-0.1	-0.19	349.0	320.6	1.00
1960	322.0	1.0	0.0	-0.20	354.0	320.7	1.00
1959	447.5	1.4	0.4	0.19	324.2	323.7	1.00
1958	358.7	1.1	0.1	0.31	323.4	324.5	1.01
1957	210.8	0.7	-0.3	-0.04	308.2	321.9	1.00
1956	277.9	0.9	-0.1	-0.18	266.3	320.9	1.00
1955	246.2	0.8	-0.2	-0.41	257.6	319.3	0.99
1954	237.9	0.7	-0.3	-0.67	284.7	317.6	0.99
1953	315.1	1.0	0.0	-0.70	300.6	317.5	0.99
1952	346.5	1.1	0.1	-0.62	340.1	318.1	0.99
1951	357.2	1.1	0.1	-0.51	365.6	318.9	0.99
1950	443.9	1.4	0.4	-0.13		321.4	1.00
1949	365.5	1.1	0.1	0.00		322.2	1.00

3）滑动平均值过程线法

所谓滑动平均值，就是在一个系列中，先确定若干年为计算平均值的滑动计算时段，求得一个均值，将其作为中间年份的修匀值，然后向后滑动一年，形成新的计算时段，计算均值。重复上述步骤直至计算时段的最后一个数据为系列的最后一个数据为止。

一般地，设滑动计算时段的年数为 m（m 取奇数），则对于一个有 n 年数据（$i = 1, 2, \cdots, n$）的系列有

$$\overline{X}_{j,m} = \frac{1}{m}(X_j + X_{j+1} + \cdots + X_{j+m-1}) = \frac{1}{m}\sum_{k=j}^{j+m-1} X_k \tag{2-15}$$

式中 X_k——实测值;

$\overline{X}_{j,m}$——第 j 个 m 年滑动平均值, $j = 1, 2, \cdots, n - (m-1)/2$。

滑动平均值过程线法是指把逐年变化过程用滑动平均的方法进行修匀,滤掉了小的波动,突出了趋势变化,使周期性更加突出,更加清楚地反映丰枯段及其演变趋势。

表 2-4 中第(6)栏为某水文站年降水量取 5 年作为滑动时段计算滑动平均值的过程,图 2-6 为其滑动平均值过程线。

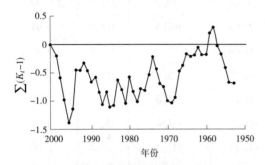

图 2-5 某水文站年降水量差积曲线   图 2-6 某水文站年降水量 5 年滑动平均值过程线

2. 稳定期与代表期分析

同周期分析一样,稳定期分析的目的是通过降水系列某种指标或参数达到稳定的历时来确定代表期的方法。稳定期或代表期的分析,常用累积平均值过程线法和长短系列相对误差分析法。

1) 累积平均值过程线法

这是一种用降水系列的累积平均值与时间的关系以图示方法分析降水系列稳定期的方法。该法的计算公式为:

$$\overline{X}_i = \frac{1}{i}(X_1 + X_2 + \cdots + X_i) = \frac{1}{i}\sum_{k=1}^{i} X_k \qquad (2\text{-}16)$$

式中 X_k——实测值;

$\overline{X}_i$—— i 年累积平均值, $i = 1, 2, \cdots, n$。

习惯上,多采用模比系数法,即:

$$\overline{K}_i = \frac{1}{i}\sum_{j=1}^{i} K_j \qquad (2\text{-}17)$$

根据式(2-16)或式(2-17)计算出累积平均值或累积平均值模比系数后,即可绘制相应的累积平均值过程线。同差积曲线法一样,从系列代表期选取方便考虑,一般用逆时序法。

用累积平均值过程线法判断系列稳定期,主要看累积平均值是否接近系列(长系列)均值,即模比系数是否接近 1。从本法的基本公式可以看出,当 $i = n$ 时,累积平均值恒等于系列均值,或者说,模比系数恒等于 1。在从 $i = 1$ 到 $i = n$ 的累积平均过程中,当经历一个周期后,累积平均值接近系列均值,而后略有波动,最后又接近并直到等于系列均值。因此,可从曲线上清楚地看出系列达到稳定所需的最短历时。

表 2-4 中第(7)栏和第(8)栏分别为某水文站年降水量累积平均值和累积平均值模

比系数的计算过程,图 2-7 为其累积平均值模比系数过程线。

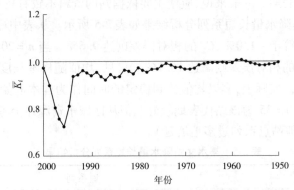

图 2-7　某水文站年降水量累积平均值模比系数过程线

从图 2-7 可以看出,该水文站年降水量累积平均值的模比系数随着计算期的增加而增加,并于 1965 年之后趋于 1.0,这说明降水量均值在 1965 年达到稳定,故可用 1956 年至 2000 年资料系列作为分析的代表期,若用 1965 年以后的某一年作为代表期的起点,则应进行均值修正。

2）长短系列相对误差分析法

上述稳定期分析方法并不能严格地把周期分析出来,特别是水文系列的周期不规则,而且资料系列也不很长,所以只能是一种粗略的估计。当周期不长而实测系列足够长时,累积平均值模比系数过程必然收敛于 $\overline{K}_i = 1.0$ 这条水平线。但是,这并不能充分论证现有的资料恰好已有一个周期的长度,或恰为一个稳定期。也就是说,利用上述方法,虽有可能判别样本系列是否恰好占有一个完整周期,但必须有相当长的实测系列。但是大量的水文、气象站并不具备这种条件,故不得不借助邻近长系列测站分析成果来间接分析论证系列的稳定性。通常对长系列资料是通过对长短系列统计参数相对误差分析来了解其稳定期亦即代表性的。这里所说的短系列,是指对一个长系列样本按不同时段划分后形成的子系列。较长的系列中包含了较短的系列,即系列的起点相同,终点不同。

长短系列相对误差分析法进行系列稳定期或代表性分析的具体做法是:

(1)计算长系列的统计参数 $\overline{X}$,C_V,C_S/C_V。

(2)将长系列分成几个短系列,分别计算各短系列的统计参数 $\overline{X}_1$,C_{V1},C_{S1}/C_{V1};$\overline{X}_2$,C_{V2},C_{S2}/C_{V2};…。

(3)将各短系列的统计参数与长系列的统计参数进行比较。其中相对误差最小的一个短系列时期即可认为是一个稳定期或代表期。

3）代表期的确定

所谓代表期,是指样本系列的统计参数能够较好地代表总体(长系列)的时期。

通过上述分析计算,可用有较长实测降水系列的代表性雨量站或水文站的降水系列对评价区降水资料的代表性作出分析,并可据此选择代表期。然而,水资源评价是区域性的,评价区内各雨量站的降水量观测记录长短不一,若依据有较长降水系列站点的分析结果确定的代表期较长,则可能不得不对其他站点的资料进行大量插补展延,有可能使资料的可靠性降低。因此,确定代表期时,要对现有资料站点的实测资料系列长短进行综合考虑,确定出合理的代表期。一般来说,应使主要依据站的资料不致有较多的插补展延。

例 2-1 中水文站降水量长短系列分析结果如表 2-5 所示。从表中可以看出,当 $n=35$ 时,均值的相对误差等于 -1.0%,C_v 的相对误差则达 9.6%。当 $n=20$ 时,均值的相对误差为 -5.2%,而 C_v 的相对误差则高达 16.7%。可见,均值随样本长度的变化相对较小,而 C_v 的变化则较大。实际上,多以均值达到稳定的时间作为样本起始点。因此,结合上述绘制的过程线,以 $n=35$ 为该站代表期较好。但从区域水资源评价考虑,则以 $n=30$ 或 $n=25$ 为宜(避免其他站点系列过多地展延)。

表 2-5　某水文站降水量长短系列分析结果

系列	长系列			短系列											
	N	$\overline{X}_N$	C_{VN}	$n=20$		$n=25$		$n=30$		$n=35$		$n=40$		$n=45$	
				$\overline{X}_n$	C_{Vn}	$\overline{X}_n$	C_{Vn}	$\overline{X}_n$	C_{Vn}	$\overline{X}_n$	C_{Vn}	$\overline{X}_n$	C_{Vn}	$\overline{X}_n$	C_{Vn}
统计参数	52	322.1	0.251	305.3	0.293	311.6	0.289	314.1	0.282	318.8	0.275	320.7	0.259	321.0	0.258
相对误差（%）				-5.2	16.7	-3.3	15.1	-2.5	12.4	-1.0	9.6	-0.4	3.2	-0.3	2.9

三、降水资料的插补展延

设法将实测系列中缺测年份的资料补起来,或将系列的两端外延,称为系列的插补展延。对降水资料作插补展延的主要目的有二:其一是为了扩大样本容量,减小抽样误差,提高统计参数的精度;其二是为了在区域性水资源分析与评价中取得不同测站的同期降水资料系列,以使计算成果具有同步性。严格讲,插补是指以某种方式对系列中缺测的值作出估算,使系列连续;展延(延长)则指利用不同测站长短系列间的关系,对较短的系列中未观测的一段时间的值作出估算,使其达到与长系列或要求的长度相等的系列。常用的降水资料插补延长方法有以下几种。

(一)地理插值法

地理插值法也称为内插法,根据测站的位置、地形和下垫面等又有以下几种具体方法。

1. 移用法

由于在小范围内降水量在面上的分布是比较均匀的,如果两个雨量站距离相近,且气候、地形条件一致,可直接移用邻近站(参证站)同年或同月降水量。

2. 算术平均值法

当插补站周围有分布较均匀的雨量站,且地理与气候条件基本一致,降水量在面上的分布较均匀,各相邻站的降水量数值较接近时,可用相邻各站降水量的平均值作为插补站的降水量。

3. 加权平均法

当研究区域内地形变化不大时,可按插补站所在区域的各雨量站(除插补站外)占研究区域面积的权数,计算出区域平均降水量,然后计入插补站,求出研究区域内各站(包括插补站)占研究区域的面积权数,并用计算的区域平均降水量的插补站的面积权数推求出插补站的降水量。

设某研究区域内共有 n 个雨量站,其中第 i 个站缺测,则用加权平均法插补第 i 个站降水量的步骤为:

(1)计算不包括第 i 个站的区域平均降水量。这时,将区域分为 $n-1$ 块,面积分别为 $a_1, a_2, \cdots, a_{i-1}, a_{i+1}, \cdots, a_n$。且有:

$$A = a_1 + a_2 + \cdots + a_{i-1} + a_{i+1} + \cdots + a_n$$

式中　A——评价区域(或流域)总面积,km^2。

则不含第 i 个站的区域加权平均降水量 $\bar{x}$ 为:

$$\bar{x} = \frac{a_1}{A}x_1 + \frac{a_2}{A}x_2 + \cdots + \frac{a_{i-1}}{A}x_{i-1} + \frac{a_{i+1}}{A}x_{i+1} + \cdots + \frac{a_n}{A}x_n$$

$$= \frac{1}{A}\left(\sum_{j=1}^{i-1} x_j a_j + \sum_{j=i+1}^{n} x_j a_j \right)$$

式中　$\bar{x}$——评价区域(流域)的平均降水量,mm;

　　　x_j——第 j 个站的实测降水量,mm;

　　　a_j/A——面积权数。

(2)计算第 i 个站的降水量。这时,将区域分为 n 块,面积分别为 $a_1', a_2', \cdots, a_{i-1}', a_i', a_{i+1}', \cdots, a_n'$,且有:

$$A = a_1' + a_2' + \cdots + a_{i-1}' + a_i' + a_{i+1}' + \cdots + a_n' \tag{2-18}$$

$$x_i = \frac{\bar{x}A - x_1 a_1' - x_2 a_2' - \cdots - x_{i-1}a_{i-1}' - x_{i+1}a_{i+1}' - \cdots - x_n a_n'}{a_i'} \tag{2-19}$$

4. 降水量等值线法

降水量等值线法是插补延长降水系列的理想工具,其做法是利用研究区已有的雨量站资料绘制降水量等值线图,然后根据插补站在区域内的位置读取该站的降水量插补值。用降水量等值线图插补延长降水资料,精度较高,但是工作量往往很大,尤其是需要插补延长的年限较长时,需逐年绘制等值线图。另外,水资源评价往往是区域性的,因此除了对点降水量进行分析,最主要的还是对区域性降水量的分析,在这种情况下,当有足够资料绘制出区域降水量等值线图后,对个别站点资料的插补延长已意义不大。

(二)相似法

当测站实测资料系列太短,用其他方法插补降水量难度大时,可用相似法,亦称气候系数法。该法假设插补站与参证站降水量长短系列的均值有等比关系,即:

$$\frac{\bar{x}_{NC}}{\bar{x}_{nC}} = \frac{\bar{x}_{NS}}{\bar{x}_{nS}} \tag{2-20}$$

式中　$\bar{x}_{NC}$、$\bar{x}_{nC}$——插补站降水量长短系列的均值,前者是估算值,后者是实测值,mm;

　　　$\bar{x}_{NS}$、$\bar{x}_{nS}$——参证站相对于 $\bar{x}_{NC}$、$\bar{x}_{nC}$ 的降水量长短系列的均值,均为实测值,mm。

由此可求得:

$$\bar{x}_{NC} = \frac{\bar{x}_{NS}}{\bar{x}_{nS}}\bar{x}_{nC} \tag{2-21}$$

该法的优点是使用方便,计算工作量小,但是不足之处是不能插补出逐年降水量值,而且使用该法必须满足地理插值法中所述的条件,即从地理位置和气候条件分析两站降水特性的相似性。

(三)相关分析法

相关分析法是水资源评价中插补延长资料系列最实用的方法。该法的基本思路是:当研究区域内拟插补延长测站的降水量与区域内部或外部系列较长的其他测站的降水量或其他水文、气象要素之间有密切关系时,可建立插补站降水量与邻近站降水量或其他水文、气象要素之间的相关关系,并用此关系来插补或延长降水系列。习惯上,常将拟插补的降水量(年或月)称为研究变量,将用来建立相关关系借以插补研究变量的参变量称为参证变量。

用相关分析法插补延长降水资料的关键是要选择合适的参证变量,遵循的一般原则是:

(1)参证变量与研究变量之间必须有物理成因上的联系,只有这样,建立的相关关系才有坚实的基础。一般来说,相邻两个雨量站的降水量之间具有较好的相关性,因为它们处于同一气候条件下,具有相同的成因。但是,相关关系的优劣还取决于它们所处的地理位置。研究表明,两雨量站降水量之间的相关系数随两站之间距离的增加而减小。

(2)参证变量与研究变量应有一定数量的同步观测资料,以保证相关图有足够的点据,否则点据太少,只能得到一种局部的关系,而不能反映两变量间统计规律的全部。

(3)参证变量的系列要足够长,足以用同期资料建立的关系插补出计算需要的研究变量的缺测部分。

相关分析的具体方法可参阅数理统计和水文分析等教材,本节不再赘述。

第三节　降水量分析计算

在水资源评价中,降水量分析计算的内容主要有面平均降水量计算、降水量统计参数的确定、降水量的时空分布规律分析等,要从单站和区域(面上)两个方面进行分析,且区域分析更为重要。

一、面平均降水量计算

由于水资源评价涉及的区域往往较大,因此逐时段面平均降水量或规定统计时段面平均降水量的计算就十分重要,常用的计算方法有算术平均法、泰森多边形法和等雨量线法。

(一)算术平均法

以评价区域内各站降水量的算术平均值作为评价区域的面平均降水量,计算公式为:

$$\bar{x} = \frac{1}{n}(x_1 + x_2 + \cdots + x_n) = \frac{1}{n}\sum_{i=1}^{n} x_i \tag{2-22}$$

式中　$\bar{x}$——评价区域的面平均降水量,mm;

n——测站数；

x_i——第 i 个雨量站的降水量，mm。

该法适用于评价区域内站网密度较大，且雨量站分布较均匀，区域内地形起伏不大的情况。

(二)泰森多边形法

如评价区域内雨量站分布不均，此时采用泰森多边形法较算术平均法合理和优越。泰森多边形法又叫垂直平分法、加权平均法，其做法是在地形图上将各雨量站就近连成三角形，并尽可能成锐角三角形(在连三角形时，对本区域雨量起一定控制作用的邻近区域的雨量站也要包括进去)。然后，对每个三角形的各边作垂直平分线，这些垂直平分线与区域边界构成以每个站为核心的多边形，如图2-8 所示。用求积仪量算每个测站的控制面积 a_i(km^2)，该值与区域总面积的比就是该站的权重 f_i。则区域面平均雨量的计算公式为：

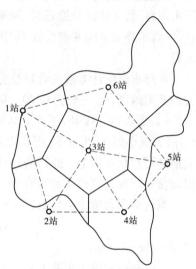

图2-8　泰森多边形示意图

$$\bar{x} = f_1 x_1 + f_2 x_2 + \cdots + f_n x_n = \sum_{i=1}^{n} f_i x_i \quad (2\text{-}23)$$

式中各符号意义同前。

该法的原理是基于测站间的降水量是线性变化的，这对于地形无较大起伏的区域是符合的，若区域内或两站间有高大山脉，则此法会有较大误差。如果站网稳定不变，采用该法较好，如果某个时期因个别雨量站缺测、缺报或雨量站位置变动，将改变各站权重，给计算带来麻烦。

(三)等雨量线法

对于地形变化大、区域内又有足够多的雨量站，若能够根据降水资料结合地形变化绘制出等雨量线图，则可采用等值线计算区域平均降水量。方法是先用求积仪量算各相邻等雨量线间的面积 a_i，然后用下式计算区域平均降水量：

$$\bar{x} = \frac{a_1}{A} x_1 + \frac{a_2}{A} x_2 + \cdots + \frac{a_n}{A} x_n = \sum_{i=1}^{n} \frac{a_i}{A} x_i \quad (2\text{-}24)$$

式中　x_i——各相邻等雨量线间的雨量平均值，mm；

其他符号意义同前。

等雨量线法理论上较完善，但要求有足够数量的雨量站，且每次降雨都必须绘制等雨量线图，并量算面积和计算权重，工作量相当大，故实际上应用不多，只有分析特殊暴雨洪水时使用。

二、降水量统计参数的确定

统计参数一般包括多年平均降水量$\bar{x}$、变差系数 C_V 和偏态系数 C_S。当降水资料系列较长时(实测或插补展延)，我国普遍采用图解适线法确定统计参数(参考《工程水文学》、《水文统计》等教材)。我国水资源调查评价细则规定：多年平均降水量$\bar{x}$一律采用算术平均值,适线时不作调整;C_V 值先用矩法计算,再用适线法调整确定;C_S/C_V 在大部分地区都比较稳定,我国一般采用 $C_S/C_V = 2.0$,在用 $C_S/C_V = 2.0$ 确实拟合不好的地区(不是个别站),可以调整 C_S/C_V 值,但也应进行固定倍比适线调整和检验;经验频率的计算采用数学期望公式计算,采用皮尔逊Ⅲ型频率曲线适线。但某一测站或区域仅有很短的实测降水资料,且无法插补展延时,可采用地理插值法(内插法)或比值法求得多年平均降水量 $\bar{x}$。而年降水量的变差系数 C_V 值在区域内的变化较小,可用邻近测站值或地理插值法求得。

年降水量统计参数的合理性分析主要通过对比分析进行。例如在秦岭、淮河以南广大的多雨地区,C_V 一般为 0.20 ~ 0.25,局部地区也可能小于 0.15;淮河以北,C_V 逐渐增大,一般为 0.30 ~ 0.40,平原地区可达 0.5 以上;再往北至东北长白山、大小兴安岭一带,C_V 值又减小到 0.25 以下;西北内陆除阿尔泰、塔城和伊犁河谷地区,C_V 值都很大,干旱沙漠地区可达 0.6 以上。通过与这些一般规律的对比分析,或与邻近站的成果对比分析,可以间接地判断计算成果是否合理、可靠。

当统计参数确定以后,按照下式就可以计算出不同频率的年降水量:

$$x_P = (1 + \Phi_P C_V)\bar{x} = K_P \bar{x} \tag{2-25}$$

式中　　P——频率;

　　　　x_P——相应于频率 P 的年降水量,mm;

　　　　Φ_P、K_P——相应于频率 P 的离均系数和模比系数,与适线时采用的频率曲线线型
　　　　　　　　和统计参数有关(我国目前普遍采用 P – Ⅲ 型频率曲线,其离均系数和
　　　　　　　　模比系数已有相应的表格,可查阅《工程水文学》、《水文统计》等教
　　　　　　　　材);

　　　　其他符号意义同前。

三、年降水量统计参数等值线

(一)等值线图的勾绘

为了研究年降水量变化的地理规律,估算无资料地区各种指定频率的年降水量,必须绘制年降水量统计参数等值线图,即均值和变差系数等值线图,偏态系数一般不绘等值线,而用分区法表示。

绘制等值线之前,要搜集本地区的水汽来向、降水主要成因、冷暖锋面活动规律以及地形对降水的影响等情况,以便对降水的地区分布趋势有一个比较概要的了解。

1. 多年平均降水量等值线图

(1)选择资料质量好、系列完整、面上分布均匀且能反映地形变化影响的雨量站作为绘制等值线的主要点据。一般在降水量变化梯度较大的山区应尽可能多选些站点,在降水量变化梯度较小的平原区着重均匀分布。在点据稀少的地区,可增选一些资料系列较短的雨量站,通过插补延长处理后作为辅助点据。

(2)选择准确、清晰、有经纬度且能分清高山、丘陵、坡地、平原等的地形图作为工作底图,成图比例尺自行确定,全国统一要求根据 1:25 万电子地图缩放。

(3)多年平均年降水量等值线图线距为:降水量 >2 000mm 者,线距 1 000mm;降水量

800～2 000mm 者,线距 200mm;降水量 100～800mm 者,线距 100mm;降水量 50～100mm 者,线距 50mm;降水量 <50mm 者,线距 25mm。

(4)勾绘等值线时,既要考虑各测站的统计数据,遵循直线内插的原则,又不能完全拘泥于个别点据,以避免等值线过于曲折或产生许多小的高、低值中心和造成与当地地理、气候因素不相匹配的不合理现象。山区等值线的勾绘要符合降雨随地面高程变化的相应关系,但也不应将等值线完全按等高线的走向勾绘;等值线必须与大尺度的地形分水线走向大体一致,切忌横穿山岭。

2. 年降水变差系数 C_V 等值线图

(1)以同步长系列的单站 C_V 值作为勾绘等值线的主要依据,选站要求同年降水量均值等值线图。单站 C_V 值用矩法计算,可不做适线调整。因 C_V 值在地区上变化不大,所以线条相对较少且较平滑,不应曲折太多。但应该考虑特大值的影响。

(2)全国拼图要求的等值线线距为:$C_V \geqslant 0.3$ 者,线距 0.1;$C_V < 0.3$ 时,线距0.05。

(二)合理性检查

绘制等值线的过程,是不断检查、修改和调整的过程,很难一举完成。从数学角度出发,勾绘等值线这一问题最优解的目标函数可以确定为:

$$\sum_{i=1}^{m} |\Delta P_i| = \min$$

式中　ΔP_i——各站点计算的统计参数值与由等值线查得之值的离差;

　　　m——参加绘制等值线的站点数。

要达到这一目标,各站点离差的组合方式可能有多种,所以绘制等值线工作具有较大的弹性。事实上,同样的数据绘出的等值线也会因人而异,尤其是统计参数计算值都含有抽样误差和其他误差,使我们不可能完全按照理想的直线内插确定等值线的分布位置,故实际上很难以上式作为评定成果优劣的唯一标准,合理性检查只是宏观控制的一种手段。

等值线合理性检查工作主要从四个方面入手:

(1)从气候、地形及其他地理条件等方面检查,研究等值线的梯度分布、弯曲情况、高值区和低值区的配置等是否合理。一般靠近水汽来源的地区年降水量大于远离水汽来源的地区,山区降水量大于平原区,迎风坡大于背风坡,高山背后的平原、谷地的降水量较小。降水量大的地区 C_V 值相对较小。

(2)与以往编制的等值线图进行对比分析,检查高、低值区是否对应,大的走向是否一致,出现明显变化的地区要进行分析论证或做必要的修改。

(3)将年降水量等值线图与年径流等值线图、年蒸发量等值线图对照比较,根据水量平衡原理协调各要素的平衡。

(4)与相邻省份的有关图幅检查对照和拼接,有差异的地方,要进行合理性分析论证。

四、区域多年平均及不同频率年降水量的计算

在实测降水资料短缺的较小区域内,计算区域多年平均及不同频率年降水量时,一般需要从下列几方面入手。

（一）补充计算工作

为了能比较详尽地反映年降水量在区域内的分布规律,特别是在地形变化较大的区域,可以进一步收集区域内系列相对较短的降水观测资料(包括非国家水文、气象基本站的资料),进行单站年降水量的补充计算和分析工作。有条件时,可编绘短系列年降水量等值线图,作为补充和内插大面积相应等值线图的参考。

（二）多年平均年降水量等值线图的转绘与补充

将大面积多年平均年降水量和 C_V 值等值线图(包括原始点据)转绘到特定区域较大比例尺的地形图上:如本区再无新资料补充,且认为大面积等值线图能够反映本区降水量的变化情况,则可按原等值线的梯度变化适当加密线距,作为本区多年平均年降水量量算的依据;如本区有补充资料或大面积的等值线图与本区实际情况出入较大,可将本区经审查认为可靠的数据点绘在同一张底图上,然后根据补充资料及原有资料的可靠性、代表性等,考虑地形、地貌、气候等因素对年降水量的影响,综合分析等值线图的合理性,对原等值线图进行必要的调整。

（三）区域降水量的计算

当评价区域面积较大时,可将该区域按行政分区、水资源分区等再分为若干分区,分别计算分区和全区的多年平均及不同频率年降水量。计算步骤如下:

(1)计算各分区的多年平均及不同频率的年降水量。将各分区界线标绘在评价区域年降水量均值和 C_V 值等值线图上,用求积仪量算各分区所包围的等值线间的面积,采用面积加权法计算出各分区的年降水量多年平均值,并确定分区面积重心处的 C_V 值和 C_S/C_V 值,然后就可计算各种频率的年降水量(单位为 mm),再乘以相应各分区的面积(km²)即得各分区以亿 m³ 表示的不同频率年降水量。

(2)计算全区域多年平均及不同频率年降水量。全区多年平均年降水量等于各分区多年平均年降水量之和。但全区域不同频率的年降水量,不能用各分区不同频率年降水量相加来计算,需要首先推求全区域年降水量系列,经频率计算后方得全区不同频率的年降水量,具体方法已如前述。

第四节　降水量时空分布

一、降水量的时程变化

降水量的时程变化是指降水量在时间上的分配,一般包括年内分配和年际变化两个方面。

（一）降水量的年内分配

年内分配系指年降水量在年内的季节变化,它受气候条件影响比较明显。按照《水资源评价导则》(SL/T 238—1999),要求分析计算多年平均连续最大四个月降水量占全年降水量的百分数及其发生月份,并统计不同频率典型年的降水量月分配。一般按照以下两个步骤来分析:

(1)用多年平均连续最大四个月降水量占全年降水量的百分数和相应的发生月份,

粗略地反映年内降水量分布的集中程度和发生季节。

（2）在上述分析的基础上，按不同降水类型划分区域，并在各个区域中选择代表站，统计分析不同频率（按适线的频率）典型年和多年平均降水量月分配。典型年的选择，除了要求年降水量接近某一保证率的年降水量，同时要求其月分配对农业需水和径流调节等也较不利。因此，可先根据某一保证率的年降水量，挑选年降水量较接近的实测年份若干个，然后分析比较其月分配，从中挑选资料较好、月分配较不利的典型年为代表年。为便于实际应用，典型年的月分配也可直接采用实测月、年资料的比值作为月分配的百分比。表2-6为某雨量站不同频率典型年降水量的月分配。

表2-6　某雨量站不同频率典型年降水量月分配

典型年	出现年份	降水量(mm)													连续最大四个月		
		1月	2月	3月	4月	5月	6月	7月	8月	9月	10月	11月	12月	全年	月份	降水量(mm)	占全年比例(%)
偏丰年	1988	0.2	15.6	41.4	19.0	78.8	115.4	159.3	158.9	32.6	73.0	3.3	0.9	698.4	5~8	512.4	73.4
平水年	1989	9.4	9.2	22.2	65.4	45.2	56.0	134.5	109.8	88.2	33.0	16.8	7.0	596.7	6~9	388.5	65.1
偏枯年	1994	6.3	7.0	13.7	41.5	20.3	123.8	69.2	45.9	101.5	61.7	17.6	14.7	523.2	6~9	340.4	65.1
枯水年	1982	2.3	4.1	24.0	59.3	43.5	18.5	44.0	100.2	99.8	19.8	13.2	0.6	429.3	7~10	263.8	61.4
多年平均		3.6	5.6	18.4	41.5	60.6	77.6	116	115.8	92.3	49.6	13.9	3.1	598.0	6~9	401.7	67.2

由于连续最大四个月降水量占全年降水量的百分数在地区上的变化较小，故并不需对所有的测站进行分析计算，只需选择资料质量好、分布均匀、资料系列较长的测站进行分析计算，在站点较密的地区，大致可选全部分析选用测站的1/3即可。

统计时首先对各站按月分别统计计算其多年平均值，得到多年平均的年内分配过程，从中选出连续最大四个月降水量并计算它占多年平均年降水量的百分数，由各站的百分数勾绘出等值线图（或分区图）。

如果降水的季节、类型等在地区上分布有比较明显的差别，可结合年降水量和连续最大四个月降水量百分数的分布特点，分成几个区域，在每个区域中选几个典型站，统计多年平均的年内分配，以各月降水量占年降水量的百分数表示，一般每个区域选2~3个站即可。

降水量的年内变化程度还可采用降水不均匀系数（C_L）表示，计算公式为：

$$C_L = \frac{\sum_{i=1}^{n} x_i - nx_0}{12x_0} \tag{2-26}$$

式中　x_0——年降水量平均到各月之值（以12个月计算），即年降水量/12，mm；

　　　x_i——年内各月降水量中超过x_0的降水量，mm；

　　　n——月降水量大于x_0的月份总数。

如表2-6所列雨量站多年平均年降水量的月分配，由年降水量计算的月平均降水量

$x_0 = 49.8\text{mm}$，对比各月降水量，发现 $5 \sim 9$ 月的月降水量超过了 x_0，故 $n = 5$，则：

$$C_L = \frac{\sum_{i=1}^{n} x_i - nx_0}{12x_0} = \frac{462.3 - 5 \times 49.8}{12 \times 49.8} = 0.357$$

不均匀系数愈小，说明年降水量的月分配愈均匀；反之，不均匀系数愈大，说明月降水量离散程度愈大，年降水量的月分配愈不均匀。不均匀系数能够用来反映评价区域中各分区之间或单站之间年内分配的差异程度，克服了年降水量月分配表的局限性。

(二) 降水量的年际变化

1. 多年变化幅度分析

除了用变差系数反映年降水量的年际变化幅度，通常在水资源评价中还用以下方法。

(1) 极值比法。

$$K_m = \frac{x_{\max}}{x_{\min}} \tag{2-27}$$

式中　K_m——极值比；

$\quad\quad x_{\max}$——降水量系列中的最大值，mm；

$\quad\quad x_{\min}$——降水量系列中的最小值，mm。

K_m 值受分析系列的长短影响很大，在进行地区比较时，应注意比较系列的同步性。

(2) 距平法。

$$\Delta x_i = x_i - \bar{x} \tag{2-28}$$

式中　Δx_i——某年降水量的距平值，mm；

$\quad\quad$其他符号意义同前。

为了减小变化幅度也可用距平百分数表示。

(3) 趋势法。通过建立年降水量距平值与年份 (序号) 之间的直线相关方程，根据斜率判断降水量的变化趋势的一种方法。如直线斜率为正，就表示降水量有增加趋势；反之，如直线斜率为负，就表示降水量有减少趋势。

2. 多年变化的丰、枯阶段分析

降水量的多年变化丰、枯阶段分析可以用差积曲线和滑动平均过程线进行分析，但是它们只能反映大的丰、枯变化趋势，不能确切反映连丰、连枯的程度，而连丰或连枯程度对水资源多年调节和供水规划有着很重要的意义。下面就常用的游程理论分析方法做一简单介绍。

游程理论是指持续出现的同类事件，在它的前后是另外的事件。设年降水量为离散序列，选定标准量 $x' = \bar{x} + 0.33\delta$ 和 $x'' = \bar{x} - 0.33\delta$（$\delta$ 为年降水量的均方差），凡 $x_i - x' > 0$ 者，具有正变差，凡 $x_i - x'' < 0$ 者，具有负变差。如果有一个负变差居先，后跟连续 K 个正变差项，即表示有一个长度为 K 的正游程，反之为负游程。正游程表示连续丰水的年数；负游程表示连续枯水的年数。连丰、连枯年段发生的概率用下式计算：

$$P = q^{K-1} \cdot (1 - q) \quad 0 < q < 1 \tag{2-29}$$

式中　P——连续 K 年丰水 (或枯水) 的概率；

q——模型分布参数,指在前一年为丰水(或枯水)条件下继续出现丰水或枯水年的条件概率,它可由长系列观测资料,按下式计算求得:

$$q = (S - S_l)/S \tag{2-30}$$

式中　S——统计系列中丰水年(或枯水年)的总数;

　　　S_l——包括 $K=1$ 在内的各种长度连丰(或连枯)年发生频次的累积值。

二、降水量的空间分布

掌握降水量的空间变化规律,对国民经济发展规划,特别是农业发展规划具有重要的指导作用。这是因为在不同量级降水地区,适宜于生长的作物也不同。降水量的空间分布可用降水量等值线图来反映,包括多年平均降水量等值线图及多年连续最大四个月平均降水量等值线图等。

如第三节所述完成等值线图的绘制后,应对评价区域进行全面扫描观察,得出轮廓性概念,并用简洁的语言概述评价区域降水量的量级、高值区、低值区等分布情况。然后分小区域描述各区特点。

例如,《陕西省地表水资源》(1984 年)中根据 1956 ~ 1979 年多年平均降水量等值线图对陕西省降水量的地区分布规律描述如下。

因为陕西省南北在纬度、地形以及大气环流等方面差异很大,所以年降水南北悬殊也很大。全省平均年降水量 666.9mm,降水总量 1 371 亿 m³,其中长江流域占全省总量的 46%,黄河流域占全省总量的 54%。年降水量变化范围为 350 ~ 1 600mm,绝对变幅超过 1 200mm。总的分布趋势是:由陕南向陕北递减,由山区向平原河谷递减。降水最高区在陕南米仓山,年降水量为 1 200mm 以上,小坝站多年平均降水量 1 810mm;最低区位于陕北长城以北沙漠区,年降水 400mm 以下,沙漠区西南部的定边站多年平均降水量只有 334mm。陕西省东西方向降水也有差异:一般是西部大,东部小。例如关中西部为 700mm,东部为 550mm;陕南西部也比东部明显偏大。全省有四个多雨区和四个少雨区。

四个多雨区分别为:

大巴山多雨区——位于川陕交界的米仓、巴山分水岭两边,中心位置在濂水、冷水的上游山区,年降水量高达 1 600mm 以上。

秦岭多雨区——在分水岭北侧主要有华山、终南山及太白山三个高中心;分水岭南侧是褒河—子午河的高中心。以上高中心年降水量都在 900mm 以上。

陇山多雨区——位于千河、通关河上游陇山山区,年降水量 700mm 以上。

黄龙山、子午岭多雨区——位于北洛河中游的石山林区,600mm 闭合中心降水量接近 700mm。

四个少雨区分别为:

陕北长城以北少雨区——西起定边内陆河区,东到窟野河的风沙区,年降水量小于 400mm。

关中盆地东部少雨区——以北洛河下游为中心,年降水量 550mm。

商、丹盆地少雨区——商县至丹凤的丹江盆地,年降水量在 700mm 以下。

安康东部少雨区——旬阳、白河一带,年降水量小于 800mm。

按多年平均降水量的多少,全省大致可划分为四个气候干湿区:

(1)湿润区——年降水量800～1 600mm,指秦岭以南广大地区,是陕西省水稻产区,稻麦两熟,农业生产条件优越。

(2)半湿润区——年降水量600～800mm,包括关中盆地、渭北原区和陕北南部,是陕西省粮、棉产区,农业生产条件较好。

(3)半干旱区——年降水量400～600mm,包括陕北黄龙山、子午岭以北,沙漠区以南的黄土高原沟壑、丘陵沟壑广大地区,是糜谷杂粮产区。降水量年内年际变化大,旱灾频繁,农业生产条件较差。

(4)干旱区——年降水量小于400mm,指长城以北风沙区,农业生产条件极差,以牧业为主。

第五节　蒸　发

蒸发是水循环的重要环节,是水量平衡的重要要素。我国湿润地区年降水量的30%～50%、干旱地区年降水量的80%～95%耗于蒸发。流域(区域)蒸发量是流域(区域)面积上的综合蒸发量,包括水面蒸发、土壤蒸发和植物散发三部分。水面蒸发是指流域内江河、湖泊、水库等水体表面的蒸发。土壤蒸发与植物散发又总称为陆面蒸发,包括流域内从土壤表面的蒸发和从植物叶面的散发。由于水面蒸发与陆地蒸发的机理不尽相同,通常都是将水面蒸发和陆地蒸发分别研究的。

一、水面蒸发量分析与计算

自然水体的水面蒸发反映一个地区的蒸发能力。如有实测大面积水面蒸发资料,可直接应用。但是大面积水面蒸发量的观测往往比较困难,很难得到实测资料。目前常用的都是通过观测小面积水面蒸发,并找出小面积水面蒸发与大面积水面蒸发之间的关系来间接推求大面积的水面蒸发,这就是常说的蒸发器(皿)折算法。还可以通过精确的水量平衡方程中其他要素的观测来推求水面蒸发。此外,还有各种经验公式、概念方法、理论方法等。不论用何种方法,在计算前,都必须收集水文和气象部门的蒸发资料,并对各站历年使用的蒸发器(皿)型号、规格、水深等均做详细调查考证。在此基础上,对资料进行审查(见本章第二节)。

(一)蒸发器折算系数法

对于水面蒸发量资料的观测,不同的部门采用了不同型号的蒸发器,而且设站的下垫面情况也不一样。早在20世纪50～60年代,我国就在全国各地建立了20～100m^{2}的大型蒸发池。20世纪80年代以前,水文部门使用的观测器皿比较复杂,主要有苏联的地埋式ГГИ3000蒸发器、E$_{601}$蒸发器、Φ80cm和Φ20cm蒸发器(皿)。ГГИ3000蒸发器的水面面积为3 000cm^2,已被世界气象组织定为一般观测站观测水面蒸发的标准仪器,我国一些地区已有这种蒸发器观测资料。但20世纪80年代后,已全部改用改进后的E$_{601}$蒸发器,北方结冰期有的改用Φ20cm蒸发器。气象部门则统一使用Φ20cm蒸发器。

由于气候、季节、仪器构造、口径大小、安装方式及观测等因素的影响,各种仪器的实测水面蒸发值相差悬殊,为了使不同型号蒸发器观测到的水面蒸发资料具有相同的代表性,因此必须将不同型号蒸发器的观测值,统一折算为同一蒸发面。按全国统一规定,水面蒸发以 E_{601} 型蒸发器的观测值计算,其他类型的观测值应通过折算系数折算为相应的 E_{601} 蒸发值。因此,折算系数就有两种概念。一种是折算为自然大水体的蒸发量,即:

$$K_Z = E_{100}/E_x \tag{2-31}$$

或

$$K_Z = E_{20}/E_x \tag{2-32}$$

式中　E_{100}、E_{20}——面积为 $100m^2$、$20m^2$ 蒸发池的实测蒸发量,mm;

E_x——小型蒸发器与蒸发池同时的实测蒸发量,mm;

K_Z——折算为自然大水体的蒸发量的换算系数。

另一种是折算为 E_{601} 蒸发量的折算系数,即:

$$K_{E601} = E_{601}/E_x \tag{2-33}$$

式中　K_{E601}——折算为 E_{601} 型的蒸发量的换算系数;

E_{601}——E_{601} 型的实测蒸发量,mm。

我国部分蒸发实验站的水面蒸发折算系数如表 2-7 所示,其中以 E_{601} 型的折算系数最大,亦即最接近大水体情况,其次是 $\Phi80cm$ 型,$\Phi20cm$ 型的折算系数最小。

由于目前许多地区尚无实测的折算系数,实际计算中往往是用邻近地区数值进行计算,而且以 E_{601} 蒸发器蒸发量作为代表值。

根据对比观测资料求得水面蒸发折算系数,即可据此系数和实测蒸发器水面蒸发量计算出大面积水面蒸发量,即:

$$E_0 = KE_0' \tag{2-34}$$

(二)道尔顿经验公式

道尔顿经验公式为:

$$E = f(u)(e_s - e_d) \tag{2-35}$$

式中　E——蒸发量,mm/d;

e_s——蒸发表面的饱和水汽压,mbar(1mbar = 100Pa);

e_d——空气水汽压,mbar;

$f(u)$——风速函数。

道尔顿首次把蒸发量与水汽压、风速联系起来。这个模式可用于计算水面蒸发量。许多水文气象站曾根据实测水面蒸发量、水汽压和风速资料,得出了适合于本地区的经验公式,如长办经验公式为:

$$E_{20} = 0.20(1 + 0.32u_{200})(e_s - e_{200}) \tag{2-36}$$

式中　E_{20}——相当于 $20m^2$ 蒸发池的蒸发量,mm/d;

u_{200}——2m 高度处风速,m/s;

e_{200}——2m 高度处百叶箱温度条件下的水汽压,mbar;

e_s——水面温度条件下的水汽压,mbar。

通过气温与水温相关分析,得出水温($T_水$)与气温($T_气$)的相关关系为:

$$T_水 = T_气 + 2.9 \tag{2-37}$$

在无水温资料条件下,可以采用上式由气温换算水温,并推求 e_s。

表2-7 各代表站不同类型蒸发皿折算系数

分析单位	代表站	标准蒸发皿面积(m²)	各型蒸发皿	全年月份												全年	用折算系数推算月蒸发量误差(%)		资料年数
				1	2	3	4	5	6	7	8	9	10	11	12		平均	最大	
广东省水文总站	广州	20	E_{601}	0.89	0.90	0.82	0.91	0.97	0.99	1.03	1.03	1.06	1.06	1.02	0.96	0.97			8
			Φ80cm	0.72	0.70	0.61	0.60	0.62	0.68	0.68	0.72	0.76	0.81	0.81	0.78	0.71			11
			Φ20cm	0.66	0.65	0.58	0.58	0.62	0.68	0.69	0.72	0.76	0.79	0.80	0.73	0.69			11
福建省水文总站	古田	20	Φ80cm	1.28	1.06	0.87	0.88	0.82	0.86	0.90	0.87	1.02	1.19	1.26	1.23	1.03			3
浙江省水文总站	双林	ГГИ-3000 漂浮	E_{601}	1.00	1.00	1.17	1.20	1.17	1.19	1.18	1.15	1.16	1.15	1.19	1.00	1.16			1~2
			Φ80cm	1.11	1.10	0.91	0.95	0.95	0.97	0.94	1.09	1.19	1.25	1.39	1.43	1.13			1~2
			Φ20cm	0.63	0.65	0.75	0.72	—	0.81	0.80	0.87	0.93	0.81	0.78	0.77	0.77			1~2
湖北省水文总站	东湖	10	E_{601}	0.98	0.96	0.89	0.88	0.89	0.93	0.95	0.97	1.03	1.03	1.06	1.02	0.97	1.4	5.0	8
			Φ80cm	0.92	0.78	0.66	0.62	0.65	0.67	0.67	0.73	0.88	0.87	1.01	1.04	0.79	2.2	7.7	8
			Φ20cm	0.64	0.57	0.57	0.46	0.53	0.59	0.59	0.66	0.75	0.74	0.89	0.80	0.65			3
长江流域规划办公室	重庆	100	E_{601}	0.77	0.71	0.73	0.76	0.89	0.90	0.87	0.91	0.94	0.94	0.90	0.85	0.85	4.8	16.3	3
			Φ80cm	0.70	0.62	0.53	0.53	0.62	0.60	0.58	0.66	0.73	0.83	0.89	0.88	0.68	8.1	37.9	10
			Φ20cm	0.55	0.50	0.46	0.48	0.56	0.56	0.56	0.63	0.68	0.74	0.78	0.72	0.60	7.2	25.0	11
黄河水利委员会	三门峡	20	E_{601}				0.84	0.84	0.88	0.87	0.97	1.02	0.96	1.06					3
			Φ80cm				0.65	0.61	0.62	0.65	0.72	0.85	0.82	0.97					10
北京市水文总站	官厅	100	E_{601}				0.82	0.81	0.87	0.96	1.06	1.02	0.93						6
			Φ80cm 绝热				0.69	0.71	0.74	0.82	0.85	0.98	0.92						6
			Φ20cm				0.44	0.45	0.50	0.53	0.62	0.63	0.54						6
辽宁省水文总站	营盘	20	E_{601}					0.94	0.90	1.01	1.06	1.11	1.07						7
			Φ20cm					0.52	0.57	0.67	0.77	0.85	0.76						7

注:摘自《水利水电工程设计洪水计算手册》(1995年10月)。

(三)彭曼经验公式

英国农业物理学家彭曼(H. L. Penman)1948 年首先提出了以空气动力学与能量平衡联立的综合法。彭曼对得出的这一计算方法和公式进行了广泛的试验。他利用这一方法计算水面蒸发量,其结果与水面蒸发器的实测值比较吻合。该公式的原式如下:

$$E = \frac{\frac{\Delta}{r}R_n + E_a}{\frac{\Delta}{r} + 1} \tag{2-38}$$

或

$$E = \frac{\Delta R_n + r E_a}{\Delta + r} \tag{2-39}$$

式中　E——自由水面蒸发量,mm/d;

Δ——气温等于 T_a 时饱和水汽压曲线的斜率,mbar/℃;

R_n——水面净辐射,亦称辐射平衡,mm/d,1mm 蒸发量等价于 59cal/cm² 的汽化热量;

r——干湿表常数;

E_a——空气干燥力函数,mm/d。

各项计算分别如下:

$$\Delta = \frac{e_a}{273 + T_a}\left(\frac{6\ 463}{273 + T_a} - 3.927\right) \tag{2-40}$$

$$e_a = 33.863\ 9\left[(0.000\ 789 T_a + 0.802\ 7)^3 - 0.000\ 019(1.8 T_a + 48) + 0.001\ 316\right] \tag{2-41}$$

式中　T_a——空气温度,℃。

$$R_n = R_s(1 - \alpha) - R_L \tag{2-42}$$

式中　R_s——太阳和天空短波辐射,又称太阳总辐射,J/(cm²·d)或 W/cm²,太阳总辐射可用辐射平衡表直接测得,当无实测资料时,可用下列经验公式计算:

$$R_s = R_A\left(a + b\frac{n}{N}\right) \tag{2-43}$$

R_A——天空辐射量,即碧空条件下可能有的太阳总辐射量,该值和地理纬度及季节(月份)有关,参考有关文献;

N——天文上可能出现的最大日照时间,h,亦由地理位置和月份决定,参考有关文献;

n——实际日照时数;

a、b——经验系数,根据气象站的 R_s 和 n 的观测资料拟合求出,如无此资料,在温带地区 a、b 可分别取值为 0.18 和 0.55(彭曼,1948 年);

α——反射率,彭曼公式中水的反射率采用 0.05;

R_L——地面的有效长波辐射,彭曼在布朗特公式的基础上得出了下列有效长波辐射的公式:

$$R_L = \sigma T_K^4\left(0.56 - 0.092\sqrt{e_d}\right)\left(0.1 + 0.9\frac{n}{N}\right) \tag{2-44}$$

σ——斯蒂芬波尔兹曼常数,由下式计算:

$$\sigma = 5.670 \times 10^{-12} \mathrm{W}/(\mathrm{cm}^2 \cdot \mathrm{K}^4) \tag{2-45}$$

T_K——热力学温标,$T_K = 273 + T_a(℃)$;

e_d——当地空气温度为 T_a 时的实际水汽压,mbar。

所以,彭曼经验公式中实际的辐射平衡,即净辐射量 R_n 可写成如下形式:

$$R_n = R_A(1-\alpha)\left(0.18 + 0.55\frac{n}{N}\right) - \sigma T_K^4(0.56 - 0.092\sqrt{e_d})\left(0.1 + 0.9\frac{n}{N}\right) \tag{2-46}$$

式中 R_n 的单位为 mm/d。

$$r = 0.46\frac{p}{1\,013} \tag{2-47}$$

式中　p——以 mbar 为单位的大气压力。

彭曼 1948 年发表的公式中:

$$E_a = 0.35\left(1 + \frac{u_2}{100}\right)(e_a - e_d) \tag{2-48}$$

以后,又于 1956 年改为:

$$E_a = 0.35\left(0.5 + \frac{u_2}{100}\right)(e_a - e_d) \tag{2-49}$$

式中　u_2——2m 高度处的风速,m/s;

$(e_a - e_d)$——空气饱和差,单位为 mm。

由此得出彭曼经验公式原式的展开形式如下(1956 年后):

$$E = \frac{\Delta}{\Delta + r}\left[R_A(1-\alpha)\left(0.18 + 0.55\frac{n}{N}\right) - \sigma T_K^4(0.56 - 0.092\sqrt{e_d})\left(0.1 + 0.9\frac{n}{N}\right)\right] +$$
$$\frac{r}{\Delta + r}\left[0.35\left(0.5 + \frac{u_2}{100}\right)(e_a - e_d)\right] \tag{2-50}$$

式中各项符号意义同前。

彭曼公式产生于欧洲低海拔的湿润地区。由于世界各地的自然地理情况相差很大,因此许多研究者在应用彭曼公式计算水面蒸发量或估算蒸发能力时,常常结合本地区情况对彭曼公式做某些修正。其中,一些修正对于世界各地区的应用都有参考意义,也有一些修正只适用于本地区的特定条件。我国比较典型的有中国科学院地理所洪嘉琏和中国气象局气象科学院裴步祥修正公式,应用时可参考有关书籍。

(四)水面蒸发的空间分布

水面蒸发是反映区域蒸发能力的重要指标。一个地区蒸发能力的大小又对自然生态、人类生产活动,特别是农业生产具有重要影响。因此,了解水面蒸发的空间分布特点对国民经济建设具有不可低估的作用。

1. 水面蒸发等值线图的绘制

一个地区水面蒸发在面上的分布特点可用水面蒸发等值线图表示。水面蒸发等值线图的绘制方法同降水量等值线图绘制方法。等值线线距一般当蒸发量大于 1 000mm 时为 200mm,当蒸发量小于 1 000mm 时为 100mm,但一般来讲,蒸发观测站点少于雨量站点,因此给绘制工作造成一定困难。

2. 水面蒸发等值线绘图合理性检查

多年平均水面蒸发等值线的合理性检查比较简单,主要从以下几个方面检查:

(1)在一般情况下,气温随高程的增加而降低,风速和日照则随高程的增加而增大,综合影响的结果是水面蒸发随高程的增加而减小。

(2)平原地区蒸发量一般要大于山区,水土流失严重、植被稀疏的干旱高温地区蒸发量要大于植被良好、湿度较大的地区。

(3)水文部门和气象部门的资料各有不同特点,水文站多处于河谷,风速偏大,同时也比较靠近大水体;而气象站多位于城镇,会受城市气象效应的影响,分析时都应注意。

(五)水面蒸发的时程分配

同降水和径流一样,水面蒸发在时间上的分配也是水资源评价的重要内容。

1. 水面蒸发的年内分配

由于水面蒸发是反映一个地区气候干旱与否的重要指标,在一年内,不同月份由于蒸发条件不同,蒸发量也就不同。水面蒸发大,表明气候干燥、炎热,植(作)物生长需要较多的水分。因此,对水面蒸发年内分配的分析应包括了解不同月份及不同季节蒸发量所占总蒸发量的比重,可用评价区内代表站的水面蒸发资料进行分析。在有蒸发站的水资源三级区内,至少选取一个资料齐全的蒸发站,参考降水量年内分配的计算方法计算多年平均水面蒸发量的月分配。

2. 水面蒸发的年际变化

水面蒸发的大小主要受气温、湿度、风速、太阳辐射等影响,而这些气象要素在特定的地理位置年际变化很小,因此决定了水面蒸发量年际变化较小。水面蒸发的年际变化特性可用统计参数等来反映(参考降水量的年际变化)。

二、流域蒸发量计算分析

流域蒸发即流域的实际蒸发,系流域内土壤和水体蒸发以及植被蒸腾散发的总和。它受众多因素的影响:首先是下垫面条件,水面、裸露面、植被面和冰川雪面等有明显的差别;其次是气候条件,在湿润和十分湿润地区,主要受气温、太阳总辐射量、干燥度的影响,而在比较干旱的地区,主要受降水即供水条件的制约。

(一)计算方法

直接观测流域蒸发困难,目前都用水量平衡法估算,即由流域的年降水量和年径流量相减得到流域蒸发量。这样做,把降水和径流的误差全部计入流域蒸发中,使它不准确,而且还使蒸发量对降水量和径流量二者不能独立,无法对降水量和径流量检查。但窘于资料缺乏,国内还都采用该法。国外有根据气象水文资料独立计算流域蒸发量的方法,如M.H.布迪科提出联解月水量平衡方程和蒸发与土壤湿度的经验公式,即:

$$x = E + R + \Delta W = E + R + (W_2 - W_1) \tag{2-51}$$

式中　W_2、W_1——土壤水分变化层月末、月初的含水量,mm;

　　　　E——当月蒸发量,mm;

　　　　R——当月径流量,mm;

　　　　x——当月降雨量,mm。

$$E = \begin{cases} E_m, & W \geq W_0 \\ E_m \dfrac{W}{W_0}, & W < W_0 \end{cases} \tag{2-52}$$

式中　W——土壤水分变化层月平均含水量,即 $W = (W_1 + W_2)/2$,mm;

　　　W_0——土层临界含水量,当 $W \geq W_0$ 时,其蒸发量等于蒸发能力 E_m,mm;

　　　E_m——当月蒸发能力,mm。

联解式(2-51)和式(2-52)得到:

$$W_2 = \begin{cases} \dfrac{1}{1 + \dfrac{E_m}{2W_0}} \left[W_1 \left(1 - \dfrac{E_m}{2W_0} \right) + x - R \right], & W < W_0 \\ W_1 + x - R - E_m, & W \geq W_0 \end{cases} \tag{2-53}$$

在已知逐月的 E_m、x、R 后,即可用试算法推求各月的流域蒸发量。其步骤如下:

(1)假设 1 年中正气温第一个月月初土壤湿度 W_1,确定各月的 E_m。

(2)用式(2-53)中适用于 $W < W_0$ 的算式计算 W_2,如果 $(W_1 + W_2)/2 < W_0$,以计算的 W_2 作为下一个月的 W_1;反之,如果 $(W_1 + W_2)/2 \geq W_0$,则改用适用于 $W \geq W_0$ 的算式计算 W_2。如此连续逐月计算,同时可得各月的 E。

(3)计算至正气温最后一个月的 W_2,若恰好等于假设的第一个正气温月份的 W_1,则计算有效;否则,重新假定 W_1,再进行上述计算。

(4)负气温时期(冬季)各月的 E 不作计算,因本法假定 1m 厚表层土壤的湿度在负气温时期不发生变化。

(5)W_0 的大小,可用经验方法确定。

在全年有较高正气温的地区,取雨季结束时间作为计算起始时间,此时的 W_1 接近 W_0。对植物截留量大的地区,其截留的降水量直接作为植物的蒸散发量,在土壤水分计算中不再考虑。在灌溉地区,灌溉水量可以和天然降水量加在一起,作为上列各式中的降水量 x。

布迪科法可用于计算平原地区各月和年的陆面蒸发值。当用于计算山区的陆面蒸发量时,还要计及当地的高程和蒸发量垂直梯度等因素,计算中要分析蒸发和辐射平衡值随高程的变化。通常在气候湿润区,当高程超过 200～500m 时,高程每上升 100m,蒸发量减少近 10mm/a。在非湿润区,不超过某一高程时,降水量随高程增加,蒸发量也随高程增加;超过某一高程后,随着高程的增加,温度降低,蒸发量也随之减少,每上升 100m,蒸发量减少 15～20mm/a。

因布迪科法是建立在地区平均气候参数基础上的,用于计算那些与周围地区自然地理条件差别较大的小区蒸发量时,其误差比较大。

各月蒸发能力 E_m 可用布迪科公式计算,也可用彭曼方法、道尔顿方法等计算。据研究,布迪科法计算的 E_m 其误差在夏季达 7%～10%,春秋季因 E_m 本身较小,相对误差可高达 15%～20%,年误差为 4%～5%。彭曼和道尔顿方法计算值往往偏小,且其适用范围较小。

(二)流域蒸发时空分布特征

1. 流域蒸发的空间分布

由于陆面蒸发主要受降水量和辐射等条件制约,在面上的分布较降水和径流均匀,但变化与降水和径流相反,在同一气候区内,山区的蒸发一般小于平原地区,降水量少的地区小于降水量多的地区。如陕西省流域蒸发量最高与最低的比值小于2.5,但降水量最高与最低比值达4.0,径流量最高与最低比值则大于100。从面上分布看,关中平原和汉中盆地为高值区,秦巴高山区较低,关中北部及陕北因受降水控制也较低。

流域蒸发的空间分布可用流域蒸发等值线图反映,其绘制步骤如下:

(1)根据实测资料等情况,选定代表流域,用水量平衡法或其他方法计算出各流域多年平均蒸发量,分别标在流域重心处。它们是勾绘等值线图的主要依据。

(2)如果已有多年平均降水量和径流量等值线图,可用一定方法计算出一些辅助点据,如取降水量与径流量等值线交叉点的差值作为相应点的蒸发量。

(3)分析面平均降水量、径流量、流域蒸发量及流域高程之间的关系,并按地形、土壤、植被、地质等条件将点据分类。在对流域蒸发量的地区分布定性了解的基础上,参考以上因素初步勾绘出等值线图。绘出的等值线图应符合前述流域蒸发的空间分布规律。

通过上述步骤绘制的流域蒸发等值线图是否合理,尚需进行合理性检查。在检查过程中,应对不合理的等值线进行修正。

对流域蒸发等值线图的合理性检查,可同水量平衡三要素一并考虑,即可以将降水、径流与蒸发三张等值线图进行综合对比分析,使各流域三要素在数值上达到平衡,并将精度控制在10%以内。

2. 流域蒸发的时程变化

流域蒸发在时间上的变化包括年内和年际变化,一般来说跟降水、径流一致,但其变幅较小。主要原因是雨季虽然降水量多,但由于雨季多为阴雨天气,地面受到的辐射量较小,旱季则一方面有较强烈的辐射,另一方面除降水,还有流域土壤蓄水量可供蒸发,故流域蒸发量相对较高,往往高于同期降水量。

深入分析研究陆面蒸发的时空变化规律,对农作物合理布局与水资源合理利用有重要参考价值。

三、干旱指数

(一)干旱指数的计算

干旱指数反映一个地区气候的干湿程度,用年蒸发能力与年降水量的比值表示,即:

$$r = \frac{E}{P} \tag{2-54}$$

式中 r——干旱指数。

当 $r > 1$ 时,说明年蒸发能力大于年降水量,气候干燥,r 值愈大,反映气候愈干燥;当 $r < 1$ 时,说明年降水量大于年蒸发能力,气候湿润,r 值愈小,反映气候愈湿润。我国以干旱指数将全国划分为五个气候带:十分湿润带($r < 0.5$)、湿润带($0.5 \leqslant r < 1.0$)、半湿润带($1.0 \leqslant r < 3.0$)、半干旱带($3.0 \leqslant r < 7.0$)和干旱带($r \geqslant 7.0$)。

计算干旱指数时一般采用 E_{601} 型蒸发器的蒸发值作为蒸发能力来计算干旱指数。干旱指数的精度取决于降水量和蒸发资料的可靠性和一致性。因此,要求降水量和蒸发量资料质量较好且尽可能是同一观测场的观测值。

多年平均年干旱指数可根据蒸发站 E_{601} 型蒸发器观测的多年平均年蒸发量与该站多年平均降水量之比求得,也可将同步期的多年平均降水量等值线图与多年平均水面蒸发量等值线图重叠在一起,用交叉点法(或网格法)求出交叉点(或网格中心)的干旱指数。

(二)干旱指数等值线图的绘制

当计算出站(点)的干旱指数后,将干旱指数标在选择好的工作底图上相应的站(点)处,便可绘制多年平均干旱指数等值线图,方法同前。勾绘时可参考年降水量和年水面蒸发量等值线图,干旱指数等值线的分布趋势应与水面蒸发量等值线基本相似。全国拼图要求年干旱指数均值等值线线值为 0.5、1、1.5、2、3、5、7、10、20、50、100。

习　题

1. 为什么要对降水资料进行审查? 从哪些方面进行审查? 审查的方法有哪些?

2. 已知某水文站实测年降水量资料如表 2-8 所示,试用累积曲线法、累积平均值模比系数过程线法、差积曲线法和长短系列相对误差分析法对该降水系列进行一致性和稳定期、周期及代表期分析,确定进行降水资源评价的最佳代表期,并说明理由。

表 2-8　某水文站实测年降水量表

年份	降水量(mm)	年份	降水量(mm)	年份	降水量(mm)	年份	降水量(mm)	年份	降水量(mm)	年份	降水量(mm)
1937	1 024.3	1946	1 020.8	1955	904.4	1964	1 095.7	1973	1 035.0	1982	718.2
1938	1 056.4	1947	678.7	1956	1 206.6	1965	782.0	1974	787.6	1983	1 281.2
1939	489.6	1948	584.7	1957	738.3	1966	706.4	1975	964.5	1984	917.2
1940	1 073.8	1949	835.4	1958	1 268.5	1967	908.6	1976	728.4	1985	764.9
1941	451.3	1950	607.8	1959	694.5	1968	844.4	1977	522.4	1986	615.2
1942	526.9	1951	783.1	1960	789.0	1969	748.9	1978	882.6	1987	809.4
1943	821.5	1952	965.6	1961	1 324.1	1970	834.8	1979	653.5	1988	842.0
1944	751.3	1953	679.8	1962	974.1	1971	733.8	1980	1 023.9	1989	1 130.6
1945	1 030.0	1954	922.6	1963	1 015.4	1972	712.4	1981	1 603.1	1990	1 084.6

3. 某县多年平均降水量等值线图如图 2-9 所示,试量算图中所示各水资源分区的多年平均降水量。另外,已知各分区及全县年降水量的 C_V 值如表 2-9 所示,全县 $C_S = 3C_V$。试计算各分区及全县不同保证率年降水量。

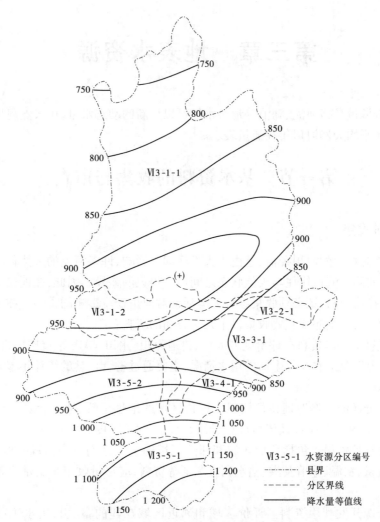

图2-9 某县多年平均降水量等值线图

表2-9 某县各水资源分区年降水量 C_v 值和多年平均水面蒸发量

分区编号	Ⅵ3-1-1	Ⅵ3-1-2	Ⅵ3-2-1	Ⅵ3-3-1	Ⅵ3-4-1	Ⅵ3-5-1	Ⅵ3-5-2	全县
分区类型	中山区	低山区	丘陵区	平原区	丘陵区	山区	低山丘陵区	混合区
分区面积(km²)	1 158.9	194.7	100.6	243.3	135.9	206.5	359.0	2 398.9
年降水量 C_v	0.20	0.24	0.25	0.25	0.21	0.19	0.25	0.22
E_{601}蒸发量(mm)	774.5	776.1	776.8	777.6	746.2	714.9	746.2	

4. 已知某县各分区的多年平均水面蒸发量(E_{601}蒸发器)如表2-9所示,试用布迪科公式计算各分区的多年平均陆面蒸发量,并分析陆面蒸发的地区变化规律,论证成果是否合理。

第三章　　地表水资源

地表水资源量是指河流、湖泊等地表水体可以更新的动态水量,用天然河川径流量即还原后的多年平均天然河川年径流量表示。

第一节　基本资料的收集与审查

一、资料收集

地表水资源指天然河川径流,但由于人类活动等影响,许多河流的天然径流过程发生了很大变化,实测径流量往往与天然状态之间产生很大的差异。因此,在地表水资源评价中,除了收集径流资料,还必须收集各种人类活动对河川径流影响的资料。在地表水资源量的分析评价中,归纳起来主要收集以下几个方面的资料:

(1)区域社会经济资料。评价区域人口、耕地面积(水田、旱田等)、作物组成、耕作制度、工农业产值以及工农业与生活的用水情况,主要通过省、市、县的统计年鉴和国民经济发展计划获得。

(2)评价分区的自然地理特征资料。评价区域的地理位置、地形、地貌、地质、土壤、植被、气候、土地利用情况以及流域面积、形状、水系、河流长度、湖泊分布等特征资料。

(3)水文气象资料。包括评价区域和邻近区域的水文站网分布,各测站实测的水位(潮水位)、流量、水温、冰情及洪、枯水调查考证等资料,应尽量收集水文部门正式刊布的资料。

(4)水资源开发利用资料。评价区域和邻近区域在建的蓄、引、提水工程,堤防、分洪、蓄滞洪工程,水土保持工程及决口、溃坝等资料。对农业用水比重大的区域,还要收集灌溉面积、灌溉定额、渠系有效利用系数、田间回归系数等资料。

(5)以往水文、水资源分析计算和研究成果。包括以往省级、市县级水资源调查评价、水资源综合规划、灌区规划、城市应急供水规划、跨流域调水规划以及水文图集、水文手册、水文特征值统计等。

二、径流资料的审查

同降水量一样,径流分析计算成果的精度与合理性取决于原始资料的可靠性、一致性和代表性,对其审查主要通过对比(时间域与空间域)分析进行,通常以长系列降水资料、流域或区域主要水文要素(降水、径流)的统计参数、已有的水资源量和开发利用的成果作为对比的参照资料。

(一)资料可靠性审查

资料可靠性审查要从资料来源、测验方法、整编精度和水量平衡等方面进行。审查的重点可放在质量较差的新中国成立前和"文革"期间资料,对测站控制条件、测验手段和人员等有变动的年份也应注意。审查工作贯穿在资料统计、插补延长、绘制等值线图等各个工作环节中,发现问题应随时研究解决。

对于径流资料的可靠性,可从上下游水量平衡、径流模数、水位流量关系等方面分析检查,如将上下游站和邻近水文站的实测流量过程线进行对比,看是否有异常不对应的情况,对一些可疑的记录进行上下游水量平衡计算;还可以建立年、月或次洪水的降雨径流关系,用降水资料验证径流资料的可靠性等。

水位资料可靠性重点应从水位观测断面、基准面等方面进行检查核实;对于用水资料,应从资料的来源、统计口径和区域上的用水水平等方面进行检查,并与已有的规划或科研成果进行对比,分析供、用、耗、排关系,以确保资料正确可靠。

(二)资料一致性审查

资料的一致性是指产生资料系列的条件要一致,比如某一断面流量系列资料应是在同样的气候条件、同样的下垫面条件、测流断面以上流域同样的开发利用水平和同一测流断面条件下获得的。

同降水量比较,径流资料的一致性审查十分重要。现行的频率计算方法要求样本中各项都具有一致性,即它们都是在相同的条件下独立随机抽取的结果,在不一致的条件下所获得的样本,是不能应用数理统计法的。

径流资料的一致性受气候条件、下垫面和人类活动三个方面的影响,其分析方法分为两大类:一类是用来判断资料整体趋势的方法,如 Mann-Kendall 非参数秩次相关检验法、Spearman 秩次相关检验法、滑动平均检验法等;另一类是判断资料中跳跃成分的方法,如累积曲线法、Lee 和 Heghinan 法、有序聚类分析法和重标度极差分析法(R/S)等。下面就常用的几种方法进行介绍,其他方法可参考相关文献。

1. 累积曲线法

累积曲线法是水资源评价和水文分析中最常用,也是最简单的一种方法(参考第二章),在作双累积曲线时,经常采用累积降雨量与累积径流深关系曲线。如陕西省宝鸡市在 2005 年的水资源调查评价中,就采用了双累积曲线法进行径流资料的一致性审查,区内的千阳水文站 1956~2000 年系列的双累积曲线如图 3-1 所示,从图中可以看出,降水径流关系从 1969 年发生明显变化,说明系列的一致性受到了影响,不能直接采用该系列进行河川径流的分析计算。

2. Mann-Kendall 非参数秩次相关检验法

Mann-Kendall 非参数秩次相关检验法(M-K 检验)的基本原理是:对于径流系列 x_1, $x_2, \cdots, x_n$(n 为系列长度),所有对偶观测值$(x_i, x_j)$$(j > i)$中 $x_i < x_j$ 出现的个数为 P_i,顺序(i, j)的子集是$(i = 1, j = 2, 3, 4, \cdots, n)$、$(i = 2, j = 3, 4, 5, \cdots, n)$、$\cdots$、$(i = n - 1, j = n)$,则可构造统计量:

$$U = \frac{\tau}{\sqrt{\mathrm{var}(\tau)}} \tag{3-1}$$

式中

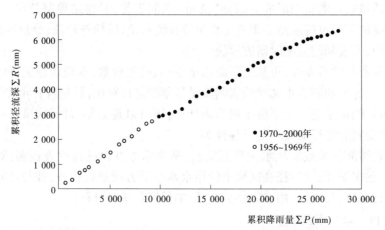

图 3-1　千阳水文站 1956 ~ 2000 年系列的双累积曲线图

$$\tau = \frac{4 \sum P_i}{n(n-1)} - 1, \mathrm{var}(\tau) = \frac{2(2n+5)}{9n(n-1)}$$

统计量 U 称为 Kendall 秩次相关系数,当 n 增加时,U 将很快收敛于标准正态分布。给定显著性水平 α,其双尾检验临界值为 $U_{\alpha/2}$,当 $|U| < U_{\alpha/2}$ 时,系列趋势不显著,资料一致性较好;当 $|U| > U_{\alpha/2}$ 时,系列趋势显著,如 $U > 0$,系列呈上升趋势,如 $U < 0$,系列呈下降趋势。

例如千阳站 1956 ~ 2000 年系列,各对偶观测值 (x_i, x_j) 中 $x_i < x_j$ 出现的个数 P_i 列于表 3-1 中,其 $\sum P_i = 302$,$n = 45$,计算得 $\tau = -0.389\,9$,$\mathrm{var}(\tau) = 0.010\,7$,则 $U = -3.776$。取显著性水平 $\alpha = 0.05$,查标准正态分布表得 $U_{\alpha/2} = 1.96$,可见 $|U| > U_{\alpha/2}$ 且 $U < 0$,说明千阳站的径流一致性受到了破坏,且有下降趋势。图 3-2 是千阳水文站年径流深过程线图,明显可以看出其下降趋势。

表 3-1　千阳水文站 P_i 值

i	P_i	i	P_i	i	P_i	i	P_i	i	P_i
1	2	12	1	23	10	34	1		
2	21	13	1	24	17	35	0		
3	4	14	18	25	9	36	3		
4	20	15	5	26	2	37	1		
5	17	16	23	27	9	38	0		
6	5	17	25	28	0	39	0		
7	10	18	17	29	0	40	4		
8	13	19	13	30	2	41	2		
9	0	20	0	31	5	42	3		
10	13	21	1	32	5	43	1		
11	9	22	9	33	1	44	0		

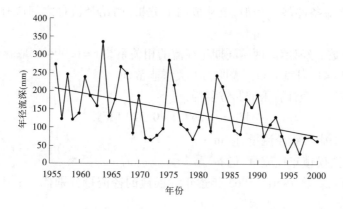

图3-2　千阳水文站年径流深过程线

当流域内人类活动明显影响资料系列的一致性时,需将资料换算或修正到统一的基础上,使其具有一致性。目前有两种"还原"和"折现"途径,将受影响的资料统一修正还原到原来的天然状态叫"还原",将资料统一修正到现状下垫面条件下叫"折现"。我国在水资源评价中统一采用"还原"(本章第三节)。

(三)资料代表性分析

径流资料的代表性一般是通过对评价区域具有长系列观测资料(还原)的测站分析确定的,通常采用滑动平均值法、累积平均值法、差积曲线法、长短系列对比分析等方法,具体可见本书第二章第二节。

三、资料的插补展延

径流资料插补延长的目的是在水资源评价中采用与分析代表站具有同步系列的径流资料。

(一)年径流量的插补展延

1.流域平均年降水量与年径流量相关法

在我国,大部分地区的河川径流主要是由降水形成的,故在大多数情况下,可以以年降水量为参证变量,借助于简单的年降水—径流相关图插补缺测期年径流量。

由于径流是水文测站以上集水面积上的降水产生的,因此在建立年降水—径流相关关系的时候应该采用面降水量。对流域面积不大、降水量在面上分布较均匀的地区,可以选择具有较好代表性的雨量站,直接用该站的降雨量作为参证变量,建立年降水—径流相关关系。

【例3-1】 已知汉江上游武侯镇水文站有实测长系列年径流资料,但其以上汉江主要支流沮水河上的茶店子水文站因建站较晚,仅有1966年以后径流资料,试用两站1966年至1980年同期年径流资料进行相关分析,建立回归方程,并用武侯镇资料将茶店子的年径流量系列延长至1956年。

解:(1)相关性分析。茶店子水文站控制面积为武侯镇水文站控制面积的一半,且两者区间降水及产流条件基本相似,故从成因上分析,两站径流量之间应有较好的相关关系。

（2）相关系数。经计算,两站同期年径流的相关系数 $r = 0.994\ 1$,取 $\alpha = 0.01$ 查临界相关系数 $r_\alpha = 0.641$,可见 $r > r_\alpha$,表明相关关系非常好。

（3）回归方程。经计算得回归方程为:

$$W_茶 = 0.247\ 0 + 0.379\ 5 W_武$$

式中　　$W_茶$——茶店子年径流量,亿 m^3;

　　　　$W_武$——武侯镇年径流量,亿 m^3。

（4）资料延长。将 1956 ~ 1965 年逐年武侯镇的径流量分别代入上式得茶店子相应年份的年径流量,如表 3-2 所示。

表 3-2　茶店子年径流量插补延长结果　　　　　　（单位:亿 m^3）

年份	1956	1957	1958	1959	1960	1961	1962	1963	1964	1965
$W_武$	21.97	9.29	23.24	9.14	7.89	23.87	16.57	17.55	24.87	8.28
$W_茶$	8.58	3.77	9.07	3.72	3.24	9.31	6.54	6.91	9.69	3.39

年降水—径流关系受降水年内分配的影响很大,而且还与前期流域蓄水量有关,故相关关系不十分密切。此时,可以考虑降水的时程分配、蒸发、上一年地下水的蓄水量以及降水与径流在时间上的对应性,适当改变参证变量或者增加参数,以改善年降水—径流相关关系。例如,以连续最大四个月降水量 $P_汛$ 与全年降水量 P 之比为反映年内分配的指标,则可以建立年降水量 $P ~ P_汛 / P ~$ 年径流量 R 的相关图（见图 3-3）。

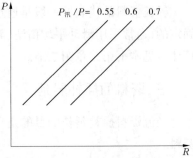

图 3-3　以 $P_汛/P$ 为参数的降水—
径流相关图

2. 上、下游站年径流量相关法

在同一河流上、下游两站的距离较近（或区间来水量较小）的情况下,一般可以直接建立两站年径流量相关图。若上游几条支流都有水文站控制,则应建立上游站合成年径流量与下游站年径流量相关关系。

当上、下游站之间的区间水文气象条件差别较大时,则会影响它们的相关关系,这时就要对形成这种差异的区间水文气象要素进行分析,找出主要影响因素,建立复相关关系。

3. 相邻流域年径流量相关法

它是借助邻近流域长系列实测年径流资料插补延长本流域短系列年径流量的方法。当两个流域气候及下垫面条件比较一致时,这种方法一般能够取得满意的插补精度。

4. 汛期径流量与年径流量相关法

北方河流汛期径流比较集中,可以建立汛期径流量与年径流量相关图,供插补仅有汛期观测资料年份的年径流量之用。

（二）月径流量的插补展延

1. 汛期缺测月径流量

（1）只有水位资料而未推求流量的月份，可借用水文情势相似年份的水位流量关系，由逐日平均水位推求逐日平均流量，再计算月平均流量。这种方法对水位流量关系比较稳定的测站，能够取得比较满意的精度。

（2）当同一河流上、下游或相似流域内有充分实测径流资料时，可用上、下游站或两个流域月径流相关图进行插补。这种方法还可以用于当年径流系列同步观测资料太短、不便直接建立年径流相关关系时插补延长年径流系列。例如，同步观测资料仅有 5 年，用来建立年径流相关关系显然是不够的。由于各月径流量相关关系一般与年径流量相关关系比较一致，故 5 年资料共有 60 个月同步观测相关点据，足以确定相关关系。这样，可通过先插补出各月径流量，然后推算出年径流量。这种方法虽能解决资料不足问题，但相关点据分布往往比年径流点据分散，插补成果的精度比直接用年径流关系要低。

（3）当建立的月降水量与月径流量相关点据比较散乱时，可考虑以影响月径流量大小的前期降水量（如季、月、旬降水量）、前期降水分配特性等指标作参数，建立多要素相关关系。

面积较大的狭长流域汇流时间长，本月降水产生的径流本月不能流出，建立月降水量与月径流量相关关系时，要充分考虑两者的对应性。

2. 非汛期缺测月份径流量

（1）非汛期径流量不大时，缺测月份径流量可用同月径流量的多年平均值来代替。

（2）封冻期径流量较大时，可借用邻近年份 K 值过程线（或建立以气温等为参数的相关图）进行插补。K 值过程线系冰期流量与同一水位下畅流期流量比值随时间的变化曲线，由 K 值过程线查得封冻期逐日 K 值，乘以相当于封冻期逐日平均水位的畅流期日平均流量，即得封冻期日平均流量。

（3）当枯水期降水量较小，河川径流退水过程比较稳定时，也可根据前后月径流变化趋势进行插补。

第二节　人类活动的水文效应

一、人类活动对水平衡要素的直接影响

我国的用水量以农业用水量为主，故农业水利措施对水资源系统的影响最大。随着灌溉面积的扩大，作物耕作制度的改变，农业灌溉用水量有相当大幅度的增加。灌溉用水量除了一部分通过回归水的途径回到河道，有很大一部分被蒸发消耗，使出口断面的实测径流量偏小。

跨流域调水对区域水资源的影响更大，如淮河流域北部地区，引进黄河水以资灌溉，江苏北部地区引长江水灌溉农田。这些从外流域引进的水量可以达到本地区年径流量的数倍。引入的水除了满足农作物所需耗于流域蒸散发，还可能有较大数量的回归水排入河道。有些水文站因上游灌区跨流域调水的回归水量很大，出现实测年径流系数大于

1.0 的现象。

人类活动对径流的时程分配以及对地表水、土壤水和地下水之间的相互转化都会产生很大的影响。修建水库能削减洪峰、拦蓄汛期的径流并在枯水期下泄,使天然径流的年内分配趋于均匀并适应工农业生产的需要;有些大型工厂在夏季抽取地下水防暑降温,用过后排入河道,到冬季则将河川径流回灌到地下去,使地下水得到补充恢复,其结果是夏季增大了河川径流,冬季则相反。这种例子还可举很多。

二、人类活动对水平衡要素的间接影响

广义地说,因人类生活在水资源系统之中,其一切活动都无不引起水资源的变化。水量平衡方程中任何一个因素发生了变化,其他因素必须随之而变,这种自动的调节变化,就是人类活动间接影响所致。

人类活动对水平衡要素的间接影响所产生的水文效应极为复杂。虽然随着环境科学、环境水利等学科的发展以及当前对上述课题研究的迫切性,促使世界各国都开展大量研究,但迄今尚无很成熟的理论,本节仅对几种人类活动的水文效应做定性介绍。

(一)灌溉和排水

大规模的灌溉增大了蒸发,减少了径流量。如新疆的塔里木河干流长 1 000km 左右,历史上经常洪水泛滥,沿河浸灌两岸的胡杨林,在下游才是开垦的农场,取水灌溉。在上游各支流修建蓄水工程并大量引水灌溉、中游又引水浇灌草地后,下泄的径流越来越少,使大片胡杨林木干枯死亡,下游农场也缺水受旱。

灌溉还能活跃水循环,增加降水量,增强"三水"转化。据估计,灌溉水量中有 70% 耗于蒸散发和渗漏。通过渠道侧渗和田间渗漏的水补给地下水,使地下水位抬高,从而可能有部分灌溉水量又回归到河道中。

在有地下水开采系统的地区,年径流量有可能增加,地表径流量则明显减少。据对我国北方一些大量开采地下水灌溉地区的分析,年径流量和地表径流量都有所减少,在平原地区,甚至造成基流的枯竭。

(二)水库等蓄水工程

建造水库等工程引起的水文效应,与工程对周围环境所产生的影响密切相联,和环境、生态、社会经济等构成了一个水资源链,工程对水文的影响会引起一系列的连锁反应,它们又反过来影响水文情势,其综合效应往往要经过长时期的演化才能充分显示出来,目前正在大力进行研讨。

1. 对降水和蒸发的影响

大型水库是一个庞大的水体,水的热容量比较大,加上宽阔的水面和四周的群山这一地形特点,在一定程度上会形成小气候:夏季水库水面温度通常比陆地低,冬季则相反,但年平均水温和库区气温都比建库前有所升高;库区水面风速加大,也有利于蒸发;库区建成前绝大部分为陆地,蓄水后成为水面,蒸发量变大,故就全年而言,水库建成后增大了蒸发水量。这部分增大的蒸发水量常称为水库的蒸发损失。流域内大量中小型蓄水工程的总和,相当于一个大型水库。水库的蒸发损失水量有时可达相当大的数量,如埃及的阿斯

旺高坝建成蓄水后,水库的年蒸发损失水量达 120 亿 m³,占年径流量的 15.3%;我国北方地区的水库蒸发损失也很可观,如海河流域的陡河水库和马河水库,多年平均年蒸发损失水量占多年平均年径流量的 12% 以上。

由于水库所处地理位置和季节的不同,水库对降水的影响也不一样。

2. 对径流的影响

蒸发损失和渗漏损失使径流量减少,且对径流的时程分配影响极大。蓄水工程的特点是具有径流调节作用,可以缓和来水与需水之间的矛盾,在汛期则有效地削减洪峰,一般大中型水库可以使洪峰流量削减 80% 左右。

3. 对地下水的影响

水库蓄水后,库区周围以及渠道两岸的地下水因接受补给而抬高水位,如官厅水库刚建成蓄水,库区上游的地下水位便急剧抬高并导致几十个村庄、几千亩土地沼泽化,大量果树死亡,农业减产,直至做了大量的排水工程并相应地改变耕作制度后才有所改善。地下水位的抬高使"三水"转化更趋频繁,从而影响一定范围内的产流规律,例如降雨后的初损量会减小、陆面蒸发会增大等。库区地下水位的抬高还会造成渗漏,它主要包括坝身、坝基和库区渗漏三方面。这部分水最终到达坝址下游地区并回归河道,故对下游河道测流断面并非损失,只对坝址断面的径流量而言是需要还原的。据一些水库的观测,这部分损失水量与水库的蓄水量有关。

4. 对泥沙的影响

水库工程从多方面影响泥沙冲淤的规律。水库建成后,入库径流所挟带的泥沙因流速减小而沉积,修建在多沙河流上的水库,其淤积的末端可以延伸到上游很远处,如三门峡水库 1960 年运用后,淤积末端延伸到坝前 230km 以上的河道,使河床抬高 1～5m,由于淤积迅速发展,上游潼关河床抬高,几年之内竟使水库面临报废的危险,且严重地威胁关中平原和西安市的安全,最后只得改建,增加排沙设施,减少发电装机容量,改变水库运用方式。

水库下泄的清水,由于具有相当大的挟沙能力,加剧了对下游河道的冲刷,造成河岸崩坍。例如,埃及的尼罗河原来平均每年挟带 0.6 亿～1.8 亿 t 泥沙淤积在下游两岸,修建阿斯旺高坝以后,泥沙大部分在水库中淤积,使进入地中海的泥沙大为减少,海岸冲刷,因此而得不到泥沙淤积的补偿,原来的河口泥沙自然平衡被破坏,致使海岸迅速后退,海岸的沙丘体无规则地扩散又使岸边的许多村庄被淹。

(三) 城市化

人口骤增,工业高度发展,使原来的城市不断膨胀,新兴城市又大批涌现。据 1980 年的统计,全世界城市人口约占总人口的 40%,有些国家的比例极高,如新加坡为 100%、比利时为 95%、德国为 92%、加拿大为 80%。我国城市化的程度还很低,但进展速度很快,城市人口占的比例在 1949 年仅 10.6%,1978 年也只有 12.5%,但至 1981 年,已剧增至 20.6%,三年内增长了 8.1%。全国城市总数 1979 年为 213 个,1981 年有 233 个,而 1985 年已增至 324 个,1991 年底又增加到 476 个。欧美一些国家在 20 世纪 60 年代末觉察到人口骤然向城市集中,对水资源需求很大,且用一般的非城市区水文资料和分析方法来解决城市地区的水资源问题有很大的局限性,故于 1960 年在美国创立了城市水文学。

1964 年在周文德主编的《应用水文学手册》中列出专门一章"城市地区水文学"。进入 20
世纪 70 年代后,这一新的水文学分支学科发展迅速,自 1971 年开始,不少国家致力于研
究城市化的水文效应,1979 年 T. E. 拉扎罗写的《城市水文学》一书出版。迄今有关这方
面的著作已有很多。1980 年在芬兰的赫尔辛基召开的"代表流域和试验流域研究人类活
动对水文影响效应"国际学术讨论会上,也已有这方面的专题。联合国教科文组织和世
界气象组织举办的世界性或区域性学术讨论会等活动也非常频繁。但我国目前尚处于初
创阶段,研究的成果不多,理论也不够成熟。

　　城市化可以改变局部的小气候。S. A. Changnon 等在美国圣路易 10 000km² 的范围
内布设了 250 个雨量计,观测分析结果表明,城市化地区的降水量较大。上海气象局的研
究表明,上海市的热岛效应极为明显,北京市也有类似现象。城市中的高层建筑也能造成
微气候,如美国芝加哥的西尔斯大厦高 484.7m,大厦附近晴天,大厦顶部在夏天却因对流
强烈而下对流雨。此外,城市中工业生产所排放的二氧化硫污染上空的大气,降水(雨、
雪和雾)过程中的淋洗作用可能形成酸雨。

　　城市化对水文循环影响显著。加拿大安大略省环境部在 1977 年 5 月发表的《关于城
市排水实用手册》中,对城市化前后水循环各要素所占的比例做出如图 3-4 所示的对比,
它表明在城市的暴雨研究中蒸散发不如在森林中那么重要,不透水面对"三水"转化有一
定的抑制作用。

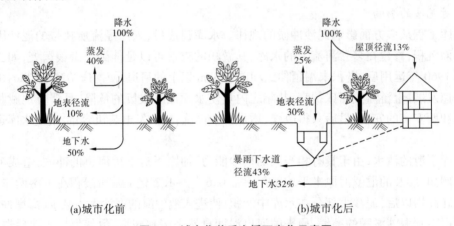

图 3-4　城市化前后水循环变化示意图

　　蒸散发的减少,增加了径流量。年径流量随城市化程度的提高而增加。城市化后下
垫面的糙率显著减小,排水沟、管网密度大,汇流速度增大很多。相同的降水量,城市地区
产生的径流量比农村地区要大得多,这是因为在一次短时间的暴雨过程中,城市地区的蒸
散发量不大,不透水面上的洼蓄量比青草地大大减少;城市地区的洪峰流量大,且涨洪历
时缩短,过程线呈陡涨陡落形状。

　　城市化整治河道可以增大泥沙的输送能力。但在城市建设的发展期间,地表土壤侵
蚀严重,有的资料表明,因建设而引起的平均土壤流失量可能比庄稼地多 10 倍,比草地多
200 倍。流失的泥沙沉积在水库里、淤积在河道和海港处,会使那里的给水工程经常需要
疏浚,或者使渔场遭到破坏。

　　城市化能降低地下水位,这是因为首先不透水面积的增加减少了降水对地下水的入渗补给;其次是打井抽水;再次是防洪渠系和大的下水道系统发达,有利于排水。城市化对"三水"转化有抑制作用,但在地下水开采量大且有大规模夏抽冬灌的情况下,"三水"转化成为一种比较特殊的人工方式。

(四)水土保持生态建设

1.林业措施

　　森林对水文、气象的影响是多方面的,与径流等水平衡要素的关系很密切,但不同的森林覆盖面积、树种、树龄以及林区的不同地理位置有不同的效应。

　　大片的森林对当地气候影响明显。首先是增雨作用。林区风速小,湿度大,温度低,水汽易达饱和成云致雨。试验还证明山区的树林能"捕捉"雨滴,形成所谓"树雨"滴落。日本大台原山 40 年生的松树、山毛榉、枫树混交林中,在伴随浓雾的降雨与不伴随浓雾的降雨情况下测定雨量,前者的雨量多 23%。另外,气流在移向林区时受森林阻挡而抬升,遇到高空低温而凝结也能致雨。1956 ~ 1963 年,北京林学院在小兴安岭做过对比观测,结果是林区的年降水量比无林区增加 11.8%,而降水日多 35 天。

　　林区内日照少、气温低、风速也小,有的资料表明,一般气流进入林区 200m,风速减弱到只有空旷地风速的 2% ~ 3%,故林区内空气因水汽滞留而湿度大,蒸发量比林区外的要小,有的林区内地表蒸发量仅为林区外蒸发量的 20% ~ 30%。当然,这一比例随树种、森林成分构成和树木密度而异。然而,树木的蒸腾散发却非常可观,有的观测资料表明,一亩森林每年可把在土壤中吸收的 500t 水蒸腾到空气中,它比一亩土地的蒸发量大 20倍,比同面积海洋的蒸发量大 1.5 倍。

　　流域的森林覆盖对径流的影响,特别是大规模地造林或砍伐,是增加径流还是减少径流,是一个既受到极度重视而又长期难以得出统一结论的问题。因为径流是多种因素综合影响的结果,这些因素的影响作用又不完全一致,这使世界各地为数不多的研究成果也都带有较强的经验性。一般说来,大规模地采伐或全部采伐森林,径流量将增加(少数地区有相反现象)。森林对径流的时程分配影响极大,因林区形成落叶腐殖层,树木根系发育,促使土壤下渗量增大,且能增大地下蓄水能力。有人估计,若设降水量为 100%,则树冠能截留 15% ~ 40%,地面蒸发占 5% ~ 10%,渗入土壤 50% ~ 80%,地表径流量仅1% ~ 5%。我国的高坞村试验流域附近有一水平衡试验场,竹林茂密,从 1964 年至 80 年代中期,从未观测到大于 1.0mm 的直接地表径流。因此,森林能有效地削减洪峰流量。森林往往能增加地下径流,但是否能增加径流总量,尚难定论。

2.梯田

　　梯田属坡地治理措施,中小洪水时其拦蓄径流的作用主要表现在以下三个方面:第一,坡地改为梯田后,地面坡度大大降低,这样就减缓了水流速度,延长了汇流历时,增加了降雨的入渗损失量。第二,坡地改为梯田后,土壤在结构及质地方面均会得到改善,土壤的下渗能力及蓄水能力会有所增强。根据黄土高原陕西米脂试验区的观测成果,对于一场降雨,水平梯田较坡地蓄水能力要增加 2.52%,相当于多拦蓄 7.83mm 的雨量。第三,带埂的梯田会起到小拦蓄坝的作用,拦蓄一定的地表径流。据分析,一般带地埂的梯田一次暴雨可拦蓄 20 ~ 100mm,不带地埂的,只能拦蓄 10 ~ 20mm。

3. 其他水土保持措施

除林业、梯田,流域内尚有其他类型的水土保持措施,按影响地表径流的效用不同,这些水土保持治理措施可分为两类:第一类是就地入渗措施,包括种草、封育治理、坝地及保土耕作等,其作用是通过改变地形、增加地面植被、改良土壤性质等途径增加蒸散发及土壤入渗,减少径流量;第二类是就近拦蓄措施,包括水窖、蓄水池、截水沟、沉沙池、沟头防护、谷坊、塘坝、淤地坝、小水库和引洪漫地等,其主要作用是拦蓄径流。

第三节　还原计算

一、还原计算的要求

在天然情况下,气候条件在一定时期内会有缓慢的变化,如趋于温暖或寒冷;下垫面也在不断变化,如树木的生长、作物品种的更换等。因此,严格说来,不可能存在完全一致的资料。但大规模的气候变迁在几十年乃至上百年内可能不很明显。而人类活动对水资源的影响最终表现为改变其分配和转化(包括各个水平衡要素的时程分配、地区分配以及各要素之间的比例分配和转化方式),各水文站实测到的河川径流已不能反映其天然径流过程。为了使河川径流及分区水资源量计算成果基本上反映天然情况,并使资料系列具有一致性,满足采用数理统计方法的分析计算要求,凡测站以上受水利工程及其他人类活动影响,消耗、减少及增加的水量均要进行还原。

地下水的开采会影响河川径流,在进行径流的还原计算时也要注意到地下水开采的影响。但是,因观测和研究不够,尚无法按上述要求进行全面的还原,目前的还原计算主要是针对径流而言的,如农业灌溉耗水量、水库的损失水量和蓄水变量、城市耗水量以及对下垫面条件有较大影响的人工措施所造成的水量变化等。

如果流域内能比较明显地区分人类活动影响前后的分界时间,且影响较大,如在北方地区,多年期间最大的年用水量等人类活动引起的径流量改变值达到多年平均年径流量的10%,或者枯水年的改变值占当年实测年径流量的20%,则应设法将受影响的资料加以还原。但受实测资料的限制,实践中可能无法判定大规模受人类活动影响前后的分界时间,甚至在开始观测时已经在一定程度上受人类活动的影响,故实际工作中往往把新中国成立前作为基本不受人类活动影响的天然状态。还原计算时要按河系自上而下对各水文站控制断面分段进行,然后累计计算。

二、还原计算方法

径流资料的还原方法有分项调查还原法、降水径流模型法、流域蒸发差值法和双累积曲线法等。

(一)分项调查还原法

对流域中各项影响因素所造成的径流变化逐一调查、观测或估算出来,就可获得总的还原水量。在某一计算时段内,流域径流量的平衡方程式可以表达为:

$$W_{天然} = W_{实测} + W_{农业} + W_{工业} + W_{生活} \pm W_{调蓄} \pm W_{水保} + W_{蒸发} \pm W_{引水} \pm W_{分洪} + W_{渗漏} \pm W_{其他} \quad (3-2)$$

式中　$W_{天然}$——还原后的天然径流量,万 m^3;

$\quad\quad W_{实测}$——实测径流量,万 m^3;

$\quad\quad W_{农业}$——农业灌溉净耗水量,万 m^3;

$\quad\quad W_{工业}$——工业净耗水量,万 m^3;

$\quad\quad W_{生活}$——生活净耗水量,万 m^3;

$\quad\quad W_{调蓄}$——蓄水工程的蓄水变量(增加为"$+$",减少为"$-$"),万 m^3;

$\quad\quad W_{水保}$——水土保持措施对径流的影响水量,万 m^3;

$\quad\quad W_{蒸发}$——水面蒸发增损量,万 m^3;

$\quad\quad W_{引水}$——跨流域引水量(引出为"$+$",引入为"$-$"),万 m^3;

$\quad\quad W_{分洪}$——河道分洪水量(分出为"$+$",分入为"$-$"),万 m^3;

$\quad\quad W_{渗漏}$——水库渗漏水量,万 m^3;

$\quad\quad W_{其他}$——包括城市化、地下水开发等对径流的影响水量,万 m^3。

当调查资料齐全,还原计算要求较高,需要分汛期或逐月逐旬还原时,可用过程还原法;当仅要求还原年总量时,用总量还原法。

1. 农业灌溉净耗水量 $W_{农业}$

当具有实测或调查的渠首引水总量资料时,农业灌溉净耗水量可由下式计算:

$$W_{农业} = (1 - \beta_1) W_{引} \quad\quad\quad (3-3)$$

式中　$W_{引}$——渠首的引水量和流经测流断面的回归水量,万 m^3;

$\quad\quad \beta_1$——灌溉回归水系数,即灌区地表废泄损失水量、渗漏量之和与渠首引水总量之比。

灌溉回归系数有别于灌区回归系数。灌区回归系数是地表废泄损失水量、地下渗漏量、灌溉引水期间当地径流量三者之和与渠首引水总量之比。一般大灌区回归水量都是包括当地径流量在内的。灌区回归系数要比灌溉回归系数大(见表3-3)。当仅有灌区回归系数时,应做适当折扣,折算为灌溉回归系数。如陕西省进行第一次水资源评价时,采用的灌溉回归系数如表3-4所示。

表 3-3　回归系数参考表

地区	面积(km^2)	土壤类别	灌区	灌溉	田间
四川凯江黄水河	114	沙壤土、亚黏土	30 ~ 38(年) 40 ~ 48(枯季)		
四川安县白秀灌区	14	沙壤土	54	49	
四川都江堰灌区	8 000	沙壤土	43		
陕西泾惠渠灌区	800	中、轻壤土	38		
陕西洛惠渠灌区	390	壤土	49		
陕西渭惠渠灌区	400	中壤土	53		
宁夏青铜峡灌区	6 679	沙土	42		
四川安县安昌试验田					35

续表 3-3

地区	面积(km²)	土壤类别	灌区	灌溉	田间
江西临川跃进水库				35	
湖南四个试验站					32 ~ 44
广东					20 ~ 32
贵州					35
山东临沂四个站				31 ~ 32	
黑龙江					15 ~ 20
甘肃靖会灌区			36		
吉林					20 ~ 25
河南					10 ~ 14

注:引自《水利水电工程水文计算规范》(SL 278—2002)。

表 3-4　陕西省灌溉回归系数参考表

灌区或地区名称		β	浅层地下水埋深(m)	说明
关中	洛惠渠灌区	0.30	3 ~ 4	摘自"洛惠渠盐碱改良水文地质报告"
	泾惠渠灌区	0.29	<5	摘自"泾惠渠地下水调查报告"
	宝鸡峡(东干)	0.17 0.08	10 ~ 30 5 ~ 80	摘自"乾县、礼泉黄土原地下水评价报告"
	冯家山灌区	0.05	30 ~ 100	参考"宝鸡、贾家原(二级黄土阶地)试验报告"
	羊毛湾灌区	0.17	10 ~ 30	参考"乾县、礼泉黄土原地下水评价报告"
	段家峡灌区	0.17	<30	参考"乾县、礼泉黄土原地下水评价报告"
	梅惠渠灌区	0.29	2 ~ 3	采用陕西省水文地质一队试验数据
	其他灌区(渭河南)	0.15	<20	采用陕西省水文地质一队试验数据
陕南		0.30		
陕北		0		

注:引自陕西省水文总站《陕西省地表水资源》(1984 年)。

当具有试验或分析的田间净灌溉定额和实灌面积资料时,农业灌溉净耗水量可按下式计算:

$$W_{农业} = W_{净灌} - W_{田回} + W_{渠蒸} \tag{3-4}$$

式中　$W_{净灌}$——田间灌溉净用水量,万 m³;

　　　$W_{田回}$——田间灌溉回归水量,万 m³;

　　　$W_{渠蒸}$——灌溉引水过程的渠系蒸发损失量,万 m³。

我国南方地区,灌溉引水过程的渠系蒸发损失量相对较小,可略去不计,但 $W_{田回}$ 是一可观数量,不能忽略。因此,可采用下式计算农业灌溉净耗水量:

$$W_{农业} = W_{净灌} - W_{田回} = (1 - \beta_2) W_{净灌} = MA(1 - \beta_2) \times 10^{-4} \tag{3-5}$$

式中 M——净灌溉定额,$m^3/$亩(1 亩 $= 0.067 hm^2$),采用此定额时要考虑丰、平、枯各典型年的差异;

A——实灌面积,亩;

β_2——田间回归系数,为田间下渗量及其废泄损失水量与净灌水量的比值;

10^{-4}——单位换算系数。

我国北方地区,蒸发能力较强而田间回归水量较少,通过分析,当灌溉引水过程的渠系蒸发损失量和田间灌溉回归水量可相互抵消时,农业灌溉净耗水量可近似采用下式计算:

$$W_{农业} = MA \times 10^{-4} \tag{3-6}$$

式中符号意义同前。

如果回归水不流经测流断面,则式(3-4)、式(3-5)中的 $W_{田回} = 0$;如有部分回归水流经测流断面,要按实际情况估算 $W_{田回}$。只要在有关部门收集到灌区内各种作物的灌溉制度和作物布局,就可以用加权平均法求出整个灌区各种代表年的综合灌溉制度、灌溉定额,再进一步调查回归系数,就可估算出相应的农业灌溉净耗水量 $W_{农业}$。

2. 工业净耗水量 $W_{工业}$

工业用水的取水水源有地表水和地下水之分,在还原计算中仅考虑地表水水源。

工业用水涉及面广,各行各业、各个用水户的用水工艺差别很大,排水口多且位置分散,缺少用水计量装置,缺少用水手册,记录资料很不齐全。所以,工业用水的还原计算比灌溉用水要烦琐复杂得多。但它们的原理是相同的,即通过各种途径求得取用水量和排水量,然后利用工业水平衡方程,就可估算得还原水量。

取用水量的调查可从多方面进行:查阅每年的用水记录资料,如自来水公司历年供水、收费的报表、账册,对自备水源的单位,查阅每年用水的财务支出、水泵的铭牌和环保部门的水质监测记录等,必要时进行实地量测。

要一一测定每个单位的引用水量和排水量是很困难的,只能分行业选典型调查,并计算其万元产值用水量,再通过对其用水工艺的调查,确定重复利用率、排水率和耗水率等指标,就可根据各行业、工厂的产值确定用水量和排水量。引用水量与排水量之差即为工业净耗水量。

一般地,工业净耗水量较小,用水量的回归量较大,如该项用水量较小,且回归水未流出评价区域,则工业净耗水量可忽略不计。

3. 生活净耗水量 $W_{生活}$

城镇和农村的居民生活用水量差别较大。城镇生活用水包括居民日常的生活用水和公共设施用水两部分,日常的生活用水包括饮用、洗涤等室内用水和洗车、绿化等室外用水;公共设施用水包括浴室、商店、旅馆、饭店、学校、医院、影剧院、市政绿化、清洁、消防等用水。城镇生活用水与人口、经济和文化等因素有关,表3-5列出了1991~1997年我国城市生活用水量,从中可以看出,城镇生活用水量的增长幅度很大,各城镇的用水定额差别也很大。表3-6列出了1997年我国不同规模和地区的城镇生活用水量,可以看出,南方比北方大,大规模的城市比小规模的城市大;而2004年时,全国平均每人每天用水212L,太湖流域最高,平均为313L,淮河流域最小,平均为129L。

表 3-5　1991~1997 年我国城市生活用水量概况

年份	城市总数	统计城市	统计生活用水量（亿 m³/a）	用水人口（亿人）	人均城市生活用水量（L/（人·d））
1991	476	410	75.08	1.17	175.81
1992	514	383	82.62	1.29	175.47
1993	567	488	94.25	1.42	181.84
1994	622	535	106.26	1.46	199.40
1997			175.70		213.49

资料来源：《全国城市用水统计年鉴》。

表 3-6　1997 年我国不同规模和地区城市生活用水量　（单位：L/（人·d））

城市类别	城市生活用水		居民住宅用水		公共市政用水	
	北方	南方	北方	南方	北方	南方
特大城市（>100 万人）	177.1	260.8	102.9	160.8	74.2	94.0
大城市（50 万~100 万人）	179.2	204.0	98.8	103.0	80.4	101.0
中城市（20 万~50 万人）	136.7	208.0	96.8	148.9	39.9	59.1
小城市（<20 万人）	138.0	187.6	79.3	148.5	58.7	39.1

资料来源：《中国城市生活用水状况及节水目标》，1997。

农村居民的生活用水标准低于城镇，据"2004 年中国水资源公报"，全国每人每天用水平均为 68L，珠江流域最大，为 120L；黄河流域最小，为 42L。

与工业用水一样，生活用水也有地表水和地下水之分，在还原计算中也仅考虑地表水水源，其计算公式为：

$$W_{生活} = W_0(1 - \Phi) \tag{3-7}$$

式中　W_0——生活引用的地表水量，亿 m³；

Φ——生活用水的回归系数，一般取 85%~90%。

4. 水面蒸发增损量 $W_{蒸发}$

为用水和防洪等目的修建水库后，库区原陆面变为水面，因水面蒸发量大于原陆面蒸发量，将两者之差值称为水面蒸发增损量，对任一计算时段有：

$$W_{蒸发} = (E_水 - E_陆)(F_水 - f) \tag{3-8}$$

式中　$E_水$、$E_陆$——水库的水面蒸发和库区的陆面蒸发，mm；

$F_水$、f——水库的水面积和库区原河道水面积，km²。

由于 $F_水 \gg f$，故上式可以简化为

$$W_{蒸发} = (E_水 - E_陆)F_水 \tag{3-9}$$

取计算时段为一个月，按第二章第五节的内容估算水面蒸发量和陆面蒸发量，再根据水库的蓄水记录整理出各月月初、月末的蓄水面积，并用它们的算术平均值作为月平均水面积，即可按上式求得各月的蒸发损失水量，然后得到全年的蒸发损失水量。

5. 水库渗漏水量 $W_{渗漏}$

水库渗漏水量的估算一般采用经验法。水库渗漏量的大小主要与当地的水文地质条

件、坝身结构、闸门止水和水轮机漏水等情况有关。渗漏量较小且没有实测资料时常不计算，但有些水库此项水量占实测径流量的比例甚大，这时就必须进行还原计算。

不少水库在建成后即开展坝下反滤沟的流量测验工作，可用来计算坝基渗漏量，对库区的库底和库岸渗漏，难以观测，只能间接估算，如选择一些月份，通过对水库的库区建立水量平衡方程间接求出各种蓄水量时的渗漏水量，或者根据水文地质条件在水库渗漏损失量参考表上查得年或月的渗漏水量（见表3-7）。应强调指出的是，渗漏损失水量的还原是针对坝址断面以上集水区的径流而言的。

表3-7　水库渗漏损失水量参考表

水文地质情况	渗漏损失水量（以蓄水量的百分比计）	
	以年计（%）	以月计（%）
良好（透水性不强）	0～10	0～1.0
中等	10～20	1.0～1.5
不良（透水性强）	20～40	1.5～3.0

6. 蓄水变量 $W_{调蓄}$

整个流域在计算时段内蓄水变量的估算是比较困难的，但实际工作中可以简化。例如，如果流域内有大型水库，则以水库蓄水变量为主，河槽等水体的蓄水变量略去不计；又如在南方地区，中小水库大多是年调节，当流域内水库较多时，同一时段内有的水库蓄水量增加，有的则可能恰好相反，其综合作用可能因互相补偿使流域内的蓄水变量总和很小，此时可以略去不计。

跨流域引水量 $W_{引水}$ 和分洪水量 $W_{分洪}$ 通常有实测资料，或经调查后确定。

水土保持措施对径流的影响水量 $W_{水保}$ 及地下水开发等对径流的影响水量 $W_{其他}$ 目前还处于研究阶段，在实际的还原计算中，可参考评价区域或相似区域的研究成果。

在还原计算中，有时不仅需要计算年径流总量，而且需要各种不同的径流量年内分配过程。有的要求分汛期与非汛期，有的要求逐月、逐旬计算。根据还原水量大小和还原计算要求，分为粗略的过程分配和详细的过程计算两种。

还原水量不大，对径流年内分配要求不高的枢纽工程可用粗略的分配法。对于水源为引水或提水工程的农业灌溉净耗水量和跨流域引入水量，可按灌溉需水过程的比例分配到年内各月。工业和生活净耗水量则平均分配。如水源为蓄水工程，其农业灌溉水量、跨流域引出水量、水库水面增加的耗水量、水库蓄水变量、工业和生活净耗水量则可根据典型水库的实测资料，计算出拦蓄量分配百分数，然后将总还原水量乘以分配百分数求得年内分配过程。水库渗漏量一般可平均分配于全年各月，如水位变幅较大，按月平均水位分配。还原水量较大，且精度要求较高，需要逐月或逐旬还原，且调查资料较充分时，可采用详细的过程还原，具体可参考《水利水电工程水文计算规范》（SL 278—2002）。

（二）降水径流模型法

该方法适用于难以进行人类活动措施调查，或调查资料不全的情况下直接推求天然径流量。其基本思路是首先建立人类活动显著影响前的降水径流模型，然后用人类活动显著影响以后各年的降水资料，用上述降水径流模型，求得不受人类活动影响的天然年径流量及其过程。显然,还原水量即为计算的天然年径流量与实测年径流量的差值。

　　建立人类活动影响前的降水径流模型是该方法的关键。考虑到要完全依赖不受人类活动影响的资料建立降水径流模式,在许多地区存在不少实际困难。为了保证建立的模型有足够的资料,可适当加入某些人类活动影响较小且还原精度较高的还原后天然径流。

　　用于还原的降水径流模型有两种:一是多元回归分析法;二是产流模型法。

　　1. 多元回归分析法

　　此法应用条件是:对流域内人类活动措施没有详细调查,或调查资料不很真实可靠。但人类活动前有较多的降水、径流观测资料,可以满足建立流域下垫面显著改变前降雨径流模型的需要。

　　最简单的模型通常为降水径流关系($P \sim R$)。由于降水径流关系是十分复杂的,它与流域内许多水文、气象因子有关。有条件时,可建立如下方程:

$$R = a_0 + a_1 P + a_2 P_{上} + a_3 T \tag{3-10}$$

式中　　R——年径流量;

　　　　P——年降水量;

　　　　$P_{上}$——上一年 10 ~ 12 月总降水量;

　　　　T——年平均气温;

　　　　a_0、a_1、a_2、a_3——待定系数。

　　待定系数的确定方法可参阅《数理统计》教材,但是要注意定性合理,即要符合一般产流成因概念。如式中系数 a_3 应为负值,a_0 一般也为负值,a_1、a_2 为正值。

　　与年径流有关的因子很多,在确定多元回归的参变量时,应在成因分析的基础上,抓住主要因素从少到多进行选用,以节省工作量。参变量不宜多取,一般取公式前三项即可。南方不少地区只取公式右端前两项,其相关系数已很高,如广东桥园水文站,单因素的相关系数就达到 0.99。

　　当回归方程的参变量和相应系数确定后,便可将受人类活动影响后的各年降水、气温等资料代入回归方程,求得不受人类活动影响的径流量,此量与实测径流的差值即为还原水量。

　　如本章第一节中宝鸡市千阳水文站的径流还原就是采用降水径流相关关系进行的(见图 3-5),降水径流关系发生变化的时间从 1969 年开始,1956 ~ 1969 年的直线相关方

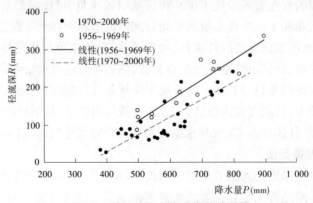

图 3-5　千阳站降水径流相关关系图

程为 $R = 0.538\,2P - 158.25$,相关系数 $r = 0.935$;1970 ~ 2000 年的直线相关方程为 $R = 0.463\,7P - 159.44$,相关系数 $r = 0.868$。采用 1956 ~ 1969 年的直线相关方程还原 1970 ~ 2000 年的径流量。还原前 1956 ~ 2000 年多年平均径流量为 4.14 亿 m^3,还原后多年平均天然径流量为 5.07 亿 m^3。

2. 产流模型法

当径流受人类活动多种措施的影响,其影响量逐年发展变化较大,又不易调查清楚时,可按照流域的产流方式和影响产流的主要因素,初步拟定一个产流模型。选定不受人类活动影响的年份(或年组),利用实测降水、径流资料调整模型的结构及有关参数,使其用雨量资料按模型推算出的径流过程与选定年份(或年组)的实测径流过程相吻合(否则应再次调整产流模型)。将以后各年降水资料代入产流模型中,推求出各年不受人类活动影响的天然径流过程。

从参数分析入手建立的产流模式,只需人类活动前有少数几年降雨径流同步资料即可,这是该方法的一个优点。用流域模型进行还原计算和水资源评价,国内已有很多经验,我国的新安江模型,美国的萨克拉门托模型、斯坦福模型等,都在实践中应用成功,获得较满意的成果。

实践证明,我国许多地区都可以用新安江模型模拟流域降雨所产生的径流过程。这种模型的原理和推求参数的计算步骤可参阅工程水文学、水文预报等教材。该模型用于径流还原计算的主要困难是径流资料不足,有的流域没有实测水文气象资料;有的流域虽有一定的实测资料,但均是受人类活动影响后的情况,难以建立模型。对以上两类问题,可用地区综合和水文比拟的方法解决。在气候和下垫面条件比较一致的地区,径流的形成规律基本一致,流域模型的结构和参数也基本一致,或者模型参数会有一定的地区分布规律,故可对周围地区有资料的流域进行分析,然后直接移用到无资料的流域,或经过一定的修正后移用。

在有些情况下,可以对受一定人类活动影响的资料做适当处理,得到近似于天然条件下的资料。以下结合镇江地区通胜流域的径流还原计算实例加以说明。

1)流域概况

流域集水面积为 386 km^2,水系及蓄水工程分布如图 3-6 所示。1980 年起开始观测水文资料,有东昌、白兔、旧县、春城共 4 个雨量站。流域内无蒸发观测资料,但流域外不远处有句容站 E_{601} 观测值;流域的径流通过通

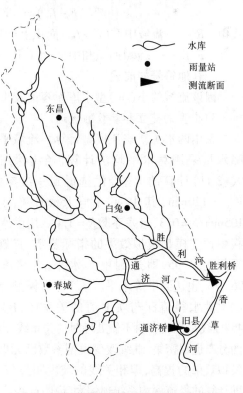

图 3-6　通胜流域水系及测站位置示意图

济桥和胜利桥两个断面汇入香草河,按它们的汇流时间叠加为总的流域出流过程。流域内自 1958 年以来,陆续建成中型水库 2 座、小(Ⅰ)型水库 6 座、小(Ⅱ)型水库 11 座,还有不少小的山塘。19 座水库的总库容为 6 190 万 m^3,控制面积为 87.79 km^2,占整个流域面积的 22.74%。

　　2)资料处理

　　所有径流观测资料都已受到蓄水工程的影响。通过对收集的 1980 ~ 1987 年共 27 次洪水的初步分析,水库溢洪只出现 8 次,即有 19 次洪水期间水库控制面积上产生的径流全部被拦蓄在水库中,耗于灌溉蒸发。因此,可以这样认为:凡是不发生溢洪的洪水,出口断面所测得的径流量 W 仅是流域内扣去水库控制面积后其余集水面积上所形成的。这部分面积上不存在人类活动的影响。至于众多的小山塘,相当于“洼地”,在流域模型中通过蒸发因素考虑其损耗的水量。为了能充分利用资料,对 8 次溢洪的资料可以做如下的处理:因 2 座中型水库均有溢洪量的观测值,首先分析溢洪量占总库容的比例,然后将此比值乘以各座小(Ⅰ)型水库的库容,估算它们各次大洪水的溢洪量,如把中型和小(Ⅰ)型水库溢洪量的总和记为 $W_溢$,因 $W_溢$ 是水库集水面积上产生的径流,未被水库拦蓄而到达出口断面,故在出口断面径流量 W 中减去 $W_溢$,余下部分 W' 就是水库控制面积以外的集水面积上所产生的径流量。基于上述分析,对实测径流量按下式计算次洪水的径流深:

$$R' = \begin{cases} W/(F - f_库) & \text{(不溢洪)} \\ W'/(F - f_库) = (W - W_溢)/(F - f_库) & \text{(溢洪)} \end{cases} \qquad (3-11)$$

式中　R'——流域中在 $(F - f_库)$ 面积上产生的径流深;

　　　　$F、f_库$——流域面积和中型、小(Ⅰ)型水库的总控制面积;

　　　　其他符号如前述。

　　因该流域的小(Ⅱ)型水库库容都较小,在计算中和小山塘做同样的处理。

　　3)模型的建立和参数的优选

　　采用两水源新安江模型计算。流域平均降水量采用算术平均法计算,径流深用由式(3-11)计算的 R',经优选得到一组参数:$W_m = 120mm$,其中 $W_{m,上} = 15mm$,$W_{m,下} = 105mm$;$b = 0.3$,蒸发系数 $K = 1.0$。用洪水预报中评定模型模拟效果的指标鉴定:有效性系数为 0.95,即达到甲等水平;合格率为 96.3%,也达到甲等水平。图 3-7 为模型计算的次洪水径流深与实测值的关系图,Ⅰ线呈 45°,Ⅱ线是径流资料不做处理时的关系线,点据的分布也很密集,继续改变模型参数已无助于模拟效果的提高,但相关线的坡度明显较大,

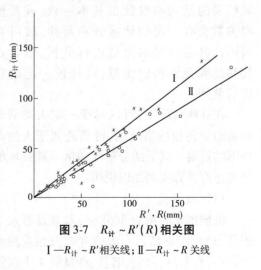

图 3-7　$R_计 \sim R'(R)$ 相关图

Ⅰ—$R_计 \sim R'$ 相关线;Ⅱ—$R_计 \sim R$ 关线

即计算的径流深均系统地偏大,说明这些蓄水工程确实增加了蒸发量,减小了径流量。

　　由于本流域仅汛期产生径流,枯期产生的径流极小,故上述模型不仅对次洪水的径流

量模拟效果很好,而且对年径流量、汛期径流量的模拟效果也是好的。经过分析计算,对洪水过程的模拟效果也比较好。

4)年径流量的还原

与上述一组参数对应的模拟径流深就是经还原后的径流深,换算成径流量体积单位时,要用全流域的面积 F 与之相乘。

(三)流域蒸发差值法

1.基本原理

在计算时段较长的情况下,例如以年为时段,流域水量平衡方程式中流域蓄水变量占的比重就相对比较小,当它远小于其他水平衡要素时,可以忽略不计,此时有:

$$P = E + R \tag{3-12}$$

一旦流域的下垫面有了较大的改变,引起蒸发量 E 变化了 ΔE,径流量相应地改变了 ΔR,上式就变为:

$$P = (E \pm \Delta E) + (R \pm \Delta R) \tag{3-13}$$

比较以上两式,得到径流量的还原量与下垫面改变前后蒸发量差值之间的关系:

$$\Delta R = \Delta E = E_{后} - E_{前} \tag{3-14}$$

式中　$E_{后}$、$E_{前}$——流域受人类活动影响以后和影响以前的流域总蒸发量。

根据式(3-12),将 $E_{后} = P_{后} - R_{后}$ 代入式(3-14),得到:

$$\Delta R = \Delta E = (P_{后} - R_{后}) - E_{前} \tag{3-15}$$

可见,只要设法得到受人类活动影响以前的流域总蒸发量 $E_{前}$,就可以用人类活动影响后的降水量、径流量求出还原径流量 ΔR。需要指出的是,这里所讲的 $E_{前}$,是指待还原的年份如果没有人类活动的影响所应该具有的蒸发量,或者说是指在相同气候条件下,流域下垫面如恢复到不受人类活动影响条件下的流域蒸发量。因此,这种方法只适用于灌区建设、作物种植结构的改变(如旱作物改为水稻)等的人类活动影响下的径流还原。对于其他直接改变径流量的一些措施如跨流域调水、工业取水等,用于还原计算是不适用的。

2. $E_{前}$ 的估算

在下垫面已经改变的情况下,显然无法直接观测改变以前的流域蒸发,只能通过其他途径间接估算。在以旱作物为主的山丘地区,因流域内天然水体如湖、塘、库、河等的水面面积占全流域面积的比例很小,可以认为流域蒸发是由田地、山林、荒地等各部分蒸发加权平均组成的,如它们的面积分别为 f_1、f_2、…、f_n,它们的蒸散发分别为 E_1、E_2、…、E_n,则流域蒸发应为:

$$E = \frac{E_1 f_1 + E_2 f_2 + \cdots + E_n f_n}{f_1 + f_2 + \cdots + f_n} \tag{3-16}$$

用待还原的各年的气候条件求出田地、山林和荒地等的蒸散发量,与人类活动影响之前的各部分面积 f_1、f_2、…、f_n 等一起代入上式所得到的流域蒸发量就是 $E_{前}$。因此,求 $E_{前}$ 的核心是估算各种下垫面的蒸散发量,具体方法见蒸发量分析部分。

在平原水网地区,农业生产发展之一是将原有的旱地改为水稻田,这部分面积在水稻生育期内(包括泡田)由原来的旱地土壤蒸发变为水田的水面蒸发(短期的断水晒田除外),同样可以应用式(3-16)进行还原计算。但是,不仅估算 $E_{前}$ 如上述那样困难,而且

$E_后$ 也很难定量。平原水网地区河渠交错,几乎不可能明确分出"流域"的分界线,对每一个划定的区域,往往都有许多"口门",径流的流向不定,难以算清水账,所以用水量平衡的方法由降水量减去径流量作为 $E_后$ 显然也不可靠。当然,也可以用式(3-16)估算。

蒸发差值法的概念是清楚的,但实际应用时有较大的困难。

三、还原计算成果的检查

径流还原计算要求先选取少数站进行几种方法比较计算,然后选取精度较高的某种方法进行还原计算。但限于资料条件,还原计算也只是一种估算,成果不可能非常精确,甚至会出现矛盾和不合理的地方。因此,对还原计算的正式成果,应从以下几方面进行合理性检查。

(一)单项指标的检查

在采用分项调查法进行还原计算时,人类活动措施数量和单项指标是否准确,是决定计算成果精度的关键。但有时一个因素偏大,而另一个因素偏小,还原计算成果可能得到补偿而接近实际。因此,当了解到某个调查资料有偏差(例如发现实灌面积偏大),但又不能更改原始调查资料时,计算的单项指标宜采用变动范围的下限,使计算成果相对合理。

灌溉定额、灌溉回归系数等是合理性检查的重点,一般情况下,水稻单项灌溉定额大于综合灌溉定额,保证灌溉定额大于有效灌溉定额,汛期水面蒸发量大于以深度计的灌溉净耗定额,老灌区或小灌区的渠系利用系数大于新灌区或大灌区渠系利用系数,灌区回归系数大于灌溉回归系数,灌溉回归系数大于田间回归系数。

(二)上下游、干支流及区间水量平衡检查

当上下游区间产流量较小时,可点绘还原前后上、下游站年、月平均流量相关图。检查还原后下游站的流量是否较上游站稍大,从而分析上、下游还原水量的合理性。

当各干支流都有测站控制时,可以把还原后支流站径流量之和与干流控制站径流量比较,其区间水量若出现负值,要查明原因,予以改算。

(三)用径流深和降雨径流关系检查

还原后的年径流代表天然情况下的空间分布,所以在全流域降水量基本均匀、下垫面基本一致的情况下,一般应有:山丘径流深大于丘陵平原区径流深,上游径流深大于中、下游径流深。

用还原后的径流深点绘的降雨径流关系,其相关点据一般比还原前的相关点据集中,相关系数提高,且符合本地区降雨径流关系的一般规律。

(四)各种影响因素的序列对照及统计参数检验

把还原后的天然径流系列由大到小排列,同时把各种主要影响因素如降水量、蒸发量也由大到小排列,对照序次检查其对应关系。

从径流参数地区分布情况进行检查,一般还原后的径流统计参数具有较好的地区分布规律性。

(五)框算检查

对主要的用水项作框算估计,可以控制还原计算成果不致出现大的不合理。例如,在

南方地区以灌溉用水为主的流域,设流域面积为 F,建大型工程后能保证灌溉的面积为 f,其余的 $(F-f)$ 面积虽能在水量充裕时得到灌溉,但在水量不足时只能少灌以至不灌,这部分面积称为非保证灌溉面积,则可用下式概略地框算出平均的还原水量:

$$\Delta W = \frac{Mf}{\eta}(1-\beta) + \frac{M'(F-f)}{\eta'}(1-\beta') \tag{3-17}$$

式中　ΔW——平均的还原水量,$m^3/$亩;

　　　　M、M'——保证和非保证灌溉面积上的净灌溉定额,$m^3/$亩;

　　　　η、η'——保证和非保证灌溉面积上的渠系水利用系数;

　　　　β、β'——保证和非保证灌溉面积上的灌溉水回归系数。

　　当流域内有蓄水、引水和提水的水量统计资料时,可以将总的水量打一个折扣作为框算值,这个折扣就是耗水系数,即综合的回归系数与 1 之间的差值 $(1-\beta)$,一般可取 β 为 0.45~0.50。如果流域内仅有蓄水工程的有关数据而无灌溉引水量资料时,可以根据水库、山塘等蓄水工程的有效库容框算还原水量 ΔW:

$$\Delta W = \alpha(1-\beta)\sum_{i=1}^{n} V_i \tag{3-18}$$

式中　α——水库和塘坝的复蓄次数,山塘取 1.5~2.0,中小水库则取 1.2~1.5;

　　　　β——回归水系数,指全流域综合平均值;

　　　　V_i——水库和山塘的有效库容,i 为它们的序号;

　　　　n——流域内蓄水工程的个数。

　　当然,框算值只能作为很粗略的控制值。

　　在检查中若发现明显不合理现象,要对计算过程仔细复核,对还原计算所采取的方法和数据加以分析,找出原因,并设法妥善处理。因为还原后的径流系列是频率分析计算的样本,是水资源估算评价的基本依据,故还原计算是十分重要的基础工作之一。

第四节　河川径流量的分析计算

　　河川径流量的分析计算是地表水资源量评价的基础,其目的是了解评价区域代表站年径流的统计规律,推求多年平均年径流量和指定频率的年径流量,分析河川径流量的年内分配和年际变化规律,为区域地表水资源量的分析计算和水资源供需分析与规划提供依据。

一、年径流量的频率分析

　　选定评价区域内资料质量好、观测系列长的水文站(包括国家基本站和专用站)作为代表站,对其径流资料进行还原计算和插补展延,并进行"三性"检查,选定代表期(与全国水资源调查评价要求一致),在此基础上对年径流量进行频率分析。对主要河流的年径流量进行计算时,应选择河流出口控制站的长系列径流量资料,分别计算长系列和同步系列的均值及不同频率的年径流量。

　　根据《水利水电工程水文计算规范》(SL 278—2002),年径流频率分析时经验频率应采用数学期望公式计算,频率曲线线型一般采用皮尔逊Ⅲ型,其统计参数采用均值、变差系数 C_v 和偏态系数 C_s 表示。统计参数可采用矩法、权函数法等方法初估,用适线法调整确定。适线时,应在拟合点群整体趋势的基础上,侧重考虑平、枯水年(频率曲线图的中下部)的点据。

二、径流的时程分配

径流的时程分配包括径流的年内分配和年际变化两个方面,其特点直接影响着水资源的开发利用和控制管理的技术经济指标(水利工程的规模、效益等)。

(一)径流的年内分配

对于不同地区或不同流域,即使年径流量相差不大,如果其年内分配形式不同,对水资源开发工程规模的选定、工农业及城市生活用水等带来的影响也不同。因此,在多年平均及不同频率河川径流量计算的基础上,还需研究河川径流量的年内分配,并给出正常年或丰、平、枯水等不同典型年的逐月河川径流量,为水资源的开发利用提供必要的依据。

受气候和下垫面因素的综合影响,河川径流的年内分配情势通常是不相同的。我国绝大多数地区的河流属于降水补给型河流,径流的年内变化主要受降水年内变化的影响。但由于各河流补给形式和流域调蓄能力的差异,加之所处气候区域的不同,径流的年内分配往往呈现出不同的形式。

在一般情况下,径流年内分配的计算项目、方法和时段,应当根据国民经济各部门对水资源开发的不同要求、实测资料情况、流域面积大小和河川径流量变化的幅度来确定。

1.正常年径流年内分配的计算

正常年河川径流量的年内分配常用多年平均的月径流过程、多年平均的连续最大四个月径流量占多年平均年径流量的百分率或枯水期径流量占年径流量的百分率等来反映。

1)多年平均的月径流过程

计算各代表站各月径流量的多年平均值,它与多年平均径流量的比值,即为相应月份的年内分配的相对值(用百分比表示),其分配过程可用柱状图、过程线或表格形式表示。

2)连续最大四个月径流量百分率

在各代表站各月径流量的多年平均值中选取连续最大四个月的径流量,并推求其占多年平均年径流量的百分率,将其数值连同出现月份都标注在流域形心处,绘制多年平均连续最大四个月径流量占年径流量的百分率等值线图,并按出现月份分区。

多年平均连续最大四个月径流量出现月份的分区,应当尽量使同一分区内出现月份相同、同一分区内径流的补给来源相同,并且要保持天然流域的相对完整性。

表3-8和图3-8是陕西省宝鸡市水资源调查评价中对千阳水文站多年平均年径流量年内分配的计算结果。

表 3-8　千阳水文站多年平均年径流量年内分配表

月份	1 月	2 月	3 月	4 月	5 月	6 月	7 月	8 月	9 月	10 月	11 月	12 月	全年	连续最大四个月	
														径流量	起止月份
径流量（万 m³）	1 073	961	1 329	2 773	3 032	2 177	4 307	5 006	7 652	5 405	2 510	1 345	37 570	22 370	7 ~ 10
百分率(%)	2.9	2.6	3.5	7.4	8.1	5.8	11.5	13.3	20.4	14.4	6.7	3.6	100	59.5	

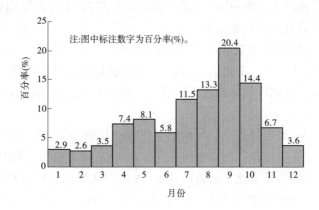

图 3-8　千阳水文站多年平均年径流量年内分配柱状图

3）枯水期径流量百分率

根据灌溉、养鱼、发电、航运等部门的不同需要,枯水期可分别选取不同时段,例如 3 ~ 5 月、5 ~ 6 月、9 ~ 10 月或 11 月 ~ 次年 4 月,用前述方法绘制相应时段径流量占年径流量的百分率等值线图,以供生产部门应用。

2. 不同频率年径流年内分配的计算

在水资源评价中,一般采用典型年的年内分配作为不同频率年径流的年内分配过程。其计算包括两个步骤:选择典型年和年径流的年内分配过程计算。

1）典型年的选择

在选择典型年时,要遵循"接近"和"不利"原则。所谓"接近"是指典型年的年径流量应与某一频率年径流量接近,这是因为年径流量越接近,可以认为其年内分配也越相似。所谓"不利"是指典型年的年内分配过程要不利于用水部门的用水要求和径流调节。如对农业灌溉,选取灌溉需水季节径流量较枯的年份作为典型年;对于水力发电工程,则选取枯水期较长,且枯水期径流又较枯的年份作为典型年。

但是在进行水资源评价时,并不针对某类工程,"不利"原则不好掌握。此时,可根据某一频率的年径流量,在实测（或还原）的径流系列中挑选年径流量接近的年份若干个,然后分析比较其月分配过程,从中挑选质量较好、月分配不均匀的年份作为典型年。

　　2)年内分配过程计算

　　当典型年确定以后,就可以采用同倍比或同频率缩放法求得某频率年径流的年内分配,具体方法参考有关工程水文学教材。

(二)径流的年际变化

　　河流径流的年际变化与补给来源的性质、下垫面条件、集水面积等因素有关。我国大部分地区属降雨径流地区,径流随降雨的年际变化也呈现出年际间的很大差异,且较降雨变化更为剧烈。径流量的年际变化通常用年径流变差系数 C_v 和实测(还原)最大与最小年径流量之比来反映其相对变化程度。

　　我国中等流域面积年径流量 C_v 值的分布大体是:江淮丘陵、秦岭一线以南在 0.5 以下;淮河流域大部分地区为 0.6 ~ 0.8;华北平原达 1.0 左右;东北地区山地和内陆河流域山地在 0.5 以下,平原盆地在 0.8 以上。

　　最大年径流量与最小年径流量之比的地区差异也很大,长江以南诸河一般在 5.0 以下,北方河流可达 10.0 以上。全国最大与最小年径流量之比的极大值发生在半湿润半干旱地区,极小值发生在冰川融雪补给较大的河流。对于大江大河,其值有随面积增大而减小的趋势。

　　径流的年际变化也可以通过丰、平、枯年的周期分析和连丰、连枯变化规律分析等途径深入研究。年径流多年变化周期分析可采用差积分析、方差分析、累积平均过程线分析和滑动平均值过程线分析等方法。径流的连丰、连枯变化规律分析是在年径流频率计算的基础上,将年径流分为丰($P < 12.5\%$)、偏丰($P = 12.5\% ~ 37.5\%$)、平($P = 37.5\% ~ 62.5\%$)、偏枯($P = 62.5\% ~ 87.5\%$)和枯水($P > 87.5\%$)五级,进而分析年径流丰、枯连续出现的情况。

三、年径流的空间分布

　　年径流的空间分布主要取决于年降水的空间分布,同时也受下垫面(地形、地貌、水文地质、坡度、土壤水分、地下水埋深、岩性等)的影响,其最好的描述是用年径流深或多年平均年径流深等值线图来反映径流量在空间上变化,用年径流的变差系数 C_v 等值线图反映年径流年际变化的空间规律。

(一)多年平均年径流深及年径流变差系数等值线图的绘制

　　在编绘等值线图之前,应广泛收集已有的《水文特征值统计》、《水文图集》、《水文年鉴》和其他水文分析成果,同时注意收集气候、地形、地貌、植被、土壤及水文地质资料,以供绘图时应用或参考。

　　1.代表站的选择

　　绘制多年平均年径流深及年径流变差系数等值线图,应以中等流域面积的代表站资料为主要依据,其集水面积一般控制在 300 ~ 5 000 km² 范围之内,在站网稀少的地区,条件可以适当放宽。代表站选定以后,应按资料精度、实测系列长短、集水面积大小等,将代表站划分为主要站、一般站、参考站三类,其分类条件参见表3-9。

表 3-9　代表站分类条件

代表站分类	分类条件
主要站	资料可靠,还原水量精度较可靠,实测资料超过 25 年,插补精度高,集水面积 300 ~ 5 000 km²
一般站	资料可靠,还原水量成果合理,实测资料超过 20 ~ 25 年,插补精度较高,集水面积超过 300 ~ 5 000 km² 不大
参考站	还原水量精度较差,实测资料不足 20 年,插补具有一定精度,集水面积超过 300 ~ 5 000 km² 较多(具备条件之一者,即为参考站,可不计算 C_V)

注:本表参考水利部水文局《地表水资源调查统计分析细则》,1981 年 8 月。

如前所述,在集水面积过大的流域,上、下游下垫面条件差异较大,径流模数不相同,往往使大面积站推求的径流深缺乏足够的代表性。因此,应当根据大面积站及同水系的上游站多年平均年径流量,相减求得区间多年平均年径流量,除以区间面积得区间多年平均年径流深,供勾绘等值线时参考。

2.多年平均年径流深等值线图的绘制

1)绘制多年平均年径流深等值线图的原则

(1)注重成因分析。径流的主要补给来源是降水,降水量的地区分布基本上可以决定径流深的分布特点。绘制年径流深均值等值线之前,首先应当分析区域的主要水汽来源、地形对降水的影响等因素,绘出多年平均年降水量等值线并论证其合理性。以此作为框绘年径流深均值等值线总趋势和确定高、低值区位置的依据。

(2)分析下垫面条件的影响。径流是降水和下垫面综合作用的产物,在相同的降水条件下,不同地形、地貌、土壤、水文地质等条件,对径流深的地区分布也有较大的影响。因此,应当注意参考地形等高线绘制径流深等值线。对资料点据而言,要重点依据主要站和一般站的资料,其他站只作参考。

(3)考虑径流深等值线平面上和垂直方向上的水量平衡。平面上的水量平衡,系指选定流域用等值线量算的径流深与天然径流深互相平衡。垂直方向上的水量平衡,系指径流与降水、陆地蒸发量三要素之间应互相协调。通过反复调整径流深等值线,或者分别调整三要素等值线,使其误差均保持在允许误差范围内,做到平面上和垂直方向上水量平衡。

(4)掌握绘图技巧,通过综合分析最后定图。勾绘径流深等值线时,先绘主线(如100mm、500mm 等),再框绘等值线大趋势,然后再绘其他线条。山丘区等值线梯度大,平原地区则较小。径流深等值线跨大江时不斜交,跨大山时不横穿。确定径流深等值线时,要充分考虑降水、径流、蒸发三要素等值线间的对应关系,同时要注意本区等值线与邻区相应等值线的衔接与吻合,在结合分析的基础上最后定图。

在缺乏实测径流资料的情况下,或者区域产水、汇流条件比较特殊的平原水网区、岩溶地区等,可以首先采用适当的方法推求陆地蒸发量,然后用降水量减去蒸发量求得径流量,在此基础上框绘多年平均年径流深等值线,经分析调整后定图。

2)绘制多年平均年径流深等值线图的步骤

(1)集水区域的确定。在大比例尺的地形图上,勾绘全部分析代表站及区间站集水范围,各选用测站的集水面积一般不应重叠,若有重叠,下游站应计算扣除了上游站集水面积后的区间面积的径流深。

(2)点据位置的确定。集水面积内自然地理条件基本一致、高程变化不大时,点据位置定于集水面积的形心处;集水面积内高程变化较大、径流深分布不均匀时,可借助降水量等值线图选定点据位置;区间点据一般点绘于区间面积的形心处,当区间面积内降水分布明显不均匀时,应参考降水分布情况适当改变区间点据位置。

(3)勾绘方法如下:

首先,在选用站网控制性较好、资料精度较高的地区,应以点据数值作为基本依据,结合自然地理情况勾绘等值线;径流资料短缺或无资料的地区,如南方水网区、北方平原区、西部高山冰川区及高原湖盆区等,可根据已有的有关研究成果,采用不同的方法估算径流深,大体确定等值线的分布和走向。

其次,等值线的分布要考虑下垫面条件的差异,不能硬性地按点据数值等距离内插,等值线走向要参考地形等高线的走向。

再次,工作底图的比例尺不同,勾绘等值线的要求也不同。小比例尺图主要考虑较大范围的线条分布,局部的小山包、小河谷、小盆地等微地形地貌对等值线走向的影响可以忽略;大比例尺图则要考虑局部微地形地貌对等值线走向的影响。

最后,勾绘等值线时,应先确定几条主线的分布走向,然后勾绘其他线条。等值线跨越大山脉时,等值线应有适当的迂回,避免横穿主山体;等值线跨越大河流时,要避免斜交。马鞍形等值线区,要注意等值线的分布及等值线线值的合理性。干旱地区要调查产流区与径流散失区的大体分界线,以确定低值等值线的位置和走向。

(4)年径流深均值等值线线距为:径流深 >2 000mm 者,线距 1 000mm;径流深 800 ~ 2 000mm 者,线距 200mm;径流深 200 ~ 800mm 者,线距 100mm;径流深 50 ~ 200mm 者,线距 50mm;径流深 <50mm 者,线值分别为 5、10、25mm。各水资源一级区及各省(自治区、直辖市)可根据需要适当加密。

3. 多年平均年径流深等值线图的合理性分析

1)从年径流与年降水地区分布的一致性来分析

在一般情况下,降水与径流深的地区分布规律应大体一致。如果年径流深与年降水量等值线的变化总趋势和高、低值区的地区分布都比较吻合,在年降水量等值线图已经进行了多方面合理论证的前提下,即可认为年径流深等值线也是基本合理的。

2)从年径流与流域平均高程的关系来分析

一般地,随着流域高程的增加,气温降低,蒸发损失减小,在同样降水条件下径流深加大。为了验证径流深等值线图是否符合上述一般规律,可根据若干流域实测资料绘制多个平均年径流深与流域平均高程关系,在本区范围内再选择几处无实测径流资料的天然流域,分别根据其流域平均高程,查读多年平均年径流深,若其值基本在原等值线的范围内,即说明原等值线的走向、间距都是比较合理的。

3)平面上的水量平衡检查

选择若干个大支流和独立水系的径流控制站,将从等值线图上量算的年径流量与单站计算的年径流量进行比较,要求相对误差不超过 ±5%。相对误差超过 ±5% 时,应调整等值线的位置,直至合格为止。对于同一幅等值线图而言,各控制站由等值线图量算的年径流量与相应单站计算的年径流量相比,不应出现相对误差系统偏大或偏小的情况。

4)垂直方向上的水量平衡检查

垂直方向上的水量平衡检查,是指年降水、年径流、年陆地蒸发量三要素之间的综合平衡分析。将同期的年降水量均值等值线图与年径流深均值等值线图进行比较,两张图的主线走向应大体一致,高值区和低值区的位置应基本对应,不应出现一条径流深等值线横穿两条或两条以上降水量等值线的情况。同时,由于陆地蒸发量的地区分布具有相对稳定性,故以陆地蒸发量作为平衡项,并按下式计算其相对误差:

$$\Delta \overline{E} = \frac{\overline{E} - (\overline{P} - \overline{R})}{\overline{P} - \overline{R}} \times 100 \tag{3-19}$$

式中　$\overline{P}$——从降水量等值线图上量算的多年平均年降水量,mm;

$\overline{R}$——从径流深等值线图上量算的多年平均年径流深,mm;

$\overline{E}$——从陆地蒸发量等值线图上量算的多年平均年陆地蒸发量,mm。

检查方法是先将降水量图与径流深图套叠在一起,检查对应的高低值区及交点处的$\Delta \overline{E}$,然后再按网格法进行检查,若陆地蒸发量的相对误差$\Delta \overline{E}$不超过±10%,且无系统偏差,即认为合理。如超出误差范围应先考虑修改径流深等值线图,如径流深分布合理而$\Delta \overline{E}$仍不合格,则修改年降水量等值线图,经过反复调整,直至三要素比较协调、$\Delta \overline{E}$在误差允许范围内为止。

5)与以往绘制的多年平均年径流深等值线图相互对照检查

要着重从等值线的走向、等值线量级的大小、高低值区的分布及其与自然地理因素的配合等方面进行比较。如果发现两种成果有明显的差异,则应从代表站的选择、资料系列长短、还原水量大小、分析途径和勾绘等值线方法上找出原因,以确保资料基础可靠,分析计算方法合理,最大限度地提高等值线图的精度。

4. 年径流变差系数等值线图的绘制及合理性分析

年径流变差系数的大小及其地区分布与年降水量、年径流深、年径流系数和集水面积的大小紧密相关,故应把代表站按适线法确定的年径流变差系数C_V值,分别标注于各流域重心处,再参照年降水量变差系数、多年平均年径流深和年径流系数等值线的趋势,框绘年径流变差系数等值线,经合理性分析、修正后定图。

年径流变差系数等值线可从以下两方面进行合理性分析。

1)检查年径流变差系数C_V值的地区分布特点是否符合一般规律

在一般情况下,湿润地区C_V值小,干旱地区C_V值大;高山冰雪补给型河流C_V值小,黄土高原及其他土层厚、地下潜水位低(地下水补给量小)的地区C_V值大;西北高原湖群区及沼泽地区中等面积河流下游C_V值小,支流及上游C_V值大。

在同一气候区,年径流变差系数等值线与均值等值线应当相互对应、变化相反。因为勾绘年径流变差系数等值线时,除了依据实测点据,还参考了均值等值线的走向,故年径流变差系数C_V等值线与均值等值线的总趋势及高、低值区应当大体吻合,只是变化相反,即年径流深愈大,年径流变差系数则愈小;反之亦然。

2）检查年径流、年降水、年陆地蒸发量变差系数是否合理

水平衡三要素的变差系数通常是相互影响、相互制约的。我国大部分地区年径流变差系数 C_v 值相对较大，年降水 C_v 值次之，年陆地蒸发量 C_v 值相对较小。但在某些地区，由于气候与下垫面条件的改变，三要素 C_v 值的配合往往也会出现其他情况。例如，我国东南沿海降水十分充沛的地区，年降水和年径流的 C_v 值差别相对较小；相反，在华北干旱、半干旱地区，年降水的年际变化较大，年径流的年际变化可按年降水有成倍的差别，二者 C_v 值相差比较悬殊。这种情况尤以平原区为甚。这类地区的年陆地蒸发量 C_v 值也比湿润地区大得多。但在我国西北某些干旱、半干旱地区其年降水量虽然不大，年际变化也较小，但河流受冰川或地下水补给与调节，年径流与年降水的 C_v 值接近，个别地区年径流的 C_v 反而比年降水的 C_v 小。

第五节　区域地表水资源分析计算

国民经济的发展常以行政区域为单元，故水资源评价也要提供区域水资源报告。一个行政区域内有闭合流域，也有区间；有山丘区，也有平原区，比单一的小流域更为复杂。大的流域水系如长江、黄河等，因其范围很大，各处的气候、下垫面相差极大，估算水资源也很复杂。

根据区域的气候及下垫面条件，综合考虑气象、水文站点的分布，实测资料年限与质量等情况，可采用代表站法、等值线法、年降水径流相关法、水热平衡法等来计算区域地表水资源量。有条件时，也可以某种计算方法为主，而用其他方法计算成果进行验证，以保证计算成果具有足够的精度。

一、代表站法

在评价区域内，选择一个或几个基本能够控制全区、实测径流资料系列较长并具有足够精度的代表站，从径流形成条件的相似性出发，把代表站的年径流量，按面积比或综合修正的方法移用到评价流域范围内，从而推算区域多年平均及不同频率的年径流量，这种方法叫做代表站法。

（一）逐年及多年平均年径流量的计算

如评价区域与代表流域的面积相差不大，自然地理条件也相近，则可认为评价区域与代表流域的平均径流深是一致的，即 $R_{评} = R_{代}$，则：

$$W_{评} = \frac{F_{评}}{F_{代}} W_{代} \tag{3-20}$$

式中　　$W_{代}$——代表站的年径流量，m^3；

　　　　$F_{代}$——代表站集水面积，km^2；

　　　　$W_{评}$——评价区域的年径流量，m^3；

　　　　$F_{评}$——评价区域集水面积，km^2。

依据式（3-20）推求评价区域逐年径流量时，根据代表站个数及其自然地理等情况采取不同的途径。

1.当区域内可选择一个代表站时

(1)当区域内可选择一个代表站并基本能够控制全区,且上下游产水条件差别不大时,可根据代表站逐年天然年径流量 $W_{代}$,已知代表站集水面积 $F_{代}$,量算评价区域集水面积 $F_{评}$,代入式(3-20)便可求得全区相应的逐年年径流量。

(2)若代表站不能控制全区大部分面积,或上下游产水条件又有较大的差别时,则应采用与评价区域产水条件相近的部分代表流域的径流量及面积(如区间径流量与相应的集水面积),代入式(3-20)推求全区逐年径流量。

2.当区域内可选择两个(或两个以上)代表站时

(1)若评价区域内气候及下垫面条件差别较大,则可按气候、地形、地貌等条件,将全区划分为两个(或两个以上)评价区域,每个评价区域均按式(3-20)计算分区逐年径流量,相加后得全区相应的年径流量。即:

$$W_{评} = \frac{F_{评1}}{F_{代1}}W_{代1} + \frac{F_{评2}}{F_{代2}}W_{代2} + \cdots + \frac{F_{评n}}{F_{代n}}W_{代n} \tag{3-21}$$

式中 $W_{代i}$——第 $i(i=1,2,\cdots,n)$ 个代表站的年径流量,m^3;

$F_{代i}$——第 i 个代表站集水面积,km^2;

$W_{评}$——评价流域(或区域)的年径流量,m^3;

$F_{评i}$——第 i 个评价区域集水面积,km^2。

(2)若评价区域内气候及下垫面条件差别不大,仍可将全区作为一个区域看待,其逐年径流量按下式推求:

$$W_{评} = \frac{F_{评}}{F_{代1} + F_{代2} + \cdots + F_{代n}}(W_{代1} + W_{代2} + \cdots + W_{代n}) \tag{3-22}$$

3.当评价区域与代表流域的自然地理条件差别过大时

当评价区域与代表流域的自然地理条件差别过大时,其产水条件也势必存在明显的差异。这时,一般不宜采用简单的面积比法计算全区年径流量,而应选择能够较好地反映产水强度的若干指标,对全区年径流量进行修正计算。

(1)用区域平均年降水量修正。在面积比方法的基础上,考虑评价区域与代表流域降水条件的差别,其全区逐年径流量的计算公式为:

$$W_{评} = \frac{F_{评}\overline{P}_{评}}{F_{代}\overline{P}_{代}}W_{代} \tag{3-23}$$

式中 $\overline{P}_{评}$、$\overline{P}_{代}$——评价区域和代表流域的区域平均年降水量,mm。

(2)用多年平均年径流深修正。采用式(3-23)计算全区逐年径流量,虽然考虑了评价区域与代表流域年降水量的不同,但尚未考虑下垫面对产水量的综合影响,为了反映这一影响,可引入多年平均年径流深进行修正,将式(3-23)改写为:

$$W_{评} = \frac{F_{评}\overline{R}_{评}}{F_{代}\overline{R}_{代}}W_{代} \tag{3-24}$$

式中 $\overline{R}_{评}$、$\overline{R}_{代}$——评价区域和代表流域的多年平均年径流深,mm,一般可由平均年径流深等值线量算。

应当指出,采用多年平均年径流深修正计算区域河川径流量,计算方法简便,其成果也有一定的精度。但是,这种方法实质上只考虑了评价区域与代表流域历年产水条件(降水、下垫面)的平均情况,对某些年份的全区径流量有时影响较大,给全区年径流系列及不同频率年径流量的计算带来一定误差。

4. 当评价区域内实测年降水、年径流资料都很缺乏时

当评价区域内实测年降水、年径流资料都很缺乏时,可直接借用与该区域自然地理条件相似的代表流域的年径流深系列,乘以评价区域与代表流域多年平均年径流深的比值(评价区域的多年平均年径流深可采用等值线图量算值),再乘以评价区域面积得逐年年径流量,其算术平均值即为多年平均年径流量。

(二)区域不同频率年径流量的计算

用代表站法求得的评价区域逐年径流量构成区域的年径流系列,在此基础上进行频率分析计算,即可推求评价区域不同频率的年径流量。

二、等值线法

在区域面积不大并且缺乏实测径流资料的情况下,可以借用包括该区在内的较大面积多年平均年径流深及年径流变差系数等值线计算区域多年平均及不同频率的年径流量。

采用等值线图推求区域多年平均年径流量的方法步骤如下:

(1)在本区域范围内,用求积仪分别量算相邻两条等值线间的面积 f_i。

(2)计算相应于 f_i 的平均年径流深 $\overline{R}_i$,$\overline{R}_i$ 可取相邻两条等值线的算术平均值。

(3)依据公式:

$$\overline{R} = \frac{\overline{R}_1 f_1 + \overline{R}_2 f_2 + \cdots + \overline{R}_n f_n}{F} \tag{3-25}$$

计算出区域多年平均年径流深,再乘以区域面积即为多年平均年径流量。

应当指出,对于面积不同的区域,应用等值线图计算多年平均年径流量的精度是不同的。例如区域面积在 5 万 ~ 10 万 km² 以上时,等值线法计算成果精度相对较高。但对这种区域,等值线的实用意义并不大,因为较大区域往往具有较充分的实测资料。对于中等面积区域,使用等值线图的误差最小,一般不超过 10% ~ 20%,因为等值线主要是依靠中等面积代表站资料勾绘的。这种区域等值线法的实用意义最大。对于面积 300 ~ 500km² 以下小区域,等值线法计算误差可能大大超过上述范围。因此,小面积区域应用等值线图计算多年平均年径流量时,一般还要结合实地考察资料,充分论证计算成果的合理性。

求得区域多年平均年径流量以后,若区域面积较小,则可再根据年径流变差系数 C_V 等值线图,参照上述方法推求全区域年径流变差系数,年径流偏态系数 C_S 一般采用分区图推求。在上述三个统计参数确定后,就可以推求指定频率的年径流量。若区域面积较大,则应参照本书第二章介绍的推求区域多年平均及不同频率年降水量的方法,求出全区域的年径流系列,经频率计算后得全区不同频率的年径流量。

三、年降雨径流相关法

选择评价区域内具有实测降水径流资料的代表站,逐年统计代表流域平均年降水量

和年径流深,建立降雨径流相关关系。若评价区域气候、下垫面情况与代表站流域相似,则可由评价区域逐年实测的区域平均年降水量查代表站的降雨径流关系求得评价区域逐年径流量,组成径流系列,对该系列进行频率计算,得到不同频率的区域年径流量。

在没有测站控制的地区还可通过水文模型由区域平均年降水系列推求年径流系列,同样对该系列进行频率计算,就可得到不同频率的区域年径流量。

在缺乏径流资料时,可应用水文比拟法来确定不同频率年径流的年内分配。这时,需选择与特定区域自然地理条件相似的代表流域,将其典型年各月径流量占年径流量的百分比,作为待定区域年径流的年内分配过程。

当代表流域较难选定时,可以直接查用各省、市、自治区编制的水文手册、水文图集中典型年径流年内分配分区成果。

第六节　出境和入境水量计算

一、基本概念

入境与出境水量,是针对特定区域边界而言的。对任何一个分析区域,几乎都有入境和出境水量。

入境水量是天然河流经区域边界流入区内的河川径流量;出境水量则是天然河流经区域边界流出区域的河川径流量。过去,有些学者将过境河流的入境、出境水量称为过路水量或客水量,这种提法容易使人误解为过境河流的入境水量与出境水量相等,从而采取以任意断面水量代替入境、出境水量的计算方法,给计算结果带来较大的误差。事实上,河流流入特定区域以后,一般都存在河道渗漏、水面蒸发等损失。有的河流流经岩溶区,一部分河水转化为地下水;有的河流流经沼泽区,大量水分消耗于蒸发,甚至变成无尾河;当区域内人工引、提水量较大时,流入区内的水量更不能全部流出区外。这就说明,入境水量和出境水量是不相等的。

入境水量是区域内可利用水资源的重要组成部分,在河流中下游地区,区域内当地产水量可能不大,但入境水量却有可能十分丰富,这些地区的工业、城市和大型灌区的用水,在很大程度上要依靠入境水量供给。特定区域的入境水量和当地产水量,经本区开发利用、损失消耗后流出境外,即为出境水量。本区域的出境水量,又成为下游区域的入境水量。

入境与出境水量的计算,必须在实测径流资料已经还原的基础上进行。在区域水资源分析计算中,一般应当分别计算多年平均及不同频率年(或其他时段)入境、出境水量,同时要研究入境、出境水量的时空分布规律,以满足水资源供需分析的需要。

二、多年平均及不同频率年入境、出境水量的计算

不同区域过境河流的分布往往是千差万别的,有时只有一条河流过境,有时则有几条河流同时过境;过境河流的水文测站又可能位于区域不同位置上。因此,计算区域多年平均及不同频率年入境、出境水量时,应当根据过境河流的特点和水文测站分布情况采用不同的计算方法。

（一）代表站法

当区域内只有一条河流过境时,若其入境(或出境)处恰有径流资料年限较长且具有足够精度的代表站,该站多年平均及不同频率的年径流量,即为计算区域相应的入境(或出境)水量。

在大多数情况下,代表站并不恰好处于区域边界上。例如,某区域入境代表站位于区内,其集水面积与本区面积有一部分相重复,这时需首先计算重复面积上的逐年产水量,然后从代表站对应年份的水量中予以扣除,从而组成入境逐年水量系列,经频率计算后得多年平均及不同频率年入境水量。若入境代表站位于区域的上游,则需在代表站逐年水量系列的基础上,加上代表站以下至区域入境边界部分面积的逐年产水量,按同样方法推求多年平均及不同频率年入境水量。多年平均及不同频率年出境水量,也应根据代表站所处位置的不同,参照上述原则进行计算。

（二）水量平衡法

河流上、下断面的年水量平衡方程式可以写成:

$$W_{下} = W_{上} + W_{支} - W_{蒸发} - W_{渗漏} + W_{地下} - W_{引、提} + W_{回归} \pm \Delta W_{槽蓄} \qquad (3\text{-}26)$$

式中　$W_{上}$、$W_{下}$——上、下断面的年水量;

　　　$W_{支}$——年区间加入水量;

　　　$W_{蒸发}$——河道水面蒸发量;

　　　$W_{渗漏}$——河道渗漏量;

　　　$W_{地下}$——地下水补给量;

　　　$W_{引、提}$——河流上、下断面之间的引水和提水量;

　　　$W_{回归}$——回归水量;

　　　$\Delta W_{槽蓄}$——河槽蓄水变量。

式中各变量的单位均为亿 m^3 或万 m^3。

当过境河流的上、下断面恰与区域上、下游边界重合时,公式(3-26)便可改写为:

$$W_{出} = W_{入} + W_{支} - W_{蒸发} - W_{渗漏} + W_{地下} - W_{引、提} + W_{回归} \pm \Delta W_{槽蓄} \qquad (3\text{-}27)$$

式中　$W_{出}$、$W_{入}$——区域年出境、入境水量,亿 m^3 或万 m^3;

　　　其他符号意义同前。

当已知 $W_{入}$(或 $W_{出}$)和公式(3-27)右端其他各分量时,由公式(3-27)便可求得 $W_{出}$(或 $W_{入}$)。计算步骤大体如下:首先,在过境河流上选定入(出)境代表站,由水文年鉴查得逐年入(出)境水量;再按前几节的有关方法分别推求年区间加入水量、河道水面蒸发量、河道渗漏量、地下水补给量、区间引提水量和回归水量,河槽蓄水变量可根据代表站时段始末的水位差,乘以河段长度和平均水面宽近似求得。依据公式(3-27)计算逐年出(入)境水量,经频率计算后即可求得多年平均及不同频率年出(入)境水量。

当区域内有几条河流过境时,需逐年将各河流的年入(出)境水量相加,组成区域逐年总入(出)境水量系列,经频率计算后得多年平均及不同频率的入(出)境水量。

根据各用水部门的不同要求,有时需要推求多年平均及不同频率的季(月)入(出)境水量,其计算方法与前类同。

三、入境与出境水量的时空分布

当计算求得入（出）境水量以后，可参照本章第四节介绍的有关方法，分析入（出）境水量的年内分配、多年变化及其空间变化规律。

在一般情况下，入（出）境水量的年内分配可用正常年水量的月分配过程或连续最大四个月、枯水期水量占年水量的百分率等来反映，也可分析指定频率年入（出）境水量的年内分配形式。有的单位根据实际需要，以典型年不同时段的最大入（出）境水量反映其年内分配特点。

入（出）境水量的多年变化，可用代表站年入（出）境水量的变差系数表示，也可通过入（出）境水量的周期变化规律和连丰、连枯变化规律来反映。

入（出）境水量的地区分布可用分区法表示。

第七节　地表水资源可利用量估算

一、水资源可利用量的概念

水资源可利用量是区域水资源总量的一部分，同水资源的概念一样，截至目前，仍然没有形成很统一的结论。综合对比国内外对水资源可利用量概念的探讨，其基本上包括了社会与经济条件、生态环境需水量、工程措施、洪水、水权和回归水等要素。表 3-10 列出了国内外关于水资源可利用量代表性概念考虑要素的对比，从中可以看出，国内与国外对水资源可利用量定义的共同点是都考虑了社会与经济条件、生态需水和工程措施。区别表现在以下 3 点：①国内不考虑回归水的利用，更注重自然的水资源量，国外则往往考虑了回归水的利用，对可利用量和可供水量的区别不明显，只在具体计算方法中体现其含义；②国内一般不考虑无法控制的洪水，而国外对无法控制的洪水方面也没有具体说明；③国外在水权方面考虑比较全面，尤其是美国，各种用水类型都用水权进行管理，并按水权批准的先后确定水权的优先秩序，进行水资源可利用量的评价与配置，国内只有贾绍凤等提出的概念考虑了水权要素。

表 3-10　水资源可利用量代表性概念考虑要素的对比

概念出处	社会与经济条件	生态需水	工程措施	无法控制的洪水	水权	回归水
水资源调查评价培训教材（试用）	√	√	√	√	—	—
贾绍凤等	√	√	√	√	√	—
郭周亭等	√	√	√	√	—	—
雷志栋等	√	√	√	√	—	—
高建芳等	√	√	√	√	—	—
Upali Amarasinghe	√	√	√	—	—	√
国际水管理研究所	√	√	√	—	√	—
美国得克萨斯州 WAM 模型	√	√	√	—	√	√
美国俄勒冈州计算模型	√	√	√	—	√	√
墨西哥基于水量与水质综合的评价方法	√	√	√	—	—	√

注："—"表示未考虑该项内容。

在全国水资源综合规划关于地表水资源可利用量计算方法的大纲和 2004 年水利部水文局编写的《水资源调查评价培训教材(试用)》中给出了关于水资源可利用量的较规范定义:"在可预见的时期内,在统筹考虑河道内生态环境和其他用水的基础上,通过经济合理、技术可行的措施,可供河道外生活、生产、生态用水的一次性最大水量(不包括回归水的重复利用)。水资源可利用量是从资源的角度分析可能被消耗利用的水资源量。"

二、水资源可利用量计算方法

水资源可利用量尤其是地表水资源可利用量的估算,目前尚无概念明确、易于操作的计算方法。国内外对地表水资源可利用量的概念尚不统一,相应的计算方法也就多种多样。国内通常采用的方法主要是扣损法。

扣损法是计算地表水资源可利用量较为传统的方法,即以流域总的地表水资源量为基础,扣除河道内生态需水量、生产需水量、跨流域调水量以及汛期不可利用的洪水量,得到整个流域的地表水资源可利用量,计算中需要考虑的各计算项如图 3-9 所示。

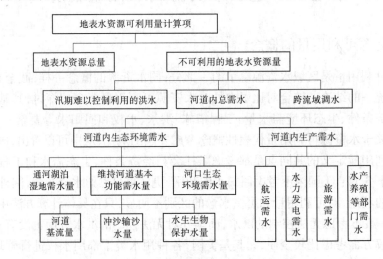

图 3-9　地表水资源可利用量计算项

(一)河道内总需水量

河道内总需水量包括河道内生态环境需水量和河道内生产需水量。其中河道内生态环境需水量主要有:维持河道基本功能需水量、通河湖泊湿地需水量和河口生态环境需水量。河道内生产需水量主要包括航运、水力发电、旅游、水产养殖等部门的用水。河道内生产用水一般不消耗水量,可以"一水多用",但要通过在河道中预留一定的水量给予保证。

河道内总需水量是在上述各项河道内生态环境需水量及河道内生产需水量计算的基础上,逐月取外包值并将每月的外包值相加,由此得出多年平均情况下的河道内总需水量。

河道内生产需水量要与河道内生态环境需水量统筹考虑,其超过河道内生态环境需水量的部分要与河道外需水量统筹协调。

(二)汛期难以控制利用洪水量

汛期难以控制利用的洪水量是指在可预见的时期内,不能被工程措施控制利用的汛期洪水量。汛期水量中除一部分可供当时利用,还有一部分可通过工程蓄存起来供今后利用外,其余水量即为汛期难以控制利用的洪水量。对于支流而言是指支流泄入干流的水量,对于入海河流是指最终泄弃入海的水量。汛期难以控制利用的洪水量是根据流域最下游控制节点以上的调蓄能力和耗用程度综合分析计算出的水量。

将流域控制站汛期的天然径流量减去流域能够调蓄和耗用的最大水量,剩余的水量即为汛期难以控制利用的下泄洪水量。汛期能够调蓄和耗用的最大水量为汛期用水消耗量、水库蓄水量和调出外流域水量的最大值,可根据流域未来规划水平年供水预测或需水预测的成果,扣除其重复利用的部分折算成一次性供水量来确定。

汛期难以控制的洪水要综合考虑河流的特性与条件、水资源利用工程状况与规模、水资源开发利用的情景与程度等因素的影响。对于开发利用程度较高的北方河流,重点分析现状开发利用情况;对于南方河流要考虑未来的发展,并适当留有余地。

考虑到各地条件的差异,地表水资源可利用量计算要视不同区域的具体情况而定:大江大河由于河流较大,径流量大、调蓄能力强,地表水资源可利用量既要考虑扣除河道内生态环境和生产需水,同时也要扣除汛期难以利用的洪水量;沿海独流入海河流一般水量较大,但源短流急,水资源可利用量主要受制于供水工程的调控能力;内陆河流生态环境十分脆弱,对河道内生态环境最小需水的要求较高,需要给予优先保证;边界与出境河流除了考虑一般规律,还要参照分水的可能以及国际分水通用规则等因素确定。

(三)地表水资源可利用量

多年平均地表水资源量减去非汛期河道内需水量的外包值,再减去汛期难以控制利用的洪水量的多年平均值以及跨流域调水量,就可得出多年平均情况下地表水资源可利用量。可用下式表示:

$$W_{地表水资源可利用量} = W_{地表水资源量} - W_{河道内需水量外包} - W_{洪水弃水} - W_{跨流域调水} \quad (3-28)$$

扣损法在计算过程中,地表水资源总量是一个已知数,而不可利用的水资源量则根据流域多年天然径流资料分项进行计算,取其多年平均值。

王建生等在全国主要江河上选择了 115 个水系的 144 个主要控制站,按照大江大河、沿海独流入海河流、内陆河流和边界与出境河流 4 种类型分别进行了地表水资源可利用量的计算(见表 3-11)。

表 3-11　全国水资源可利用量计算成果

区域	地表水资源量(亿 m³)	河道内生态环境需水量(亿 m³)	汛期下泄洪水量(亿 m³)	地表水资源可利用量(亿 m³)	地表水资源可利用率(%)	水资源总量(亿 m³)	水资源可利用总量(亿 m³)	水资源总量可利用率(%)
松花江	1 296	304	379	613	47.3	1 492	764	51.2
辽河	408	78	140	190	46.7	498	261	52.3
海河	216	33	73	110	50.9	370	238	64.4
黄河	594	159	110	325	54.7	707	410	58.0
淮河	677	136	223	318	47.0	916	472	51.5
长江	9 857	3 336	3 694	2 827	28.7	9 960	2 827	28.4

续表 3-11

区域	地表水资源量 (亿 m³)	河道内生态环境需水量 (亿 m³)	汛期下泄洪水量 (亿 m³)	地表水资源可利用量 (亿 m³)	地表水资源可利用率 (%)	水资源总量 (亿 m³)	水资源可利用总量 (亿 m³)	水资源总量可利用率 (%)
东南诸河	1 986	602	724	660	33.2	1 993	660	33.1
珠江	4 708	1 342	2 166	1 200	25.5	4 722	1 200	25.4
西南诸河	5 775	1 790	3 176	809	14.0	5 775	809	14.0
西北诸河	1 174	730	0	444	37.8	1 276	502	39.3
北方 5 区	3 191	710	925	1 556	48.8	3 983	2 145	53.9
南方 4 区	22 326	7 070	9 760	5 496	24.6	22 450	5 496	24.5
全国	26 691	8 510	10 685	7 496	28.1	27 709	8 143	29.4

注: 摘自王建生等. 水资源可利用量计算. 水科学进展. 2006, 17(14):549-553。

习 题

1. 在什么情况下要对径流资料进行还原?为什么要进行还原?还原的方法有哪些?

2. 某县水资源分区及河流水系如图 3-10 所示,已知境内可用于计算地表水资源量的水文站有 3 个,各水文站测流断面多年平均径流量如表 3-12 所示,并推算出县境出流断

图 3-10　某县水资源分区及河流水系图

面多年平均径流量(见表3-12)。试经过综合分析判断,用这些水文站多年平均径流量计算各水资源分区及全县的多年平均地表水资源量,并用同样方法计算各分区及全县不同保证率地表水资源量(分区特征见表2-9)。

表3-12 某县水文站河川径流统计参数

水文站编号	SW2-1	SW2-2	SW2-3	县界出流断面	全县
面积(km²)	3 092	1 683	449	4 781	2 398.9
多年平均径流量(亿m³)	13.06	5.51	3.35	21.50	
C_v	0.52	0.55	0.40	0.50	0.50
C_s	3.0C_v				

3. 已知习题2中三水文站25年径流系列(见表3-13),试根据已计算的各分区多年平均地表水资源量,用代表站法推求各分区地表水资源系列,并由各分区系列推求全县系列,然后分析全县地表水资源的年际变化规律。

表3-13 某县水文站天然年径流系列　　　(单位:亿m³)

年份	SW2-1	SW2-2	SW2-3	年份	SW2-1	SW2-2	SW2-3
1966	10.12	4.89	2.23	1979	6.50	2.54	1.77
1967	14.48	5.80	3.88	1980	14.37	5.90	3.77
1968	13.84	5.33	4.42	1981	25.62	15.33	6.59
1969	6.84	2.53	2.21	1982	11.12	4.60	3.17
1970	10.19	4.32	3.34	1983	23.66	10.69	6.15
1971	8.64	3.28	2.66	1984	16.24	6.94	3.41
1972	7.52	2.79	2.23	1985	9.39	3.94	3.04
1973	14.09	4.70	3.99	1986	7.22	3.34	1.75
1974	11.67	4.32	3.47	1987	9.21	3.41	2.87
1975	17.52	7.06	4.70	1988	15.05	6.56	2.89
1976	10.95	4.46	2.86	1989	19.17	8.80	4.59
1977	5.68	2.35	1.84	1990	18.04	8.95	4.18
1978	9.43	4.83	1.78	均值	10.84	4.36	3.05

4. 根据习题2计算的各分区地表水资源量及图3-10所示河流在境内外或区内外的面积,推求各分区及全县的多年平均入境水量和出境水量(境外水量按相邻分区的产水模数计算)。

5. 水资源可利用量的内涵是什么?为什么要进行水资源可利用量的计算?我国常用的计算地表水资源可利用量的方法是什么?

第四章　地下水资源

　　地下水是水资源的重要组成部分。一般评价的地下水是指赋存于饱水带岩土空隙中的重力水。地下水资源数量是指地下水中参与现代水循环且可以更新的动态水量。地下水资源可开采量是指在可预见的时期内,通过经济合理、技术可行的措施,在不引起生态环境恶化条件下允许从含水层中获取的最大水量。

　　地下水资源评价中,一般要求对近期下垫面条件下多年平均浅层地下水资源数量及其时空分布特征进行全面评价;在深层承压水开发利用程度较高的地区,须进行深层承压水资源数量评价。重点评价矿化度小于 2g/L 的淡水资源。

　　地下水资源评价的主要内容包括:收集地形、地貌、水文地质、水文气象资料,地下水动态观测资料,地下水开发利用资料;分析和确定包括给水度、渗透系数、降水入渗补给系数、潜水蒸发系数等水文地质参数;分析确定各平原区、山丘区及水资源评价区的地下水资源量和多年平均浅层地下水资源可开采量。

第一节　资料收集与计算分区

一、资料收集

　　资料的收集是分析计算地下水资源量的基础和前提。

　　需要收集的资料主要有:

　　(1)评价区和邻近区有关的水文资料。包括降水、蒸发、径流、泥沙、水温、气温等资料,应尽量收集水文、气象部门正式刊印的资料。

　　(2)评价分区内的流域特征资料。包括地形、地貌、土壤、植被、河流、湖泊等。分区面积应采用水利部颁布的《全国水资源综合规划分区》的面积,流域面积一般采用水文年鉴最近的刊印成果。

　　(3)区域内水利工程概况。包括大、中型水库的蓄水变量和灌溉面积;引、提水工程的引、提水量及灌溉面积;全区域的灌溉面积、灌溉定额、渠系有效利用系数、田间回归系数等资料。

　　(4)区域水文地质资料。包括岩性分布,地下水平均埋深、矿化度、补给与排泄特性,地下水开采情况,地下水动态观测资料及有关参数分析成果。

　　(5)区域经济社会资料。包括人口、耕地面积(水田、旱田等)、作物组成、耕作制度、工农业产值以及工农业与生活用水情况。

　　(6)水质监测资料。包括水文部门和环保部门的河流水质监测资料,工业、农业和城镇生活的排污量。

　　(7)以往水文、水资源分析计算成果。例如《水文图集》、《水文手册》、《水文特征值统计》以及省级、市县级水资源调查评价成果。

水资源调查评价成果的精度取决于收集的资料的可靠程度。为了保证成果质量,对收集的资料都应进行必要的审查和合理性检查。

二、计算分区

地下水的补给、径流、排泄情势受地形地貌、地质构造及水文地质条件的制约,地下水资源量评价是按照水文地质单元进行的,然后归并到各水资源分区和行政分区。为确定评价方法和选用水文地质参数,需按表4-1划分地下水资源评价类型区。

表4-1　地下水资源评价类型区名称及划分依据一览表

Ⅰ级类型区		Ⅱ级类型区		Ⅲ级类型区	
划分依据	名称	划分依据	名称	划分依据	名称
区域地形地貌特征	平原区	次级地形地貌特征、含水层岩性及地下水类型	一般平原区	水文地质条件、地下水埋深、包气带岩性特征及厚度	均衡计算区Ⅰ、Ⅱ、…
			内陆盆地平原区		
			山间平原区(包括山间盆地平原区、山间河谷平原区和黄土高原台塬区)		
			沙漠区		
	山丘区		一般山丘区		
			岩溶山区		

第二节　水文地质参数的确定方法

水文地质参数是地下水资源评价的最重要的基础资料,包括潜水含水层的给水度、降水入渗补给系数、灌溉入渗补给系数、渗透系数、导水系数、潜水蒸发系数等。

测定这些参数的方法,可以概括为两类:一类是水文地质试验(抽水试验等),这种方法可以在较短时间内得出有关参数的数据,精度较高,因而得到广泛的应用;另一类是利用地下水水位、流量等长期观测资料,经统计分析后求出参数,这是一种比较经济的测定方法,并且测定参数的项目比前者多,可以求出抽水试验不能求得的一些参数(如降水入渗补给系数)。但是由于天然的地下水水位波动幅度相对较小,利用这些资料求得的水文地质参数的精度比抽水试验要低一些,但成本低、适应面广、收效快,所以它们仍然是推求水文地质参数的一种基本方法。

一、稳定流抽水试验法确定水文地质参数

根据稳定流抽水试验资料,应用稳定流公式计算渗透系数 K 或导水系数 T。

(一) 利用单井稳定流抽水试验资料计算渗透系数

当单井抽水试验达到稳定时,可得到抽水稳定时的水位降深值 s 和抽水量 Q。一般情况下,单井稳定流抽水试验要求有三次降深(落程),则得出相应三组数据,即 $s_1,Q_1;s_2,Q_2;s_3,Q_3$。

对于均值、等厚、无限边界的完整井,则:

承压水:

$$K = \frac{0.366Q}{Ms_w}(\lg R - \lg r_w) \tag{4-1}$$

潜水:

$$K = \frac{2.3Q}{\pi(H^2 - h_w^2)}(\lg R - \lg r_w) = \frac{0.732Q}{(2Hs_w - s_w^2)}(\lg R - \lg r_w) \tag{4-2}$$

式中　K——含水层渗透系数,m/d;

　　　Q——抽水稳定流量,m^3/d;

　　　r_w——抽水井孔的半径,m;

　　　H——潜水含水层厚度,m;

　　　M——承压含水层厚度,m;

　　　h_w——潜水含水层抽水稳定后井中水位,m;

　　　s_w——抽水稳定时井内水位降深,m;

　　　R——影响半径,m。

需要指出,利用裘布依公式计算渗透系数时,必须注意影响半径、水跃值、泥浆、混合流以及裘布依假定的失效等因素的影响。

根据单井稳定流抽水试验资料用裘布依公式计算渗透系数 K 往往偏小,这是因为裘布依公式没有考虑井内的三维流问题,采用偏大的降深 s 进行计算。因此,可以采用修正降深的方法对裘布依公式加以修正。

具体方法如下:

首先,绘制 s_w(或 Δh_w^2)~Q 关系曲线。根据稳定流试验三次抽降和流量资料,当承压水时,绘制 s_w~Q 曲线;当潜水时,绘制 Δh_w^2~Q,这里 $\Delta h_w^2 = H^2 - h_w^2$。

实际工作中,s_w(或 Δh_w^2)~Q 曲线有 3 种类型,如图 4-1 所示。s_w(或 Δh_w^2)~Q 关系曲线为直线Ⅰ,即表示不存在三维流,可直接利用式(4-1)、式(4-2)计算渗透系数;若为曲线Ⅱ、Ⅲ,则表明存在三维流,需要修正降深。三维流分布界限就是曲线段与直线段的交接点。

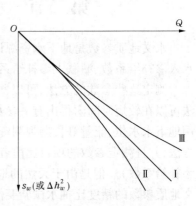

图 4-1　s_w(或 Δh_w^2)~Q 关系曲线

其次,计算由三维流引起的附加降深。s_w(或 Δh_w^2)~Q 关系曲线可用凯列尔公式来拟合,即:

$$s_w = a_1 Q + a_2 Q^2 \tag{4-3}$$

将 Q 除式(4-3),使之线性化,得:

$$\frac{s_w}{Q} = a_1 + a_2 Q \tag{4-4}$$

令　$\xi = \dfrac{s_w}{Q}$（对潜水 $\xi = \dfrac{\Delta h_w^2}{Q}$），则：

$$\xi = a_1 + a_2 Q \tag{4-5}$$

以 ξ 值为纵轴,以 Q 为横轴,即可点绘出 $\xi = f(Q)$ 曲线。$\xi \sim Q$ 线在纵轴上的截距为 a_1,曲线的斜率为 a_2。水位降深的实测值 s 中包括两部分,即 $a_1 Q$ 和 $a_2 Q^2$,应从降深值 s 中减去三维流的附加降深值,这样才能适应裘布依公式的要求。

再次,修正水位降深。

最后,利用裘布依公式计算渗透系数 K 值。

如果具有观测孔资料时,可用坡度法验算渗透系数 K 值。

用下式验算 K 值：

$$K = \frac{2.3Q(\lg r_2 - \lg r_1)}{2\pi M(s_1 - s_2)} = \frac{2.3Q}{2\pi Mi}$$

$$i = \frac{s_1 - s_2}{\lg r_2 - \lg r_1}$$

式中　s_1、s_2——与抽水孔相距 r_1、r_2 的观测孔 1 和观测孔 2 中的水位降深;

　　　i——$s \sim \lg r$ 关系曲线的坡度,故本方法称为坡度法。

计算 K 值所采用的数据必须符合下列要求：

(1)每次抽水量与相应的 $s \sim \lg r$ 关系曲线斜率之比必相等,即：

$$\frac{Q_1}{i_1} = \frac{Q_2}{i_2} = \frac{Q_3}{i_3} \tag{4-6}$$

(2)每次的抽水降深与抽水流量之比也为常数,即：

$$\frac{s_1}{Q_1} = \frac{s_2}{Q_2} = \frac{s_3}{Q_3} \tag{4-7}$$

如果所采用的数据能够满足上述要求,则采用的数据是正确的;否则为不正确,应进行检查、分析、修正,方可用参数计算。

(二)利用多孔稳定流抽水试验资料计算渗透系数

多孔指有两个或两个以上观测孔。

(1)绘制 s(或 Δh^2)$\sim \lg r$ 关系曲线(如图 4-2 所示)。

(2)根据 s(或 Δh^2)$\sim \lg r$ 直线段计算 K。

承压水完整井：

$$K = \frac{0.366Q}{M(s_1 - s_2)}(\lg r_2 - \lg r_1) = \frac{0.366Q}{Mm_r} \tag{4-8}$$

潜水完整井：

$$K = \frac{2.3Q}{\pi(\Delta h_2^2 - \Delta h_1^2)}(\lg r_2 - \lg r_1) = \frac{2.3Q}{\pi m_r} \tag{4-9}$$

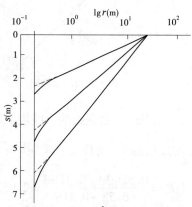

图 4-2　s(或 Δh^2)$\sim \lg r$ 关系曲线

式中　r_1、r_2——抽水孔中心线与观测孔 1、2 中心线的距离，m；

Δh_1、Δh_2——抽水孔中心线相距 r_1、r_2 观测孔中的水位，m；

m_r——直线段的斜率，即承压水 $m_r = \dfrac{s_1 - s_2}{\lg r_2 - \lg r_1}$，潜水 $m_r = \dfrac{\Delta h_2^2 - \Delta h_1^2}{\lg r_2 - \lg r_1}$；

其他符号意义同上。

【**例4-1**】　某抽水试验钻孔平面布置如图 4-3 所示，试验主孔和观测孔过滤器均安装在 67.7 ~ 90.8m 深度的细中砂、局部含砾中粗砂、厚为 23.1m 的承压含水层中，为承压完整井。主孔直径为 305mm，观测孔直径均为 152mm。根据多孔非稳定流和稳定流抽水试验资料（见表 4-2），计算含水层水文地质参数。

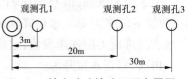

图 4-3　抽水试验钻孔平面布置图

表 4-2　稳定流抽水试验资料

抽降次数	流量 $Q(\text{m}^3/\text{d})$	降深值（m）			
		主孔 s_0	观测孔 1 s_1	观测孔 2 s_2	观测孔 3 s_3
1	1 570	1.385	0.52	0.36	0.31
2	2 384	2.22	0.81	0.61	0.47
3	2 782	2.63	0.94	0.72	0.66

解：利用稳定流抽水试验资料计算含水层水文地质参数。由三次稳定流抽水试验所得的 Q 和 s 值作 $Q \sim s$ 曲线，为一直线形曲线，如图 4-4 所示。

1. 计算影响半径 R

（1）图解法求得 $R = 920\text{m}$，如图 4-5 所示。

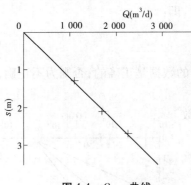

图 4-4　$Q \sim s$ 曲线

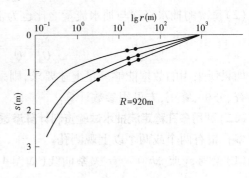

图 4-5　$s \sim \lg r$ 曲线

（2）在图 4-5 各曲线的直线段上取值计算：

将选取的 s、r 值代入公式 $\lg k = \dfrac{s_1 \lg r_2 - s_2 \lg r_1}{s_1 - s_2}$

$$\lg R_1 = \frac{0.52 \lg 30 - 0.31 \lg 3}{0.52 - 0.31} = 2.9523，则 R_1 = 898\text{m}$$

$$\lg R_2 = \frac{0.30 \lg 300 - 0.15 \lg 100}{0.30 - 0.15} = 2.9542，则 R_2 = 900\text{m}$$

$$\lg R_3 = \frac{0.35 \lg 300 - 0.175 \lg 100}{0.35 - 0.175} = 2.954, \text{则} R_3 = 900\text{m}$$

$$R = \frac{R_1 + R_2 + R_3}{3} = 900\text{m}$$

可见,该两种方法所求 R 值接近。

2. 计算渗透系数 K

(1)根据单井稳定流抽水试验资料求 K。计算公式为:

$$K = \frac{Q}{2\pi M s} \ln \frac{R}{r_0}$$

计算得:

$$K_1 = \frac{1\,570}{2\pi \times 23.1 \times 1.385} \ln \frac{920}{0.152} = 68.03(\text{m/d})$$

$$K_2 = \frac{2\,384}{2\pi \times 23.1 \times 2.22} \ln \frac{920}{0.152} = 64.44(\text{m/d})$$

$$K_3 = \frac{2\,782}{2\pi \times 23.1 \times 2.63} \ln \frac{920}{0.152} = 63.48(\text{m/d})$$

$$K = \frac{K_1 + K_2 + K_3}{3} = 65.32(\text{m/d})$$

(2)根据多孔稳定流抽水试验资料求 K。计算公式为:

$$K = \frac{2.3Q}{2\pi M} \times \frac{1}{m} = \frac{2.3Q}{2\pi M} \times \frac{\lg r_2 - \lg r_1}{s_1 - s_2}$$

在图 4-5 各曲线的直线段取值计算:

$$K_1 = \frac{2.3 \times 1\,570}{2\pi \times 23.1} \times \frac{\lg 30 - \lg 3}{0.52 - 0.31} = 118.5(\text{m/d})$$

$$K_2 = \frac{2.3 \times 2\,384}{2\pi \times 23.1} \times \frac{\lg 300 - \lg 100}{0.30 - 0.15} = 120(\text{m/d})$$

$$K_3 = \frac{2.3 \times 2\,782}{2\pi \times 23.1} \times \frac{\lg 300 - \lg 100}{0.35 - 0.175} = 119.8(\text{m/d})$$

$$K \approx 120(\text{m/d})$$

比较该两种方法的计算结果,可见根据单井稳定流抽水试验资料求得的 K 值偏小,故有条件时应尽量利用多孔稳定流抽水试验资料。

二、非稳定流抽水试验法确定水文地质参数

近年来,国内外已普遍把地下水非稳定流的理论应用于抽水试验,它只需要在选定的观测孔中进行一段时间的水位降深观测,而不需要地下水位达到稳定,所以应用比较方便。《地下水资源调查和评价工作技术细则》明确提出,测定给水度以单井非稳定流抽水试验较好。

(一)承压含水层导水系数 T、贮水系数 S 和压力传导系数 a 的确定

1935 年,泰斯(C. V. Theis)首先提出了在承压含水层中非稳定流抽水试验的计算公式,即著名的泰斯公式。假定:①含水层是均质的、等厚的、水平的和无限的;②无垂向补

给;③地下水的初始水力坡度为零;④井是完整的,水流呈缓变流。则可导出泰斯公式,即:

$$s_{(r,t)} = \frac{Q}{4\pi T} W(u) \qquad (4-10)$$

$$u = \frac{r^2}{4at} \qquad (4-11)$$

式中　$s_{(r,t)}$——在承压含水层中,以定流量 Q 抽水时,与抽水孔相距 r 的观测孔中水位在某一时刻 t(从抽水开始时刻算起)的降深,m;

T——导水系数,表示含水层导水能力的大小,在数值上等于渗透系数 K 与含水层厚度 M 的乘积,即 $T = KM$,m²/d;

a——压力传导系数(又称水位传导系数),表示水压力传播速度,在数值上为导水系数 T 与贮水系数 S(潜水时为给水度 μ,承压水时为弹性给水度 μ_e)的比值,即 $a = T/S = T/\mu_e$,m²/d(弹性给水度 μ_e 表示承压含水层当水头下降 1m 时,从单位面积的含水柱体中释放的水量体积);

$W(u)$——井函数,其中 u 为井函数自变量。

井函数 $W(u)$ 是一个指数积分函数,常记为:

$$W(u) = \int_u^\infty \frac{e^{-u}}{u} du \qquad (4-12)$$

1962 年费里斯(Ferris)等编制成井函数表,可供查用。

1. 配线法

根据非稳定流试验条件,当抽水流量 Q 为常数时,常用降深—时间配线法及降深—距离配线法。

1)降深—时间配线法

该法在仅有抽水井和一个观测孔时适用。相关公式如下:

$$s = \frac{Q}{4\pi T} W(u) \qquad (4-13)$$

$$u = \frac{r^2}{4at} \qquad (4-14)$$

$$t = \frac{r^2}{4a} \cdot \frac{1}{u} \qquad (4-15)$$

由于观测孔的位置是固定的,水文地质参数亦为定值,即 $r^2/4a$ 为一常数。

分别对式(4-13)和式(4-15)取对数,则有:

$$\lg s = \lg \frac{Q}{4\pi T} + \lg W(u) \qquad (4-16)$$

$$\lg t = \lg \frac{r^2}{4a} + \lg \frac{1}{u} \qquad (4-17)$$

即:

$$\lg s = \lg W(u) + C_1 \qquad (4-18)$$

$$\lg t = \lg \frac{1}{u} + C_2 \qquad (4-19)$$

由式(4-18)和式(4-19)可以看出,当在对数坐标纸上绘制 $\lg s \sim \lg t$ 关系曲线时,就相当于绘制 $(\lg W(u) + C_1) \sim (\lg \frac{1}{u} + C_2)$ 关系曲线,或者可以说, $\lg W(u) \sim \lg \frac{1}{u}$ 关系曲线与 $\lg s \sim \lg t$ 关系曲线形状相同,仅是纵横坐标各差一个常数 C_1 和 C_2 。降深—时间配线法便是由此提出来的。

具体做法是,将观测孔不同时间所观测的水位降深值点绘在透明的双对数坐标纸上(见图4-6),并与事先在双对数坐标纸上做好的理论标准曲线(亦称量板)重叠(对数纸 a 与量板 b 采用同一模数),使两对数纸的纵横坐标分别平行,平移对数纸 a ,使实测点"重合"在理论标准曲线上,见图4-7,选出配合点,读出相应的 $W(u)$ 、 $\frac{1}{u}$ 、 s 和 t ,代入式(4-13)和式(4-14),即可求得 T 值和 a 值。

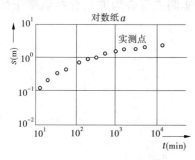

图 4-6　实测 $s \sim t$ 关系图

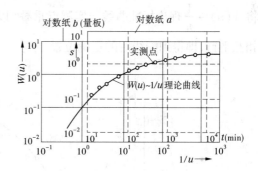

图 4-7　 $s \sim t$ 配线图

为了使配线取得较好的效果,应当使 $\lg s \sim \lg t$ 曲线有较大的曲率。即不仅能观测到相当于标准曲线的平缓部分,更重要的在于观测到曲线的陡峻部分。因而,抽水初期的观测数据相当重要,应加密观测次数,使曲线在每个对数周期内有 $8 \sim 10$ 个点,并力求观测数据正确可靠。为了保证能观测到抽水初期的水位,观测孔位置的选择很重要,距抽水井过近或过远都是不适宜的。

【例4-2】　某承压井深度946m,抽水流量 $Q = 21.5 L/s$,观测孔距抽水井距离 r 为1 450m,孔深为1 004m,从1973年2月8日进行抽水试验,观测资料见表4-3。

表 4-3　某深井抽水试验资料

观测时间					抽水井	观测孔	
月	日	时	分	累计时间 (min)	出水量 (m³/h)	水位(m)	降深(m)
2	8	11 16	15 0	285	77.45 77.45	3.404 3.455	0 0.051
2	9	8 16	0 0	1 245 1 725	77.45 77.45	4.435 4.965	1.031 1.561
2	10	16	0	3 165	77.45	6.495	3.091

续表 4-3

观测时间					抽水井	观测孔	
月	日	时	分	累计时间 （min）	出水量 （m³/h）	水位（m）	降深（m）
2	11	8	0	4 125	77.45	6.655	3.251
		16	0	4 605	77.45	6.855	3.451
2	12	8	0	5 565	77.45	7.250	3.846
		16	0	6 045	77.45	7.425	4.021
		18	45	6 210	停泵		

解：首先将试验数据点绘在透明双对数坐标纸上，如图 4-8 中配线图上的小圆圈。然后将 $W(u) \sim \dfrac{1}{u}$ 理论标准曲线与实测点重叠（以大部分实测点重叠为准），保持纵横坐标轴相互平行，即得到配线后的正确位置。

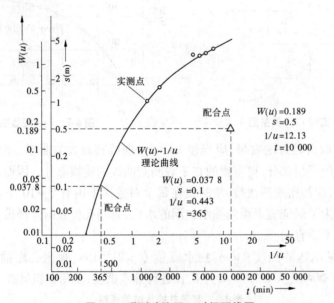

图 4-8　观测孔降深—时间配线图

任选一配合点，并查出相应的坐标值 $W(u)$、s、$\dfrac{1}{u}$ 和 t 值，它们分别为 $W(u) = 0.037\,8$，$s = 0.1\,\text{m}$，$\dfrac{1}{u} = 0.443$，$t = 365\ \text{min}$。

将这些值代入式（4-13）和式（4-14），得：

$$T = \frac{Q}{4\pi s}W(u) = \frac{21.5 \times 86.4}{4 \times 3.14 \times 0.1} \times 0.037\,8 = 55.9\ (\text{m}^2/\text{d})$$

$$a = \frac{r^2}{4t}\frac{1}{u} = \frac{1\,450^2 \times 1\,440 \times 0.443}{4 \times 365} = 9.18 \times 10^5\ (\text{m}^2/\text{d})$$

需要说明的是，配合点也可以不在曲线上选。从式（4-18）和式（4-19）可以看出，$\lg t$

与 $\lg\dfrac{1}{u}$ 及 $\lg s$ 与 $\lg W(u)$ 的差值均为一常数,因而配线后,任一对应的 t、$\dfrac{1}{u}$ 及 s、$W(u)$ 值即为其解。

下面根据配合点外的任一点值进行计算,从图 4-8 中查得 $W(u)=0.189$,$s=0.5$ m,$\dfrac{1}{u}=12.13$,$t=10\,000$ min,则:

$$T=\frac{Q}{4\pi s}W(u)=\frac{21.5\times86.4}{4\times3.14\times0.5}\times0.189=55.9\,(\text{m}^2/\text{d})$$

$$a=\frac{r^2}{4t}\frac{1}{u}=\frac{1\,450^2\times1\,440\times12.13}{4\times10\,000}=9.18\times10^5\,(\text{m}^2/\text{d})$$

两种算法的结果完全一样。

为便于计算,在确定配合点时,宜选取整数值,如 $W(u)=1$,$\dfrac{1}{u}=10$,再找对应的 s 值及 t 值即可。

2)降深—距离配线法

当进行有多个观测孔的抽水试验时,可采用降深—距离配线法确定水文地质参数。这样求得的参数代表观测孔所控制范围的含水层水文地质参数的平均值。

从式(4-14)可知,当时间为定值时,u 与 r^2 成正比,即:

$$u=\frac{1}{4at}r^2$$

其中,$\dfrac{1}{4at}$ 为一常数,对照式(4-13)和式(4-14),同样可以看出 $r^2\sim s$ 的关系和 $W(u)\sim u$ 的关系也是一致的。式(4-14)两边取对数,得:

$$\lg u=\lg\frac{1}{4at}+\lg r^2 \tag{4-20}$$

即:

$$\lg u-\lg r^2=\lg\frac{1}{4at}=常数 \tag{4-21}$$

与降深—时间配线法一样,在双对数坐标纸上绘制 $W(u)\sim u$ 标准曲线,并点绘同一时刻各观测孔距抽水井距离平方与相应降深曲线,即 $s\sim r^2$ 对数关系曲线。进行配线即可求解参数 a 和 T。

2. 直线解析法

当抽水时间较长或观测孔距抽水井较近,满足 $u\leqslant0.01$(即 $t\geqslant25\dfrac{r^2}{a}$)时,泰斯公式简化为:

$$s=\frac{0.183Q}{T}\lg\frac{2.25at}{r^2}=\frac{0.183Q}{T}\lg\frac{2.25a}{r^2}+\frac{0.183Q}{T}\lg t \tag{4-22}$$

因 Q、T、a、r 皆为常数,令:

$$\frac{0.183Q}{T}\lg\frac{2.25a}{r^2}=A\,(\text{常数})$$

$$\frac{0.183Q}{T}=B\,(\text{常数})$$

则：

$$s = A + B\lg t \qquad (4\text{-}23)$$

上式表示一个观测孔的水位降深 s 与时间 t 的对数，在抽水持续一定时间后呈直线关系，见图4-9。A 为直线的截距，B 为直线的斜率，故 $B = \dfrac{s_2 - s_1}{\lg t_2 - \lg t_1}$。又因 $B = \dfrac{0.183Q}{T}$，所以：

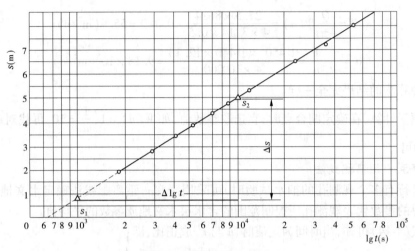

图4-9　$s = f(\lg t)$ 关系图

$$\frac{0.183Q}{T} = \frac{s_2 - s_1}{\lg t_2 - \lg t_1}$$

则：

$$T = \frac{0.183Q}{s_2 - s_1}\lg\frac{t_2}{t_1} \qquad (4\text{-}24)$$

若取 $t_2 = 10t_1$，则：

$$T = \frac{0.183Q}{s_2 - s_1} \qquad (4\text{-}25)$$

为求 a 值，将直线延长与横坐标轴相交，交点坐标为 $(0, t_0)$，代入泰斯简化公式，则：

$$s = \frac{0.183Q}{T}\lg\frac{2.25at_0}{r^2} = 0$$

$$\lg\frac{2.25at_0}{r^2} = 0$$

$$\frac{2.25at_0}{r^2} = 1$$

$$\frac{1}{a} = \frac{2.25t_0}{r^2} \qquad (4\text{-}26)$$

从而得：$\mu_e = \dfrac{T}{a}$。

同理，可以推导 $s \sim \lg r$、$s \sim \lg\dfrac{r^2}{t}$ 或 $s \sim \lg\dfrac{t}{r^2}$ 的直线解析公式。

【例4-3】　某抽水井深120m,取水段80～110m,观测井深160m,距抽水井的距离为

43m,抽水试验记录见表4-4。

表4-4　抽水试验记录

观测时间				累计时间 (min)	抽水井 抽水流量 (m³/h)	观测井	
月	日	时	分			水位 (m)	降深 (m)
6	8	13	30	0	60	42.04	0
6	8	13	40	10	60	42.77	0.73
6	8	13	50	20	60	43.32	1.28
6	8	14	0	30	60	43.57	1.53
6	8	14	10	40	60	43.76	1.72
6	8	14	30	60	60	44.00	1.96
6	8	14	50	80	60	44.18	2.14
6	8	15	10	100	60	44.32	2.28
6	8	15	30	120	60	44.43	2.39
6	8	16	0	150	60	44.58	2.54
6	8	17	0	210	60	44.81	2.77
6	8	18	0	270	60	45.03	2.99
6	8	19	0	330	60	45.14	3.10
6	8	0	15	645	60	45.50	3.46
6	8	4	4	874	60	45.78	3.74

　　解:将实测数据点绘在单对数纸上,找出呈直线关系的线段,如图4-10所示,$t >$ 30min 后 $s \sim \lg t$ 呈直线关系。从图中查得在 $t_1 = 30$min,$t_2 = 300$min 时,$\Delta s = 1.45$m,代入式(4-25),得:

$$T = \frac{0.183Q}{s_2 - s_1}\lg\frac{t_2}{t_1} = \frac{0.183Q}{\Delta s}\lg\frac{t_2}{t_1}$$

$$= \frac{0.183 \times 60 \times 24}{1.45} \times \lg\frac{300}{30} = 182(\text{m}^2/\text{d})$$

当 $s = 0$ 时,$t_0 = 2.7$,代入式(4-26),得:

$$a = \frac{r^2}{2.25t_0} = \frac{43^2 \times 1\,440}{2.25 \times 2.7} = 4.38 \times 10^5(\text{m}^2/\text{d})$$

3. 水位恢复法

当抽水停止后,地下水位随时间逐渐上升恢复,可利用水位恢复过程资料求水文地质参数。由于水位恢复过程中,排除了抽水过程中的一些因素的干扰,计算结果较接近实际情况,同时能对用抽水资料

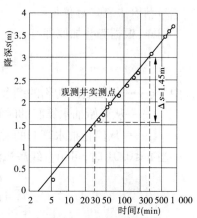

图 4-10　$s \sim \lg t$ **直线关系图**

所求的水文地质参数起校核作用。

1）抽水稳定后停抽

抽水稳定后的降深为 s_0，停抽后任意时间 t，距水井 r 处的水位剩余降深值 s_r 可根据势叠加原理表示，即：

$$s_r = s_0 - \frac{Q}{4\pi T}W(u) \tag{4-27}$$

其中，$\frac{Q}{4\pi T}W(u)$ 取负值是因为水位恢复时，恢复水位与抽水降深是相反的。

当 $u \leqslant 0.01$ 时，即当观测孔距离 r 值不大时，$s_r \sim \lg t$ 很快呈直线关系（见图 4-11），因此可用直线解析法。方法同前。

当 $u > 0.01$ 时，即在停抽初期，T 值采用下式求解：

$$T = \frac{Q}{4\pi(s_0 - s_1)}W(u_1) \tag{4-28}$$

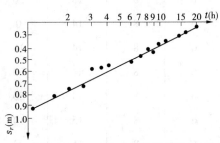

图 4-11　$s_r = f(\lg t)$ 直线关系图

$W(u_1)$ 可用下面方法求得：选择任意 u_1，按 $u_2 = \frac{u_1 t_1}{t_2}$ 计算 u_2 值，查表得 $W(u_1)$、$W(u_2)$，代入下式求解，即：

$$\frac{s_0 - s_1}{s_0 - s_2} = \frac{W(u_1)}{W(u_2)} \tag{4-29}$$

式中　u_1、u_2——与 t_1 及 t_2（停抽起算）相对应之水位降深值。

进行试算时，应使式（4-29）两端相等，然后求出 $W(u_1)$ 值，代入式（4-28），即可求得 T 值。

将求出的 u_1 值代入下式之中，即可求得 a 值，即：

$$a = \frac{r^2}{4u_1 t_1} \tag{4-30}$$

2）抽水未稳定后停抽

同样，根据势叠加原理有：

$$s_r = \frac{Q}{4\pi T}W(\frac{r^2}{4at}) - \frac{Q}{4\pi T}W(\frac{r^2}{4at_p}) \tag{4-31}$$

式中　s_r——停抽后某时刻的剩余降深；

　　　t——从开始抽水算起的时间；

　　　t_p——从停止抽水算起的时间。

当 $u \leqslant 0.01$ 时，可用直线解析法求解，即：

$$s_r = \frac{Q}{4\pi T}(\ln\frac{2.25at}{r^2} - \ln\frac{2.25at_p}{r^2}) \tag{4-32}$$

$$s_r = \frac{2.3Q}{4\pi T}\lg\frac{t}{t_p} \tag{4-33}$$

绘制 $s_r \sim \lg \dfrac{t}{t_p}$ 关系曲线(直线),用前述方法可求 T、a 值。

在求得承压含水层的导水系数 T 和压力传导系数 a 之后,便可按下式求出 $S(\mu_e)$,即:

$$S = \mu_e = \frac{T}{a} = \frac{KM}{a} \tag{4-34}$$

在我国北方一些地区的承压含水层中进行的抽水试验表明,μ_e 值大多变化于 $1 \times 10^{-5} \sim 1 \times 10^{-4}$。

若弹性给水度 μ_e 除以含水层厚度 M,则得"比释水系数"(亦称弹容系数、贮水率)。

所谓弹容系数,系指水头压力变化一个单位(1m)时,从单位体积($1m^3$)承压含水层中释放出的水量。单位为 $1/m$。

有关科研生产部门测得的各种岩层的比释水系数如表4-5所示。

表 4-5　各种岩层的比释水系数

岩层	比释水系数	岩层	比释水系数
塑性黏土	$1.9 \times 10^{-3} \sim 2.4 \times 10^{-4}$	密实沙土	$1.9 \times 10^{-5} \sim 1.3 \times 10^{-5}$
固结黏土	$2.4 \times 10^{-4} \sim 1.2 \times 10^{-4}$	密实砂砾	$9.4 \times 10^{-4} \sim 4.6 \times 10^{-6}$
稍硬黏土	$1.2 \times 10^{-4} \sim 8.5 \times 10^{-5}$	裂隙岩层	$1.9 \times 10^{-4} \sim 3.0 \times 10^{-7}$
松散沙土	$9.4 \times 10^{-5} \sim 4.6 \times 10^{-5}$	固结岩层	3.0×10^{-7}以下

(二)潜水含水层给水度 μ、贮水系数 S、渗透系数 K 和导水系数 T 的确定

潜水含水层水文地质参数,主要是指含水层的渗透系数和给水度。确定方法有直线解析法、配线法等。

1.直线解析法确定渗透系数

当抽水降深较小,$s < 0.1H_0$ 时,可用含水层的平均厚度代替泰斯公式中的含水层厚度 M,即用 $\dfrac{H_0 + h}{2}$ 代替 M。其中,H_0 为潜水含水层厚度(m);h 为动水位至含水层底板深度(m)。

当 $u \leqslant 0.01$ 时,有:

$$s = \frac{2.3Q}{4\pi K \dfrac{H_0 + h}{2}} \lg \frac{2.25at}{r^2} \tag{4-35}$$

经变换,则有:

$$H_0 - h = \frac{2.3Q}{2\pi K(H_0 + h)} \lg \frac{2.25at}{r^2}$$

$$H_0^2 - h^2 = \frac{2.3Q}{2\pi K} \lg \frac{2.25at}{r^2}$$

$$h^2 = H_0^2 - \frac{2.3Q}{2\pi K} \lg \frac{2.25at}{r^2} = H_0^2 - \frac{2.3Q}{2\pi K}\left(\lg \frac{2.25a}{r^2} + \lg t\right) \tag{4-36}$$

令 $:A = H_0^2 - \dfrac{2.3Q}{2\pi K}\lg\dfrac{2.25a}{r^2}, B = \dfrac{2.3Q}{2\pi K}$,则:

$$h^2 = A - B\lg t \qquad\qquad (4\text{-}37)$$

式(4-37)为一直线方程式(见图 4-12),截距 A 和斜率 B 中包含所要求的参数。计算方法同前。

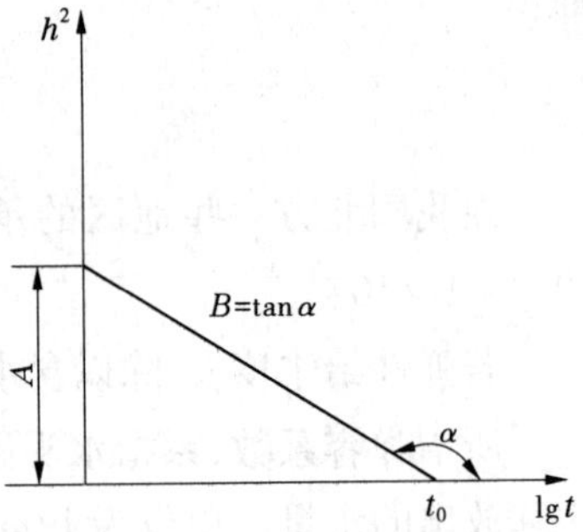

2. 泰斯公式配线法

当 $0.1H < s < 0.3H$ 时,可用泰斯公式配线法,但要用修正降深 s_c 代替公式中的降深 s ,并用潜水含水层厚度 H_0 代替 M ,即:

$$s_c = s - \dfrac{s^2}{2H_0} \qquad\qquad (4\text{-}38)$$

$$s_c = \dfrac{Q}{4\pi K H_0}W(u) = \dfrac{Q}{4\pi T}W(u) \qquad (4\text{-}39)$$

式中　s_c——修正后的降深值,m。

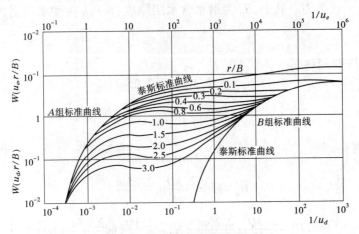

图 4-12　$h^2 = f(\lg t)$ 直线关系图

可用前述的承压水泰斯公式,通过配线法确定有关参数。

3. 布尔顿(Boulton)公式配线法

若需考虑抽水过程中的延迟(滞后)释水作用,则可用以下公式:

$$s = \dfrac{Q}{4\pi T}W\left(u_e, u_d, \dfrac{r}{B}\right) \qquad\qquad (4\text{-}40)$$

抽水初期,式(4-40)可简写为:

$$s = \dfrac{Q}{4\pi T}W\left(u_e, \dfrac{r}{B}\right) \qquad\qquad (4\text{-}41)$$

抽水后期,式(4-40)可简写为:

$$s = \dfrac{Q}{4\pi T}W\left(u_d, \dfrac{r}{B}\right) \qquad\qquad (4\text{-}42)$$

根据以上各式,可绘制出潜水非稳定流标准曲线(见图 4-13)。可利用非稳定流抽水试验资料,用时间—降深配线法确定有关参数。

图 4-13　潜水非稳定流标准曲线

潜水标准曲线虽有适于抽水初期的 A 组曲线和抽水后期的 B 组曲线之分,但配线方法与承压含水层是相同的。

确定参数时,首先将抽水试验过程中测得的观测孔水位与时间的关系点绘在双对数坐标纸上,然后利用 $s \sim t$ 曲线的前半部分选配 A 组标准曲线,查得相应的 $\frac{1}{u_e}$、$\frac{r}{B}$、$W(u_e, \frac{r}{B})$、t、s 值,由式(4-40)和下式:

$$\mu_e = \frac{4Tt}{r^2 \cdot \dfrac{1}{u_e}}$$

即可求得 T 和 μ_e 值。

再根据 $s \sim t$ 曲线的后半部分,选择 B 组标准曲线,但应注意 $\frac{r}{B}$ 值与 A 组曲线选配的值是一致的,确定配合点,查得相应的 $\frac{1}{u_d}$、$W(u_d, \frac{r}{B})$、s、t 值,代入式(4-40)和下式:

$$\mu_d = \frac{4Tt}{r^2 \cdot \dfrac{1}{u_d}} \tag{4-43}$$

即可求得 T 及 μ_d。

以上式中,μ_e、μ_d 分别相当于潜水含水层的弹性给水系数和重力给水度。

根据前文中的给水度 μ、贮水系数 S、渗透系数 K 和导水系数 T 之间的相互关系,如 $S = \mu_e = \frac{T}{a} = \frac{KM}{a}$。给水度 μ 和贮水系数 S 在数值上是一样的。导水系数 $T = KM$,M 为含水层厚度,a 为压力传导系数。根据 μ 和 T 就可以求得 S 和 K。

三、利用地下水动态观测资料确定水文地质参数

(一)利用动态资料和开采量资料确定潜水含水层的给水度

在开采区水井分布比较均匀,开采强度基本相同的情况下,若侧向补给比较微弱,且潜水蒸发可以忽略不计,则可以选取无降雨和灌水补给的时段,进行给水度计算。在此情况下,地下水位下降主要是由于开采引起的,可以根据区内的开采量与平均地下水位下降值 Δh_p,用式(4-44)计算潜水含水层的给水度,即:

$$\mu = \frac{h_w}{\Delta h_p} \tag{4-44}$$

式中　　h_w——单位面积平均开采量,以平均含水层厚度计,m;

　　　　Δh_p——地下水位平均下降值,m。

采用这种方法计算给水度时,计算时段越长,开采量越大,水位降深越大,计算精度越高。但在选择计算时段时,应注意避免动水位变化的影响。

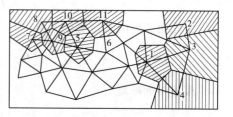

图4-14　各观测井控制面积示意图

为了提高 μ 值的计算精度,一般应在开始抽水后至停止抽水前这一时期内选取计算时段,这样就可以在一定程度上消除动水位的影响。

此外,为了提高精度,时段前后水位应采取全区水位的加权平均值。每个观测井所控制的面积,可通过该井与周围各观测井连线中点作垂线求得,如图 4-14 所示的阴影部分面积。

平均地下水位 h_p、平均地下水埋深 Δ_p、平均地下水位变幅 Δh_p,可用以下公式求得:

$$h_p = \sum a_i \frac{h_i}{A} = \sum p_i h_i \qquad (4\text{-}45)$$

$$\Delta_p = \sum a_i \frac{\Delta_i}{A} = \sum p_i \Delta_i \qquad (4\text{-}46)$$

$$\Delta h_p = \sum a_i \frac{\Delta h_i}{A} = \sum p_i \Delta h_i \qquad (4\text{-}47)$$

式中:a_i 为第 i 个观测井控制的面积;h_i 为第 i 个观测井的地下水位;Δ_i 为第 i 个观测井的地下水位埋深;Δh_i 为第 i 个观测井的地下水位变幅;p_i 为第 i 个观测井控制面积 a_i 与总面积 A 的比值;A 为计算区总面积。

用这种方法计算平均地下水位变幅,不需要绘制水位变幅图,也不需要计算不同水位变幅所占的面积,故较为简便。

(二)利用动态资料用有限差分法确定参数

有限差分法是一种近似求解渗流方程,特别是求解非稳定渗流方程的重要方法,它被广泛用来根据动态资料计算水文地质参数。

如图 4-15 所示,从含水层中分离出一个计算段,再将它用断面 $n-1$、n、$n+1$ 划分出上、中、下游三个断面。

若取单位宽度的含水层加以分析,则在 Δt 时段内流进的水量为:

$$q_1 = K\left(\frac{h_{n-1,s+1} + h_{n,s+1}}{2} \cdot \frac{H_{n-1,s+1} - H_{n,s+1}}{L_{n-1,n}}\right)\Delta t \qquad (4\text{-}48)$$

在 Δt 时段内流出的水量为:

$$q_2 = K\left(\frac{h_{n,s+1} + h_{n+1,s+1}}{2} \cdot \frac{H_{n,s+1} - H_{n+1,s+1}}{L_{n-1,n}}\right)\Delta t \qquad (4\text{-}49)$$

在 Δt 时段内的入渗量 q_3,可用研究段长度乘以入渗强度而得,即:

$$q_3 = W\left(\frac{1}{2}L_{n-1,n} + \frac{1}{2}L_{n,n+1}\right)\Delta t \qquad (4\text{-}50)$$

在 Δt 时段内,所取研究段的含水层中潜水位随时间的变动值为:

$$\Delta H_n = H_{n,s+2} - H_{n,s} \qquad (4\text{-}51)$$

由此而产生的水量变化值为:

$$q_4 = \mu(H_{n,s+2} - H_{n,s})\left(\frac{L_{n-1,n} + L_{n,n+1}}{2}\right) \qquad (4\text{-}52)$$

按水均衡原理有:

$$q_1 - q_2 + q_3 = q_4 \qquad (4\text{-}53)$$

综合前述各式,求得底板为任意坡度的一维差分方程式为:

$$\frac{H_{n,s+2}-H_{n,s}}{\Delta t}=\frac{2K}{\mu(L_{n-1,n}+L_{n,n+1})}\left(\frac{h_{n-1,s+1}+h_{n,s+1}}{2}\frac{H_{n-1,s+1}-H_{n,s+1}}{L_{n-1,n}}-\right.$$

$$\left.\frac{h_{n,s+1}+h_{n+1,s+1}}{2}\frac{H_{n,s+1}-H_{n+1,s+1}}{L_{n,n+1}}\right)+\frac{W}{\mu}\qquad(4\text{-}54)$$

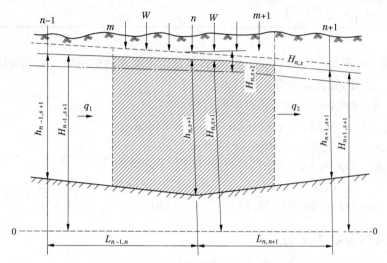

图 4-15　潜水非稳定流有限差分法计算图

上线—在时间间隔 Δt 末了瞬间 $s+2$ 的降落曲线

中线—在同一时间间隔内中间瞬间 $s+1$ 的降落曲线

下线—在同一时间间隔内开始瞬间 s 的降落曲线

图中符号意义为：$H_{n,s+2}$—在末了瞬间 $s+2$ 时刻 n 断面上的地下水位；

$H_{n,s}$—在观测期间开始瞬间 s 时刻 n 断面上的地下水位；

$h_{n-1,s+1}$、$h_{n,s+1}$、$h_{n+1,s+1}$—$s+1$ 时刻上、中、下游各断面上的含水层厚度；

$H_{n-1,s+1}$、$H_{n,s+1}$、$H_{n+1,s+1}$—$s+1$ 时刻上、中、下游各断面的地下水位；

$L_{n-1,n}$、$L_{n,n+1}$—上游至中游、中游至下游断面间的距离。

若入渗强度 $W=0$，且含水层底板是水平的，即 $H_{n-1,s+1}=h_{n-1,s+1}$、$H_{n,s+1}=h_{n,s+1}$、$H_{n+1,s+1}=h_{n+1,s+1}$，则得计算给水度的简化公式为：

$$\mu=\frac{K\Delta t}{(L_{n-1,n}+L_{n,n+1})(h_{n,s+2}-h_{n,s})}\left(\frac{h_{n-1,s+1}^2-h_{n,s+1}^2}{L_{n-1,n}}-\frac{h_{n,s+1}^2-h_{n+1,s+1}^2}{L_{n,n+1}}\right)\qquad(4\text{-}55)$$

式中　K——含水层渗透系数；

μ——含水层给水度或有效孔隙率；

W——入渗强度；

Δt——自时刻 s 到时刻 $s+2$ 所经过的时间。

若 μ 为已知，则可变化式(4-54)，用以计算入渗强度 W。

【例4-3】　无入渗期间，在3个位于地下水流向上的观测井中实测的水位动态资料如表4-6所列，试用这些资料计算给水度 μ 值。已知含水层为细砂组成，渗透系数 $K=8.83$m/d，隔水底板可视为水平的，底板标高为121.00m，观测孔1至2相距830m，观测孔2至3相距1 630m。

表 4-6　水位观测资料

观测时间	水位标高（m）		
	观测孔 1	观测孔 2	观测孔 3
1970 年 1 月 2 日	—	147.81	—
1970 年 1 月 30 日	148.30	147.75	144.96
1970 年 2 月 28 日	—	147.69	—

解：因 $W=0$，不计蒸发，则潜水位之降落仅是地下水出流的结果。据此可用式（4-55）计算给水度。为此，先计算出有关的值。

$\Delta t = 57$ 天，即观测时段始末相距时间；

$h_{n,s}$、$h_{n,s+1}$、$h_{n,s+2}$ 分别为 26.81m、26.75m 及 26.69m；

$h_{n-1,s+1}$、$h_{n+1,s+1}$ 分别为 27.30m 和 23.96m。

将已知值代入式（4-55），得：

$$\mu = \frac{8.83 \times 57}{(830 + 1\,630) \times (26.69 - 26.81)} \times \left(\frac{27.30^2 - 26.75^2}{830} - \frac{26.75^2 - 23.96^2}{1\,630}\right) = 0.087$$

四、用其他方法确定有关参数

（一）降雨入渗补给系数 α 的确定

降雨量中，渗入地下转化为地下水的数量称为降雨入渗量。降雨入渗量通常通过降雨入渗系数表示。所谓降雨入渗系数，即是在同一面积上，雨水渗入补给地下水的数量占降雨量的百分数，即：

$$\alpha = \frac{Q_n}{X} \tag{4-56}$$

式中　Q_n——降雨入渗量（以水柱高度计），mm；

　　　X——降雨量，mm。

下面介绍几种 α 的确定方法。

1. 根据动态观测资料确定 α 值

在以降雨为补给源的地区，在每次中雨或大雨之后，地下水位会显著升高。随后，由于排泄作用，地下水位又缓慢下降，升高的水位反映了入渗地层中入渗水量的多少，该量和降雨量可以通过长期观测取得，二者之比值即为降雨入渗系数。

因：　　　　　　$Q_n = \Delta H \mu$

故：　　　　　　$\alpha = \dfrac{\Delta H \mu}{X}$　　　（4-57）

若考虑雨前地下水位的变化（见图 4-16），则降雨入渗系数也可以用式（4-58）表示，即：

$$\alpha = \frac{\mu(H_{\max} - H + \Delta ht)}{X} \tag{4-58}$$

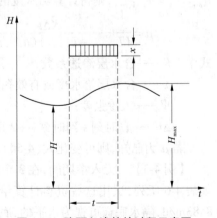

图 4-16　降雨入渗补给过程示意图

式中 ΔH——降雨后入渗补给水量使地下水位增高的高度,m;

X——在水位上升期间以水层厚度表示的降雨量,m;

H——降雨前观测孔中的水柱高度,m;

H_{max}——降雨后观测孔中的最大水柱高度,m;

t——从 H 增大到 H_{max} 的时间,d;

Δh——降雨前的地下水位天然平均降速,m/d;

μ——降雨入渗地层的给水度。

该法的优点是概念明确,方法简单,但其计算精度受 μ 值选取是否正确的影响很大,同时在计算 ΔH 时,式(4-57)没有考虑地下水的水平运动和蒸发,因而求得的 α 值也只能是近似的。

2.利用直线斜率法确定 α 值

按水均衡原理,在无地表水补给的情况下有:

$$Q_n = X - Y - Z \tag{4-59}$$

令:

$$h = X - Y$$

则:

$$Q_n = h - Z \tag{4-60}$$

式中 Q_n——降雨入渗量,mm;

Y——年总径流深度,mm;

Z——年蒸发量,mm;

X——年降雨量,mm。

通过变换,利用式(4-60)得:

$$\alpha = \frac{h - Z}{X} \tag{4-61}$$

或

$$h = Z + \alpha X \tag{4-62}$$

上式的形式属直线方程,如根据实际资料证明确为直线方程,则入渗系数 α 为该直线的斜率。这样,只要求得斜率,即确定了 α 值。

该法的优点是应用简便,只要有径流和降雨两项资料即能求得 α。但方法本身存在着缺点和问题,例如,在均衡方程中没有考虑包气带的作用,且当存在其他补排条件时便不能应用。一般在覆盖层薄、透水性好的基岩裂隙水或岩溶水分布地区,该法计算结果可能接近于实际数值。

3.根据试验场观测数据选用 α 值

考虑到降雨入渗系数与土壤性质和地下水埋深有关,可参照我国某些试验场所得的资料(见表4-7),加以选用。

表 4-7 不同地下水埋深条件下多年平均降雨入渗系数 α 值(以降雨量的百分数计)

岩性	地下水埋深(m)				
	0.5	1.0	1.1	2.0	3.0
亚黏土	47.0	35.1	28.1	23.7	20.8
亚沙土	46.4	36.9	31.4	28.0	—
黄土质亚沙土	56.9	42.6	34.1	28.7	25.2
粉细沙	56.6	48.7	43.7	29.1	—
砂砾石	65.7	67.6	68.7	69.0	64.4

应当指出,降雨入渗时,地下水面以上土层的蓄水能力除取决于地下水埋深,还与前期降雨的多少或年内降水丰枯程度有关,因而有些地区在确定降雨入渗系数 α 时,还需考虑到气候条件或年降雨量的多少,如表 4-8 所示。

表 4-8　某地区不同降雨年份降雨入渗补给系数 α 值(以降雨量的百分数计)

地下水埋深(m)	年降雨量(mm)						
	300	400	500	600	700	800	900
0.5	39.0	39.5	41.0	44.0	48.1	52.1	55.2
1.0	12.0	20.0	26.0	32.1	38.8	44.6	49.9
2.0	0	6.2	12.2	19.7	26.0	31.0	35.2
3.0	0	3.8	10.4	16.1	21.4	25.8	29.2
4.0	0	1.3	7.6	13.0	18.0	22.3	25.6

(二)灌溉入渗补给系数

当引外水灌溉时,灌溉水经由渠系进入田间,灌溉水入渗对地下水的补给称为灌溉入渗补给。它可分渠系的渗漏补给与田间灌溉入渗补给两类。两者的入渗形式是不同的,前者沿渠道呈条带状下渗;后者是由整个田块呈面状下渗,与降雨入渗的形态相似。因此,用来计算补给量的水文地质参数——渠系渗漏补给系数 m 和田间灌溉入渗补给系数 β 也是不同的。

当利用当地的水源(例如抽引地下水)进行灌溉,灌溉水入渗后地下水得到的补给应称之为灌溉回归。它是当地的水资源重复量,不能作为地下水补给量。所以,灌溉入渗补给与灌溉回归应区别开来。

下面就渠系渗漏补给系数 m、灌溉入渗补给系数 β 以及井灌回归系数 $\beta_{井}$ 的测定方法介绍如下。

1. 渠系渗漏补给系数的确定方法

渠系渗漏补给系数 m 为渠系渗漏补给地下水的水量与渠首引水量的比值,即:

$$m = \frac{Q_{引} - Q_{净} - Q_{损}}{Q_{引}} \tag{4-63}$$

令:

$$\eta = \frac{Q_{净}}{Q_{引}} \tag{4-64}$$

则:

$$m = (1 - \eta) - \frac{Q_{损}}{Q_{引}}$$

为简化起见,对 $(1 - \eta)$ 乘以折减修正系数,以代替右端应减去项 $\dfrac{Q_{损}}{Q_{引}}$,写成如下的形式:

$$m = r(1 - \eta)$$

式中　$Q_{引}$——渠首引水量,可用实测的水文资料和调查资料,计算多年平均渠系渗漏补给量时,$Q_{引}$ 可选用平水年资料;

$Q_净$——经由渠系输送到田间的净灌水量；

$Q_损$——渠系输水过程中的损失水量，包括水面蒸发损失、湿润渠底和两侧土层的水量损失以及退水填底损失等总和；

η——渠系有效利用系数，由对各典型灌区调查资料的分析和渠首引水流量测验资料的计算确定。对无衬砌渠道，η 取值范围为 0.4 ~ 0.6，其中地下水埋深小于 4m 的黏土、亚黏土渠道，η 取大值；地下水埋深大于 4m 的亚沙土渠道，η 取小值。对有衬砌渠道，η 取值范围为 0.45 ~ 0.9，其中地下水埋深小于 4m 的混凝土板衬砌渠道，η 取大值；地下水埋深大于 4m 的黏土衬砌渠道，η 取小值；

r——修正系数，它是反映渠道在输水过程中消耗于湿润土层、浸润带蒸发损失水量的一个参数，见表 4-9。

表 4-9　不同岩性和不同地下水埋深下的 r 值(参考)

岩性	地下水埋深(m)	修正系数 r	岩性	地下水埋深(m)	修正系数 r
亚黏土	<4	0.32 ~ 0.35	亚黏土、亚沙土互层		0.35
	>4	0.32			
亚沙土	<4	0.37			
	>4	0.37			
黄土	<4	0.4	粉沙		0.53
	>4	0.4			

2. 灌溉入渗补给系数的确定方法

灌溉入渗补给系数 β 是指某一时段田间灌溉入渗补给量 h_r 与灌水量 $h_灌$ 的比值，即：

$$\beta = \frac{h_r}{h_灌} \tag{4-65}$$

式中 h_r 和 $h_灌$ 均以水层厚度(mm 或 m³/亩)计。

灌溉入渗补给系数是采用试验方法加以测定的。试验时，选取面积 F 大约为 10 亩的田块，在其上布设专用观测孔。测定灌水前的潜水位，然后让灌溉水均匀地灌入田块，测定灌水流量，并观测潜水位变化(包括区外水位)。经时段 Δt，测得试验区潜水位平均升幅 Δh，用下式计算 β，即：

$$\beta = \frac{h_r}{h_灌} = \frac{\mu \cdot \Delta h \cdot F}{Q \cdot \Delta t} \tag{4-66}$$

式中　μ——给水度；

Δt——计算时段，s；

Δh——计算时段试验区潜水位平均升幅，m；

Q——计算时段流入试验区的灌水流量，m³/s。

灌溉入渗补给系数受各种因素的影响，其中最主要的是岩性。地下水埋深、灌水定额(指一次灌水单位面积上的灌水量)，与岩性对降水入渗补给系数的影响极为相似。

因此,根据不同岩性、不同地下水埋深、不同灌水定额的入渗试验测定 h_r($= \mu \Delta h$) 和 $h_{灌}$ 值,制成表格(见表 4-10)或绘成各种岩性的 $\beta \sim \Delta \sim h_r$ 关系曲线,以备查用。

无试验资料地区,可借用邻近地区的试验资料或降水量大致相当于灌水定额情况下的次降水入渗补给系数 $\alpha_{次}$,近似地代表 β。

表 4-10 田间灌溉入渗补给系数 β 值

地下水埋深 Δ(m)	灌水定额 (m³/亩)	岩性				
		亚黏土	亚沙土	粉细沙	黄土	黄土状亚黏土
<4	40 ~ 70	0.15 ~ 0.18	0.10 ~ 0.20			
	70 ~ 100	0.15 ~ 0.25	0.15 ~ 0.30	0.25 ~ 0.35	0.15 ~ 0.25	
	>100	0.15 ~ 0.27	0.20 ~ 0.35	0.30 ~ 0.40	0.20 ~ 0.30	
4 ~ 8	40 ~ 70	0.08 ~ 0.14	0.12 ~ 0.18			
	70 ~ 100	0.10 ~ 0.22	0.15 ~ 0.25	0.20 ~ 0.30	0.15 ~ 0.20	0.15 ~ 0.20
	>100	0.10 ~ 0.25	0.15 ~ 0.30	0.25 ~ 0.35	0.20 ~ 0.25	0.20 ~ 0.25
>8	40 ~ 70	0.05	0.06	0.05 ~ 0.10		
	70 ~ 100	0.05 ~ 0.15	0.06 ~ 0.15	0.05 ~ 0.20	0.06 ~ 0.10	0.05 ~ 0.13
	>100	0.05 ~ 0.18	0.10 ~ 0.20	0.10 ~ 0.25	0.06 ~ 0.13	0.05 ~ 0.15

3. 井灌回归系数的确定方法

在抽取有地下水灌溉的井灌区时,灌溉水的一部分经由下渗返回地下水,这种现象称为地下水灌溉回归。

井灌回归系数 $\beta_{井}$ 是指灌溉水回归量 h'_r 与灌溉水量 $h'_{灌}$ 之比。其测定方法与 β 值的测定方法基本相同。但有一点要注意,如果试验时,正处于地下水开采过程,则地下水位变幅中包括开采造成的变幅值,应予扣除。$\beta_{井}$ 一般为 0.1 ~ 0.3。

(三)潜水蒸发系数 C 的确定

蒸发是浅层潜水消耗的主要方式之一。蒸发量的大小与潜水的埋藏深度、气象条件、包气带土壤岩性以及地面植被等有密切关系。潜水埋深为零时,蒸发量主要取决于气象条件,此时蒸发量最大。随着潜水埋深的增大,蒸发量逐渐减少,当埋深达到一定深度后,潜水蒸发趋近于零,这一深度通常称为潜水蒸发的极限深度。

潜水蒸发量(或蒸发强度)采用下面经验公式计算,即:

$$E = E_0 \left(1 - \frac{\Delta}{\Delta_0}\right)^n \qquad (4\text{-}67)$$

式中 E——潜水蒸发量(或蒸发强度),m³;

E_0——水面蒸发量(或蒸发强度),m³;

Δ——潜水埋深,m;

Δ_0——潜水蒸发的极限深度,m,随土壤岩性和气候条件而变化,见表 4-11;

n——与土壤质地有关的指数,一般取 1 ~ 3。

表 4-11　潜水蒸发极限深度（据北京市水文地质公司资料）

岩性	潜水蒸发极限深度（m）
亚黏土	5.16
黄土质亚沙土	5.10
亚沙土	3.95
粉细沙	4.10
砂砾石	2.38

上述公式较适用于亚沙土、亚黏土等土壤质地较轻的情况，对黏性土层则误差较大。

一般潜水蒸发量的观测资料较少，而水面蒸发量的观测资料较多，则可利用水面蒸发量资料，采用式（4-67）计算潜水蒸发量，即：

$$E = CE_0 \tag{4-68}$$

式中　C——潜水蒸发系数，即潜水蒸发量与水面蒸发量的比值，通常以百分数表示。

将式（4-68）代入式（4-67），得：

$$C = (1 - \frac{\Delta}{\Delta_0})^n \tag{4-69}$$

北京市水文地质公司根据观测资料提出了多年平均潜水蒸发系数，可供参考（见表 4-12）。

表 4-12　潜水蒸发系数（以百分数表示）

岩性	潜水埋深（m）				
	0.5	1.0	1.5	2.0	3.0
亚黏土	52.9	29.8	14.7	8.2	4.6
黄土质亚沙土	80.1	43.1	19.4	8.7	2.8
亚沙土	74.3	25.5	3.2	1.7	—
粉细沙	82.6	47.2	16.8	4.4	—
砂砾石	48.6	41.0	1.4	0.4	—

第三节　地下水资源的计算

一、地下水资源的概念与分类

赋存于地壳表层可供人类利用的，本身又具有不断更新、恢复能力的各种地下水量可称为地下水资源。它是地球上总水资源的一部分。地下水资源具有可恢复性、调蓄性和转化性等特点。

地下水资源常见的分类方法有以下几种。

（一）以水均衡（水量守恒原理）为基础的分类法

一个均衡单元在某均衡时段内,地下水补给量、排泄量和储存量的变化量间的关系可表达为:

$$V_\text{补} - V_\text{排} = \pm \Delta V \tag{4-70}$$

因此,地下水资源可分为补给量、排泄量和储存量三类。

1. 补给量

补给量是指某时段内进入某一单元含水层或含水岩体的重力水体积,它又分为天然补给量、人工补给量和开采补给量。天然补给量是指天然状态下进入某一含水层的水量(平原区主要是降水入渗补给、地表水渗漏和邻区地下来流;山丘区主要是大气降水入渗补给)。人工补给量是指人工引水入渗补给地下水的水量。开采补给量是指开采条件下,除天然补给量之外,额外获得的补给量。例如,开采引起动水位下降,降落漏斗扩展到邻近的地表水体(河流、湖泊、水库等),使原来补给地下水的地表水渗漏补给量增大(如顶托渗漏变为自由渗漏等);或使原来不补给地下水的地表水体变为补给地下水;或使邻区的地下水流入本区,从而得到额外补给。

2. 排泄量

排泄量是指某时段内从某一单元含水层或含水岩体中排泄出去的重力水体积,排泄量可分为天然排泄量和人工开采量两类。天然排泄量有潜水蒸发、补给地表水体(河、沟、湖、库等)、侧向径流进入邻区等。人工开采量是从取水建筑物中取出来的地下水量。人工开采量反映了取水建筑物的取水能力,它是一个实际开采值。

3. 储存量

储存量是指储存在含水层内的重力水体积,该量可分为容积储存量和弹性储存量。容积储存量是指潜水含水层中所容纳的重力水体积,可用式(4-71)计算,即:

$$V_\text{容} = \mu V \tag{4-71}$$

式中　$V_\text{容}$——潜水含水层中的容积储存量,m^3;

　　　μ——给水度,以小数计;

　　　V——计算区潜水含水层的体积,m^3。

弹性储存量是指将承压含水层的水头降至含水层顶板以上某一位置时,由于含水层的弹性压缩和水体积弹性膨胀所释放的水量,可用式(4-72)计算,即:

$$V_\text{弹} = \mu_e \Delta s F \tag{4-72}$$

式中　$V_\text{弹}$——承压含水层的弹性储存量,m^3;

　　　μ_e——承压含水层的弹性释水(贮水)系数(无因次);

　　　Δs——承压水位降低值,m;

　　　F——计算区承压含水层的面积,m^2。

由于地下水位是随时变化的,所以储存量也随时增减。天然条件下,在补给期,补给量大于排泄量,多余的水量便在含水层中储存起来;在非补给期,地下水消耗大于补给,则动用储存量来满足消耗。在人工开采条件下,如开采量大于补给量,就要动用储存量,以支付不足;当补给量大于开采量时,多余的水变为储存量。总之,储存量起着调节作用。

（二）以分析补给资源为主的分类法

进行区域地下水资源评价时，一般把地下水资源分为补给资源和开采资源，并着重分析补给资源，在此基础上估算开采资源。

1. 补给资源

补给资源是指在地下水均衡单元内，通过各种途径接受大气降水和地表水的入渗补给而形成的具有一定化学特征、可资利用并按水文周期呈规律变化的多年平均补给量。补给资源的数量一般用区域内各项补给量的总和表示。在平原区以总补给量表示补给资源，它包括降水入渗补给、河（沟）渗漏补给、地表水体（湖泊、集水坑塘等）蓄水渗漏补给、渠系和田间入渗补给等。在山丘区，地下水的补给主要来自大气降水，但直接由降水入渗来估算地下水补给量比较困难，可采用总排泄量来反求总补给量，因为两者多年平均值几乎是相等的。

2. 开采资源

开采资源是用可开采量表示的。可开采量是在技术上可能、经济上合理和不造成水位持续下降、水质恶化及其他不良后果条件下可供开采的多年平均地下水量。在区域地下水资源评价中，一般可开采量与总补给量相当。可开采量采用多年平均值的优点在于可提高用水保证率，"以丰补枯"，充分利用地下水；但含水层一定要有足够的储水容积，否则无法形成足够的可开采量。

3. H. A. 普洛特尼可夫分类法

此分类法是苏联学者 H. A. 普洛特尼可夫提出的，20 世纪 50 年代传入我国。H. A. 普洛特尼可夫将地下水储量分为四种：

（1）静储量。静储量是指天然条件下储存于潜水最低水位以下含水层中的重力水体积。

（2）动储量。动储量是指单位时间内通过垂直于地下水流向的含水层过水断面的地下水量。

（3）调节储量。调节储量指天然条件下年（或多年）最高与最低水位之间潜水含水层中的重力水体积。

（4）开采储量。开采储量指在不发生水量显著减少和水质恶化的条件下，用一定的取水设备从含水层中汲取的水量。确定开采储量最为重要，但比较复杂，没有固定的计算公式。

H. A. 普洛特尼可夫分类法，反映了地下水资源在天然条件下的一定客观规律，曾在我国地下水资源评价中起过重要的作用。但该种分类只反映了地下水在天然条件下的各种数量组合，而没有明确在一定时间内各种数量之间的转化关系。尤其是没有指出在开采条件下，那些天然储量成分对开采资源起什么样的作用。所以，评价开采资源时，往往只能按照天然条件，计算出各种储量，而提不出可靠的开采资源数量。

二、平原区地下水资源量计算

在平原区，通常以地下水的补给量作为地下水资源量。平原地区的补给量有降水入渗补给量、河道渗漏补给量、渠系渗漏补给量、渠灌田间入渗补给量与井灌回归补给量、越流补给量以及闸坝蓄水渗漏补给量、人工回灌补给量等。

(一)补给量计算

1. 降水入渗补给量

降水是自然界水分循环中最活跃的因素之一,地下水资源形成的最重要的方式之一就是降水入渗。降水入渗补给量是指降水渗入到包气带后在重力作用下渗透补给潜水的水量,它是浅层地下水重要的补给来源。

1)降水入渗补给量的确定

(1)系数法。通常采用降水入渗补给系数法估算降水入渗补给量:

$$P_r = \alpha P \tag{4-73}$$

式中　P_r——降水入渗补给量,mm;

　　　α——降水入渗补给系数;

　　　P——降水量,mm。

这种方法概念清楚,应用方便,易于区域综合。测定降水入渗补给系数的方法已在前文中叙述。

(2)地下水动态分析法。在平原地区,地势平坦,地下径流微弱,在一次降雨后,水平排泄和垂直蒸发都很小,地下水位的上升是降雨入渗补给所引起的结果,可用下式表示:

$$P_r = \mu \cdot \Delta h \tag{4-74}$$

式中　μ——给水度;

　　　Δh——降雨入渗引起的地下水位上升幅度,mm。

2)年降水入渗补给量的计算

(1)系数法。年降水入渗补给量的计算公式:

$$Q_降 = 10^{-5} P_年 \, \alpha_年 \, F \tag{4-75}$$

$$\alpha_年 = \frac{\sum \Delta h \cdot \mu}{P_年} \tag{4-76}$$

式中　$Q_降$——年降水入渗补给量,亿 m^3/a;

　　　$P_年$——年降水量,mm/a;

　　　F——计算区面积,km^2;

　　　$\alpha_年$——年降水入渗补给系数。

多年平均降水入渗补给量的计算,应采用多年平均降水量与多年平均降水入渗补给系数,按下式计算:

$$\overline{Q}_降 = 10^{-5} \overline{P}_年 \overline{\alpha}_年 \, F \tag{4-77}$$

当地下水动态观测资料系列很短时,无法直接计算多年平均降水入渗补给系数$\overline{\alpha}_年$,则采用接近多年平均降水量年份的动态观测资料计算$\overline{\alpha}_年$值。

(2)降水量—水位上升值相关法。在平原区,地下径流微弱,降水入渗后引起潜水位上升,两者关系密切,如能建立降水量 P 与潜水位上升值 Δh 之间的相关关系,便可利用它来推求降水入渗补给量。具体步骤如下:

第一,根据已有的长期观测井孔的观测资料,计算每次降水量 P(以 5 日或旬计)和相应时段内水位上升值 Δh。

第二,绘制不同岩性的以地下水位埋深 Δ 为参变量的 $P \sim \Delta h \sim \Delta$ 相关曲线。

第三,根据不同岩性分布地区年内各次降水量 P,在 $P \sim \Delta h \sim \Delta$ 相关曲线上查出相应的地下水位上升值 Δh,累加起来,再乘以给水度 μ,即得年降水入渗补给量 $(\mu \cdot \sum \Delta h)$。

同时,可利用该年降水入渗补给量反求年降水入渗补给系数 $\alpha_年$,即:

$$\alpha_年 = \frac{\mu \cdot \sum \Delta h}{\sum P} \tag{4-78}$$

或利用某一时段降水入渗补给量 $(\mu \cdot \sum \Delta h)$,推求该时段的降水入渗补给系数,例如汛期的 $\alpha_汛$ 值为:

$$\alpha_汛 = \frac{\mu \cdot \sum \Delta h}{\sum P_汛} \tag{4-79}$$

如果由 $P \sim \Delta h \sim \Delta$ 相关曲线图绘制出全年降水量 $\sum P \sim \sum \Delta h \sim \Delta$ 相关曲线图,求年降水补给量就更加方便。只要由年降水量直接在该曲线上查出全年水位累计上升值 $(\sum \Delta h)$,乘上给水度 μ 值,即可得出年降水入渗补给量。

2. 河道渗漏补给量

当河水位高于两岸地下水位时,河水在重力作用下,以渗流形式补给地下水。这种现象称河道渗漏补给。常年出现这种现象的:一是河流出山后,在山前倾斜平原上的河段;二是某些大河的下游,由于河床淤积而填高,从而产生河水补给地下水。有些河道只在汛期才补给地下水,汛后则排泄地下水。因此,应对每条河道的水文特性和两岸地下水动态进行分析后才能确定河水补给地下水的河段,然后逐段进行渗漏补给量的计算。

1)河道渗漏补给量的确定

(1)断面测流法。在河道上选择一定距离的上下两个测流断面,通过流量的测定计算河道渗漏补给量的方法,称为断面测流法。计算公式为:

$$Q_{河渗} = (Q_上 - Q_下) - E_0 \beta L \tag{4-80}$$

式中　$Q_{河渗}$——计算区内的河道渗漏补给量,m^3/s;

　　$Q_上$、$Q_下$——河道上、下断面实测流量,m^3/s;

　　E_0——水面蒸发量,m/s;

　　β——水面宽,m;

　　L——实测流量段距离,m。

断面测流法简单易行,是一种常用的方法。这个方法的关键是测流精度问题。在实际工作中,应针对不同情况,分别采用不同的测流方法,例如枯季径流宜用堰测流。

(2)单位长度渗漏量法。计算公式为:

$$Q_{河渗} = \frac{Q_上 - Q_下}{L'} \cdot L(1 - \lambda) \tag{4-81}$$

式中　$Q_上$、$Q_下$——测流段上、下断面的实测流量(扣除区间加入的水量),m^3/s;

L'——测流段长度，m；

L——计算河段长度，m；

λ——修正系数，根据两测流断面间水面蒸发、两岸地下水浸润带蒸发量之和占 $(Q_上 - Q_下)$ 的比例而定。

测流段长度 L' 不宜过短，否则，$Q_上$ 和 $Q_下$ 相差无几，甚至由于测流时，$Q_上$ 为负误差，而 $Q_下$ 又为正误差，$(Q_上 - Q_下)$ 可能出现负值。因此，测流段长度 L' 不宜小于 1km。

测流段区间来水，应从 $Q_下$ 中减去（扣除）；而区间引出的水量，应还原到 $Q_下$ 中（加入）计算。

该方法的精度取决于测流断面向上或向下外推距离的远近。如果外推距离较远，则误差较大，反之，误差较小。所以，L' 和 L 两者愈接近，愈能取得令人满意的结果。

2）年河道渗漏补给量的计算

年河道渗漏补给量通常采用比率法计算。河道渗漏补给量与流量、测流段长度之比值，称为单位长度渗漏率（η），即：

$$\eta = \frac{Q_上 - Q_下}{L'Q}$$

不同的地下水埋深（Δ），其渗漏率是不同的；河道流量不同及河床的岩性不同，其渗漏率也是不同的。对于某一特定的河道，则 η 与 Δ、Q 的关系是一组以 Q 为参变量的曲线组。

根据实测的地下水埋深、流量等资料，由 $\eta \sim \Delta \sim Q$ 关系曲线组上查出相应的 η，然后按下式计算年渗漏补给量：

$$V_{河渗} = L\sum_{i=1}^{n} \eta_i Q_i \cdot \Delta t_i \tag{4-82}$$

式中　$V_{河渗}$——河道年渗漏补给量，m³；

Δt_i——年内河道引水第 i 时段的历时，d；

n——计算时段数；

Q_i——第 i 时段内的平均流量，m³/d；

η_i——与 Q_i、Δ_i 对应的单位长度渗漏率，1/m。

3. 灌溉水入渗补给量

灌溉水经由土壤层下渗补给地下水的水量称为灌溉入渗补给量。它是灌区地下水的主要来源之一。它分为渠系渗漏补给量和田间渗漏补给量（渠灌田间入渗补给量、井灌回归补给量）两种。

1）渠系渗漏补给量

渠系渗漏补给量是指干、支、斗、农、毛各级渠道在输水过程中对地下水的渗漏补给量。斗渠以下，渠系分布密度很大，可并入渠灌田间入渗补给量中。渠系渗漏补给量可按渠系渗漏补给系数法或经验公式法计算，这里只介绍渠系渗漏补给系数法。计算公式为：

$$Q_{渠系} = mQ_{渠首引} \tag{4-83}$$

式中　$Q_{渠系}$——渠系渗漏补给量，亿 m³/a；

$Q_{渠首引}$——渠首引水量，计算时可用实测水文资料和调查资料计算多年平均渠系渗

漏补给量时,$Q_{渠首引}$可选用平水年资料,亿 m³/a;

　　　m——渠系渗漏补给系数,为渠系渗漏补给地下水的水量与渠首引水量的比值。

　　2)渠灌田间入渗补给量

　　渠灌田间入渗补给量是指灌溉水进入田间后,渗漏补给地下水的水量,包括田间渠道(斗渠和斗渠以下的各级渠道)的渗漏。田间入渗的机制和降雨入渗相似,灌溉入渗补给量的大小与灌水量、岩性、地下水埋深以及土壤含水量等有关。

　　田间入渗补给量确定方法,常用的是系数法,即:

$$Q_{渠灌} = \beta_{渠} \cdot Q_{净} \tag{4-84}$$

式中　$Q_{渠灌}$——渠灌田间入渗补给量,亿 m³/a;

　　　$Q_{净}$——田间净灌水量,通常根据渠首引水量乘以渠系有效利用系数 η 求得,或用灌水定额(即灌水一次每亩净灌水的数量,在全生长期要进行多次灌水,各次灌水定额之总和为灌溉定额)与灌溉亩数的乘积求得,亿 m³/a;

　　　$\beta_{渠}$——渠灌入渗补给系数,即某一时段田间灌溉入渗补给量和相应的灌水量之比。

　　计算评价区多年平均 $Q_{渠灌}$ 时可用平水年份 $\beta_{渠}$ 和 $Q_{净}$ 的实际资料。

　　3)井灌回归补给量

　　井灌回归补给量是指井灌区引地下水灌溉后,回归地下水的数量,其计算公式为:

$$Q_{井灌} = \beta_{井} \cdot Q_{井} \tag{4-85}$$

式中　$Q_{井}$——井泵出水量,一般采用地下水实际开采量,也有的地区采用井灌水定额乘井灌面积求得,亿 m³/a;

　　　$\beta_{井}$——井灌回归系数(无因次);

　　　$Q_{井灌}$——井灌回归补给量,亿 m³/a,计算多年平均 $Q_{井灌}$ 时,可用平水年份 $\beta_{井}$ 和 $Q_{井}$ 的实际资料。

　　4.越流补给量

　　如果某一含水层的上覆或下伏岩层为弱透水层(如亚黏土或亚沙土),并且该含水层的水头低于相邻含水层的水头,则相邻含水层中的地下水可能穿越弱透水层而补给该含水层,这种现象称为越流补给(见图 4-17)。

　　越流补给量可按达西定律近似计算:

$$Q = K'F \frac{\Delta H}{M'} \tag{4-86}$$

　　在 Δt 时段内的越流总量 W 为:

$$W = K'F \cdot \frac{\Delta H}{M'} \cdot \Delta t \tag{4-87}$$

或写成:　　　$$W = K_e F \cdot \Delta H \cdot \Delta t \tag{4-88}$$

式中　K_e——越流系数,$K_e = \dfrac{K'}{M'}$,m/(d·m);

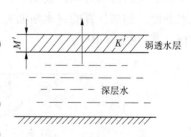

图 4-17　越流补给

F——过水面积，m^2；

M'——弱透水层的平均厚度，m；

K'——弱透水层的渗透系数，m/d；

ΔH——相邻两个含水层的水头差，m。

5. 山前侧向补给量

山前侧向补给量是指山丘区的地下水通过侧向径流补给平原区地下水的水量。它在区域地下水资源量中占有较大的比重。例如，河北平原中山前平原区，面积 6 184km²，山前侧向补给量达 30.66 亿 m³/a，占河北平原地下水资源量 103.17 亿 m³/a 的 30%（见表 4-13），它的重要性仅次于降水入渗补给量，具有长期供水的利用价值。

表 4-13　河北平原区地下水资源量　　　　　　　　　　（单位：亿 m³/a）

地段	山前侧向补给量	降水入渗补给量	地表水体渗漏补给量	地下水资源量
山前平原	30.66	20.30	15.29	66.25
中部平原	0	30.07	4.26	34.33
滨海平原	0	2.59	0	2.59
合计	30.66	52.96	19.55	103.17

山前侧向补给量的主要计算方法是沿补给边界切剖面，分段按达西公式进行计算（见图 4-18）：

$$Q_{侧补} = KI \cdot Bh \qquad (4\text{-}89)$$

式中　$Q_{侧补}$——山前侧向补给量，m^3/d；

K——渗透系数，m/d；

I——垂直于剖面方向上的水力坡度（无因次）；

B——计算断面宽度，m；

h——含水层计算厚度，m。

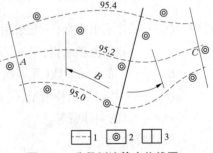

图 4-18　分段侧流等水位线图

1—潜水等水位线；2—钻孔；3—过水断面分段线

潜水流的过水断面，在自然界常常是不规则的，可能呈某种曲线轮廓，因此在补给边界处布设钻孔，作为地下水位的观测孔，统测地下水位后绘制潜水等水位线图（如图 4-18 所示）。然后，沿某一等水位线垂直向下，切出过水断面。如果计算的过水断面宽度 B 值很大，而且岩性、含水层厚度都有变化，可分段进行计算（见图 4-19）。

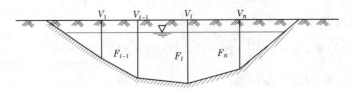

图 4-19　分段计算时过水断面

分段计算时，首先在每一分界线上（见图 4-19），按下式计算渗透流速 v_i：

$$v_i = K_i I_i \tag{4-90}$$

然后,计算分段的平均渗透流速$\bar{v}_i$,即:

$$\bar{v}_i = \frac{v_{i-1} + v_i}{2} \tag{4-91}$$

对于边缘分段断面上的平均渗透流速,取$\bar{v}_1 = v_1$和$\bar{v}_n = v_n$,计算各分段的流量为:

$$q_i = \bar{v}_i F_i \tag{4-92}$$

式中　F_i——各分段的渗流断面面积。

因此,通过全断面的总流量为:

$$Q_{侧补} = \sum_{i=1}^{n} q_i \tag{4-93}$$

公式(4-89)中,水力坡度I和过水断面宽度B均是实测值,含水层厚度应是山前侧向补给地下水的渗透有效带深度,一般来说,它包括松散堆积物全部含水岩层,即颗粒大于粉砂的全部含水层均应列入渗透有效带范围内,我国以往有些地区,只取其70% ~80%作为含水层厚度h值,造成山前侧补量偏小。

公式(4-89)中的渗透系数K,宜采用带观测孔的多孔抽水试验用裘布依水井公式计算,可得到较为准确的值。以往有些地区,采用单孔抽水试验的资料计算K值,并且不加以修正,这样由于受"井损"(即井中"水跃")、井身结构及井旁紊流的影响,观测到的水位的下降值偏大,即大于井旁含水层中水位的下降值,造成渗透系数K的计算值偏小。一般按单孔抽水试验(不经修正)计算的K值,仅为实际值的$1/3 \sim 1/2$(见表4-14)。

表4-14　单孔抽水与多孔抽水试验K值对比　　　　　　　　　　(单位:m/d)

地名	孔号	单孔抽水K值	多孔抽水K值	多孔K值/单孔K值
石家庄	118	102.10	693.00	6.79
太原	Y4	35.66	86.90	2.44
包头	41	80.40	189.90	2.36
北京		11.03	36.00	3.26

注:摘自《水资源研究》10卷1期高寅堂文。

由上述可知,含水层厚度和渗透系数的正确与否,对山前侧向补给量的计算是很重要的。长期以来,人们总认为山前侧向补给量在平原区地下水资源量中无关重要,其实并非如此。20世纪80年代中期,人们往往发现某一年平原区降雨量与同期的相同,如果这一年平原补给边缘山区的雨量减少,则平原区的地下水资源出现严重减少的现象。例如,1985年截止到8月底,北京市平原区降雨量600mm,与多年平均同期雨量相同,可是北京市区地下水资源告急。究其原因,山区雨量较少,仅有300mm左右,降水入渗大为减少,致使山前侧向补给平原区的地下水也相应减少了。可见,山前侧向补给对平原区的水资源是举足轻重的,因此必须重视山前侧向补给量的计算。

(二)排泄量的计算

平原区地下水的排泄量主要有潜水蒸发量、河道排泄量、侧向流出量、越流排泄量以及人工开采量等。

1.潜水蒸发量

潜水蒸发量是指潜水在毛细管引力作用下向上运动所造成的蒸发量,包括棵间蒸发量和植被叶面蒸腾量。潜水蒸发是浅层地下水消耗的主要途径。

潜水蒸发强度 ε 是指潜水在单位时间内从单位面积上蒸发的水量体积(m/d 或 mm/d)。潜水蒸发强度的变化受土质、潜水埋深、气象、植被等因素的影响。

1)影响潜水蒸发的因素

(1)土质因素。土质对潜水蒸发的影响主要表现在包气带土层毛细管特性上。沙土毛管较粗,毛管水上升高度小,潜水蒸发量也少;黏土毛细管细而密,由于常被结合水膜堵塞,毛细管输水能力也比较小;亚沙土(沙壤土)的毛细管直径介于上述两者之间,相对上升高度较大,又有一定的输水能力,所以在其他条件相同时,它的潜水蒸发量较大。

(2)潜水因素。据试验研究,潜水蒸发量随埋深的增加而减小。当水位埋深大于4m,潜水蒸发量已极其微弱了。因此,我国有的学者认为存在一个潜水蒸发的极限深度。所谓蒸发极限深度,就是潜水停止蒸发或蒸发量相当微弱时潜水位的埋深值。

(3)气象因素。潜水蒸发随着气温增高、空气相对湿度减低而增加;随着风力增强而加强;降水量大,潜水蒸发量小。水面蒸发强度 ε_0 是气象因素对水分蒸发影响的综合反映指标。所以,潜水蒸发量的大小常与之相比,并用蒸发系数 C 表示,即 $C = \varepsilon/\varepsilon_0(\%)$,以说明其相对的强烈程度。

(4)植被因素。有作物生长的季节和地区,比无作物生长的季节和地区的潜水蒸发要强烈得多。据五道沟实测资料统计:埋深 0.4m 时,有作物的潜水蒸发为无作物的 2.1倍;埋深 1.0m 时为 6.3 倍。另外,作物种类不同,潜水蒸发也随之不同,因为不同作物的根系吸水能力和需水量是不同的。

2)潜水蒸发量的确定

计算公式:

$$E = 10^{-5}\varepsilon_0 CF \tag{4-94}$$

式中 E——年潜水蒸发量,亿 m^3/a;

ε_0——水面蒸发量,mm/a;

C——潜水蒸发系数(无因次);

F——计算面积,km^2。

评价区多年平均潜水蒸发量的计算方法步骤如下:

(1)将评价区按包气带岩性的不同,划分成若干个均衡计算区。

(2)在每个计算区内选择一个具有代表性的地下水动态观测井,绘制地下水埋深历时曲线(选用平水年或接近平水年的动态资料),按月划分为 12 个时段,并求出各时段的平均地下水埋深。

(3)根据均衡计划区岩性和各时段的平均地下水埋深,从 $C \sim \Delta$ 关系曲线上查得相应的 C 值。

(4)按下式计算该时段潜水蒸发量:

$$E_i = 10^{-5}\varepsilon_{0i} C_i F_i \tag{4-95}$$

各时段潜水蒸发量之和即为均衡计算区年平均潜水蒸发量:

$$E = \sum E_i \tag{4-96}$$

（5）将各均衡计算区年潜水蒸发量进行汇总即为评价区多年平均潜水蒸发量。

2. 河道排泄量

平原地区地下水排入河道的水量称河道排泄量,当河流水位低于两岸地下水位时,河道排泄地下水。计算方法为河道渗漏量之反运算,目前我国水利部门大多采用地下水动力学方法计算河道排泄量。

该方法适用于河道岸边设有长期观测孔的情况,根据钻孔中的潜水位与河水位资料用动力学公式计算。按地下水流水力要素的变化情况,分成稳定流和非稳定流两类。

1）稳定流公式法

该法适用于河水位变化稳定的情况,例如,河水位自正常水位下降 h 后,不再波动,即处于稳定状态,河道岸边地下水浸润线与流线均呈曲线,水力坡度是变化的。在稳定流情况下,宜采用裴布依公式计算,即:

$$Q = K \cdot B \cdot \frac{H^2 - h^2}{2b} \tag{4-97}$$

式中　Q——地下水(单侧)侧向渗流量,m³/d;

　　　K——含水层渗透系数,m/d;

　　　B——地下水水平排泄带长度,m;

　　　b——补给边界(地下水分水岭)到排泄基准点的水平距离,即补给带长度,m;

　　　H——分水岭处含水层渗透有效带厚度(从平均稳定水位起算),m;

　　　h——排泄基准点处渗透有效带厚度,一般为平均河水位至渗流有效带底线的垂直距离,m。

2）非稳定流公式法

当河道水位骤然下降,处于非稳定流状态时,一侧单宽河道排泄量计算公式为:

$$q = 1.128 \frac{v_0 t}{\sqrt{t}} \sqrt{\mu T} \tag{4-98}$$

式中　q——非稳定流单宽流量,m³/(d·m);

　　　μ——给水度;

　　　$v_0 t$——t 时段河沟水位的下降值(即平均潜水位与河沟水位之差),常用 s 表示,m;

　　　v_0——河沟水位下降速度,m/d;

　　　t——河沟水位从开始下降经历的时间,d;

　　　T——导水系数,m²/d。

也可写成:

$$Q = 1.128\mu \cdot s \sqrt{at} \cdot L \tag{4-99}$$

式中　Q——t 时段内一侧流入河道地下水排泄量,m³;

　　　a——压力传导系数,m²/d,$a = T/\mu$;

　　　L——河道长度,m。

3. 侧向流出量

地下水侧向流出量一般指的是以地下潜流形式流出均衡单元的水量,即普氏分类中的动储量,有时称为地下径流量。其计算方法与山前侧向补给量的计算相同,只是前者是流出均衡单元,而后者是流入均衡单元,故不再赘述。

三、山丘区地下水资源量计算

山丘区水文、地质条件复杂,研究程度相对较低,资料短缺,直接计(估)算地下水的补给量往往是有困难的。但在山丘区,地形起伏、高差悬殊、河床深切、底坡陡峻、调蓄较差,大气降水入渗补给形成径流后,通过散泉很快溢出地面,排入河流。补排机制比较简单,按地下水均衡原理,总排泄量等于总补给量,所以山丘区的地下水资源量可用各项排泄量之和来计算。山丘区地下水总排泄量包括河川基流量、河床潜流量、山前侧向流出量、潜水蒸发量、未计入河川径流的山前泉水出露总量和浅层地下水实际开采的净消耗量等。

由排泄量反推补给量时,必须具有实测的排泄量(流量)资料系列,然后采用适当的分析方法进行计算。目前,对于一般山丘区浅层地下水(主要采自裂隙水)的计算,常用水文分析法(即水文图分割法),对于喀斯特水常用流量衰减分析法,其他还有相关分析法等。

(一)水文分析法

山丘区排泄量中具有决定意义的是河川基流量,其他各项数量较小,有的甚至微不足道。例如,山丘区河床深切,地下水位埋藏深,潜水蒸发量可忽略不计;如果河床中第四纪松散沉积层厚度很小,河床潜流量可不考虑。那么,怎样推求河川基流量呢? 最常用的方法就是选择合适的水文站,从该站实测的河川径流量过程线图上把它分割出来,即基流分割法。

1. 分析代表站的选择

河川基流量由分割区域内代表站的实测径流量过程线后计算得来。选择代表站时应满足下列条件:

(1)水文站所控制的流域是闭合的,地表水与地下水的分水岭基本一致。

(2)选定的水文站,在地形、地貌、植被和水文地质条件上,应具有足够的代表性。

(3)水文站控制面积一般应在200km² 以上,但以不大于5 000km² 为宜。水文站稀少的区域,也可稍大于5 000km²。所选站点应力求分布均匀。

(4)选定的水文站应具有较长的实测流量资料系列,至少应包括丰、平、枯典型年在内的 10 年以上实测流量资料。

(5)在水文站所控制的范围内,应不受人为活动的影响或影响较小。

2. 单站河川基流量的分割法

山丘区河川基流量过程线上的流量值是由两部分组成的:一是地表径流;二是地下径流,即河川基流量。如果能把它们分割,即可求得河川基流量。分割的具体方法有直线平割法、直线斜割法(其中又有综合退水曲线法、消退流量比值法、消退系数比较法)和加里宁分割法。有的方法已在《水文学》教材中介绍,本节仅介绍消退系数比较法和加里宁分割法两种。

1）消退系数比较法

河川径流过程线大体上可分三段：起涨段（见图 4-20 中 AE）、峰值段（见图 4-20 中 EF）和退水段（见图 4-20 中 FD）。在退水段上的流量过程线又称为退水曲线。无论采用哪一种分割法，其基本点就是要设法确定地表径流起涨点和退水点（见图 4-20 中 A 点与 D 点）。

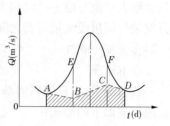

图 4-20　单峰流量过程线

（1）起涨点的确定。一般情况下，上一年汛末至本年汛前，如无明显的由降雨所产生的地表径流，则这一时段的河川径流均作为河川基流。其流量过程线呈连续下降趋势，到第一次洪峰出现时，出现明显的起涨点；但当受到人类活动的影响时，用实测资料绘制的流量过程线所显示的起涨点，误差较大。在受工农业用水影响的流量过程线上确定起涨点时，通常是从上一年流量过程线的退水拐点处顺势下延，与本年第一次洪峰起涨段的相交点作为起涨点。

（2）退水点的确定。地表径流与地下径流的形成条件是不同的，因此它们的流量衰减过程也各有特点。从流量过程线的退水段（见图 4-21（a））可看出，它至少可分成两段：上段自峰顶 C 点到 B 点，这段曲线较陡，反映出雨洪形成的地表径流来得快、退得快的特点；下段自 B 点以下，曲线坡度平缓，反映了地下径流衰减缓慢的特点。通过两者对比，可划分出由地表径流消退过程转为地下径流消退过程的分界点，它就是退水点。把上述退水点与起涨点连成直线，如图 4-21（a）中 AB，就能分割出基流。

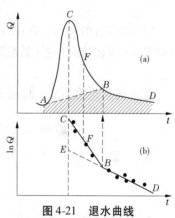

图 4-21　退水曲线

从水文学上知道，一般情况下，退水段的流量衰减过程可用 T. V. 布西涅斯克（1904 年）和 E. 梅勒（1905 年）提出的指数函数式来描述：

$$Q_t = Q_0 \mathrm{e}^{-\alpha t} \tag{4-100}$$

式中　　Q_0——衰减开始时刻（t_0）的初始流量，m^3/s；

　　　　Q_t——衰减开始后第 t 天的流量，m^3/s；

　　　　α——衰减系数，$1/\mathrm{d}$，它反映流量消退的变化率。

将上述衰减方程式线性化，则两端取对数，得：

$$\ln Q_t = \ln Q_0 - \alpha t$$

或
$$\lg Q_t = \lg Q_0 - 0.434\alpha t \tag{4-101}$$

将退水段的实测资料 $Q_{t,i} \sim t_i$ 点绘于半对数坐标系上，用折线与之拟合（见图 4-21（b）），图中 B 点即为地表径流转为地下径流的退水转折点。对于没有人为活动影响的小流域，在一次峰后无雨的退水曲线上，用作图法是很容易把退水转折点找出来的（见图 4-21）。

分割法是择定"明显转折点"作为分割点（起涨点和退水转折点），它对于枯季降雨量很少的地区，如我国北方枯季月雨量小于 10mm 的地区是适用的。我国南方，多年平均雨量在 1 200mm 以上，绝大多数地区最枯月降雨量都大于 10mm，这表明，全年河川流量始终包含地表径流与地下径流两个部分,因而转折点不明显,基流分割时,应根据降雨量、陆面蒸发量与河川径流量三者之间的关系,选用河川流量的最低点作为起涨点和退水点。

2)加里宁分割法

a. 基本原理

一般情况下,山丘区河川基流量来自基岩裂隙水。裂隙含水层中的水量均衡方程可近似地写成如下的形式:

$$V_1 - V_0 = W_来 - W_基 \qquad (4\text{-}102)$$

式中　$(V_1 - V_0)$——时段末与时段初含水层中地下水储存量的变化量;

　　　$W_来$——时段内含水层的来水量;

　　　$W_基$——时段内含水层排泄量,即地下径流流出量,成为河川基流量。

加里宁认为,时段内含水层的来水量与地表径流之间存在比例关系,其比值 B 近似地等于河流的地下径流量与地表径流量之比,则公式可写成:

$$V_1 = V_0 + B \cdot W_{地表} - W_基 \qquad (4\text{-}103)$$

(1)储存量的推求。在山丘区闭合流域里,裂隙含水层在某一时刻的储存量 V_t,可通过退水段(即衰减段)的指数衰减方程式来推求,即:

$$Q_t = Q_0 \mathrm{e}^{-\alpha t}$$

退水期从开始到某一时刻退水总量 V_t 为:

$$V_t = \int_0^t Q_t \mathrm{d}t = \int_0^t Q_0 \mathrm{e}^{-\alpha t} \mathrm{d}t = -\frac{Q_0}{\alpha} \int_0^t \mathrm{e}^{-\alpha t} \mathrm{d}(-\alpha t) = \frac{Q_0}{\alpha}(1 - \mathrm{e}^{-\alpha t}) \qquad (4\text{-}104)$$

当 $t \to \infty$ 时,有:

$$V_0 = \frac{Q_0}{\alpha} \qquad (4\text{-}105)$$

其中消退指数 α 为:

$$\alpha = \frac{\ln Q_0 - \ln Q_t}{t} \qquad (4\text{-}106)$$

式(4-103)可改写成:

$$V_1 = \frac{Q_0}{\alpha} + B(\overline{Q}_{河川} - Q_{基流}) \cdot \Delta t - Q_{基流} \Delta t \qquad (4\text{-}107)$$

式中　$\overline{Q}_{河川}$——时段 Δt 内的平均河川径流量(包括地表和地下径流量);

　　　$Q_{基流}$——Δt 时段初的河川基流量,当 Δt 相对较短时,可认为时段内基流量等于常数,近似地取其值为 $Q_{基流}$。

利用式(4-107),通过试算,可求出 $Q_{基流}$ 各时段的数值,并绘制出基流量过程线。

(2)比例系数 B 的确定。比例系数 B 等于年地下径流总量与年地表径流总量之比,它是用试算法确定的,先假定一个 B 值,按式(4-107)进行演算,将计算所得的 $Q_{基流}$ 值点绘于逐日河川径流量过程线上,要求各时段的河川基流量小于河川径流量,而且在退水点以后的逐日河川径流量过程线与计算所得的河川基流量过程线接近或一致。如发现个别时段的 $Q_{基流}$ 大于河川基流量 $Q_{河川}$ 或 $Q_{基流}$ 为负值,这都是不合理的,应调整 B 值,直至满足上述要求为止。

（3）时段 Δt 选择。时段 Δt 选用得当,既可保证计算精度而工作量又少,事半功倍。目前,一般选用 Δt 为 3、5、10d,常用 $\Delta t = 10d$。然后从水文年鉴逐日平均流量表上统计各时段的河川径流量 $\sum \overline{Q}_{河川}$ 及其平均流量 $\overline{Q}_{河川}$。

b. 计算步骤

（1）点绘年逐日平均流量过程线,在过程线上选取峰后无降雨、退水规律反映较好的退水段,按式（4-106）计算消退指数 α。

（2）选定计算时段 Δt,计算各时段的 $\sum \overline{Q}_{河川}$ 和时段内的平均流量 $\overline{Q}_{河川}$。

（3）B 值经试算确定后,拟定出第一个时段的 $Q_{基流}$,按式（4-107）算出逐个时段 $Q_{基流}$。

（4）点绘河川基流量 $Q_{基流}$ 过程线,检验:一是演算出的各时段 $Q_{基流}$ 应无负值;二是演算出的 $Q_{基流}$ 均不应大于相应时段的 $Q_{河川}$ 值。

（5）计算出一年的年地下径流量总量 $\sum Q_{基流}$ 占年河川径流量的比值 K 及占年地表径流总量之比值 B:

$$\begin{cases} K = \sum Q_{基流} \div \sum \overline{Q}_{河川} \\ B = \sum Q_{基流} \div \sum \overline{Q}_{地表} \end{cases} \tag{4-108}$$

由此计算所得的 B 值应与选定的 B 值相等,并以此检验运算过程是否准确。

3. 单站多年平均河川基流量与基流模数

单站多年平均河川基流量的计算公式为:

$$\overline{R}_g = \frac{\sum R_{gi}}{n} \tag{4-109}$$

式中　$\overline{R}_g$——多年平均河川基流量,万 m^3/a;

R_{gi}——逐年河川基流量,万 m^3/a;

n——统计年数。

计算的方法有两种:一种是对所有年份都进行基流分割,分割后,取得逐年的河川基流量,然后按上式计算多年平均河川基流量;另一种是为了减少计算工作量,可选用包括丰、平、枯年份在内的 8 ~ 10 年流量资料,进行分割,然后点绘该站河川径流量与基流量关系曲线（$R \sim R_g$）,如图 4-22 所示。根据已知的逐年河川径流量,由关系曲线上查出未分割年份的河川基流量,再按式（4-109）计算该站多年平均河川基流量。

单站河川基流模数的计算公式为:

$$M_{0i} = \frac{\overline{R}_g}{f_i} \tag{4-110}$$

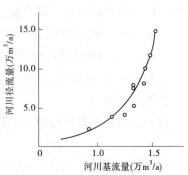

图 4-22　某站河川径流量与河川基流量关系曲线

式中　M_{0i}——单站河川基流模数,万 $m^3/(a \cdot km^2)$;

f_i——单站河川集水面积,km^2。

4. 评价区河川基流量的计算

整个评价区域河川基流量的计算方法有两种,即模数分区法和等值线图法。

1）模数分区法

为了正确地计算和评价地下水资源，可根据植被、地貌、地质等条件的不同，将评价区划分成若干个均衡计算区。每个均衡计算区内应包括一个或几个已经分割基流的水文站。

模数分区法的具体步骤为：

（1）均衡计算区平均基流模数的计算。均衡计算区平均基流模数可根据区内各站基流模数按其代表面积加权平均求得，计算公式为：

$$M_{0i} = \frac{\sum M_{0i} \cdot f_i}{\sum f_i} \tag{4-111}$$

对无水文站控制的均衡计算区，可采用下列方法估算平均基流模数。

类比法。当该区与有资料的邻近区域地形、地貌、水文气象条件相近时，可直接采用邻区的资料。

相关分析法。将已有的各单站基流模数与该站集水面积建立相关关系曲线，如图 4-23 所示。一般说来，在同一条河流上，集水面积较小的支流，河床切割深，地下水在河川流量中占的比重较大；反之，集水面积较大的支流，河床切割浅，地下水占的比重较小。即存在基流模数随集水面积减小而增大的规律。对无水文站控制的计算区面积，可在关系曲线上查出基流模数。

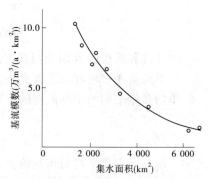

图 4-23　山丘区基流模数与集水面积关系曲线

（2）评价区河川基流量的计算。评价区河川基流量等于各均衡计算区的河川基流量之和，即：

$$R_g = \sum R_{gi} = \sum (\overline{M}_{0i} \cdot F_i) \tag{4-112}$$

式中　R_g——评价区河川基流量，万 m³；

R_{gi}——均衡计算区多年平均河川基流量，万 m³；

$\overline{M}_{0i}$——均衡计算区平均基流模数，万 m³/(a·km²)；

F_i——均衡计算区面积，km²。

2）等值线图法

在水文地质条件比较单一的山丘区，也可用等值线图法计算河川基流量，具体步骤是：

（1）在地形图上，将已知的各站多年平均河川基流深点绘在各站集水面积的重心处，并标注出数值。

（2）参照地形、地貌和水文地质图画出多年平均河川基流深的等值线图。

（3）量出等值线间的面积，按下式计算评价区平均河川基流量，即：

$$R_g = \sum_{i=1}^{n} f_i \overline{R}_{gi} \tag{4-113}$$

式中　f_i——相邻两条基流等值线间的面积，km²；

$\overline{R}_{gi}$——相邻两条基流等值线基流深的算术平均值,mm。

5.评价区基流量合理性检查

用基流分割法分析河川基流量,具有足够的精度,但还存在一定的经验性和任意性,因此求得各均衡计算区的多年平均河川基流量后,应进行平衡性与合理性检查。

1)平衡性检查

所谓平衡性检查,就是检验上游站基流量(包括区间基流量)之和是否等于下游控制站的基流量。一般相对误差不得超过±3%,否则,应调整基流模数,使之合理。

2)合理性检查

(1)与多年平均降水量、年径流深等值线图相比较。河川基流与河川径流均来自降水,基流模数的地区分布一般应与多年平均降水量、年径流深等值线的分布趋势相适应,即基流模数的高值区也是多年平均降水量、年径流深的高值区,反之亦然。

(2)与降水入渗补给系数的地区分布相比较。一般情况下,降水入渗补给系数较大的地区,基流模数也较大;反之亦然。因此,需检验基流模数的地区分布规律是否与降水入渗补给系数的分布趋势相一致。

(3)与地形、植被、岩性等下垫面条件相比较。河川基流量的大小,与地形、岩性、植被等条件有密切的关系。在其他条件相近的情况下,地形平坦的,下渗较多,基流模数较大;地形陡峻的,下渗相对较少,基流模数也小。透水性较强的地区,基流模数较大;反之,则较小。由此可见,基流模数的地区分布应符合下垫面的特点,否则,应予修正。

(二)流量衰减分析法

1.基本原理

对于主要接受降雨补给,仅一个总出口或集中几个出口排泄的,能自成一个独立封闭体系的喀斯特和裂隙含水岩体中的地下水资源,可用流量衰减分析法进行评价。

这种自成一个独立体系的含水岩体(水文地质单元),接受补给后,入渗的水量在裂隙中流动,成为地下径流,然后汇集一处或几处出露,形成泉水。在泉口处设立水文测站,测定泉流量,其泉流总量接近地下径流量。对地下径流量的实测资料系列进行水文分析计算,确定地下水的可开采量,这类含水岩体地下水的水文动态有一个特点:在一次降雨或一年的雨季之后,泉水流量出现峰值,随后是流量的衰减,一直延续到下次降雨或下年度雨季来临为止,这时流量出现最小值。

流量的衰减过程可用指数函数即衰减方程来描述:

$$Q_t = Q_0 e^{-\alpha t} \tag{4-114}$$

式中各符号意义同前。

衰减时期总排泄量用下式近似计算:

$$V = \frac{Q_0}{\alpha} \tag{4-115}$$

储水空间大的,流量衰减较快,α值较大;储水空间小的,流量衰减慢,则α值较小。

含水岩体中的储水空间的组合大体有三类:均一储水空间型、双重储水空间型和多层次结构储水空间型。现分述如下。

1）均一储水空间型

这类含水岩体中的含水介质是由均一的储水空间所构成的,在流量衰减的全过程中,衰减系数比较稳定,例如我国北方山西省娘子关泉域中的储水空间基本上是由大小相近、呈网络状分布的、相互贯通的裂隙和小溶孔组成的。其中大型溶蚀管道系统不甚发育,因而可视为均一储水空间。据 1967 年泉流量实测资料分析,其流量衰减方程为:

$$Q_t = 15.5e^{-0.001\,09t} \tag{4-116}$$

娘子关泉多年(1959~1977 年)平均流量为 12.7m³/s,是我国北方最大的泉水,地下水汇流范围包括全部阳泉市和平定县、昔阳县、和顺县、盂县、寿阳县的部分地区,总面积约 3 800km²,源远流长。

2）双重储水空间型

这类含水岩体中的含水介质是由两种不同的储水空间组合而成的:一是大型管道、洞穴;二是网络状裂隙。衰减期泉流量 Q_t 与衰减时间 t(d)在半对数坐标系($\lg Q_t \sim t$)上大都为折线(或复杂曲线),如图 4-24 所示。

其衰减方程为:

$$Q_t = \begin{cases} Q_{01}e^{-\alpha_1 t} & [0, t_1] \\ Q_{02}e^{-\alpha_2 t} & [t_1, t_n] \end{cases} \tag{4-117}$$

有时在对实测点据($\lg Q_t \sim t$)分段拟合中,衰减流量曲线在半对数坐标上呈上凸曲线,如图 4-25 所示,相应的流量衰减方程为:

$$Q_{t1} = Q_{01}[1 - \alpha_1(t_1 - t_0)]$$

或

$$Q_{t1} = Q_{01}[1 + \alpha_1(t_1 - t_0)]^{-3} \tag{4-118}$$

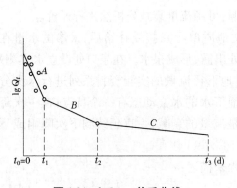

图 4-24　$\lg Q_t \sim t$ 关系曲线

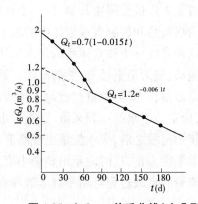

图 4-25　$\lg Q_t \sim t$ 关系曲线(上凸型)

3）多层次结构储水空间型

这类含水岩体中的含水介质具有不同等级的储水空间。

当流量开始衰减时,各大小通道(即各类含水介质)都开始排水,大通道排得快,小通道排得慢,小通道中的水被吸收入大通道,向地下河(或泉口)集中排泄。由于大通道排水速度快,持续时间较短,经过一定时间的排泄后,所储存的水量几乎排泄殆尽;这之后,泉口流量主要来自次一级储水空间,泉口流量的衰减速度主要取决于这类含水介质的排水速度,经过一定时间的排泄后,它所储存的水量也将殆尽;当流量衰减至某一时刻后,泉口流量将主要宣泄更次一级含水介质中的水量。

因此,可将衰减期流量的变化划分为若干个亚动态,在同一个亚动态期的流量按同一个衰减系数(α)值衰减,视同一亚动态期内衰减系数为常值。流量的衰减可用分区间的指数函数或衰减方程来表达,即:

$$Q_t = \begin{cases} Q_{01}\mathrm{e}^{-\alpha_1 t} & [0,t_1] \\ Q_{02}\mathrm{e}^{-\alpha_2 t} & [t_1,t_2] \\ Q_{03}\mathrm{e}^{-\alpha_3 t} & [t_2,\infty] \end{cases} \tag{4-119}$$

2. 计算步骤

流量衰减分析法的具体计算步骤如下:

(1)点绘流量散点图。在 $\lg Q_t \sim t$ 坐标纸上标出实测流量与时间的散点,并取衰减开始时刻 $t=0$,衰减期始点的流量是衰减期(无降雨补给期)最大值,由于降雨补给地下水的滞后,它应在降雨补给停止后一小段时间出现;终点流量则是衰减期持续下降的最小值。

(2)分段拟合。根据散点的点群分布情况作出拟合各点($\lg Q_{ti} \sim t_i$)的折线,如图 4-26 所示,折线的各线段代表各个亚动态。各拟合线段应穿过散点的"重心",使点子较均匀地分布在拟合线的上、下两侧。

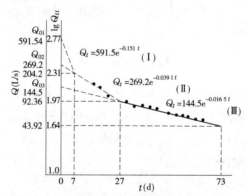

图 4-26　某地下河出口流量衰减方程示意图

(3)确定参数。为了建立流量衰减方程式,必须确定各亚动态的始点流量 Q_{0i} 和流量衰减系数 α_i,将各线段的延长线与 $\lg Q_t$ 轴相交,从而求出各个 $Q_{0i}(i=1,2,3)$。再过折线的各转折点分别向 $\lg Q_t$ 轴及 t 轴作垂线而得 $\lg Q_{ti}(i=1,2,3)$ 及 $t_i(i=1,2,3)$,按下式计算出各亚动态的衰减系数 $\alpha_i(i=1,2,3)$。即:

$$\alpha_1 = \frac{\lg Q_{01} - \lg Q_{t1}}{0.434 \times (t_1 - 0)} \tag{4-120}$$

$$\alpha_2 = \frac{\lg Q_{t1} - \lg Q_{t2}}{0.434 \times (t_2 - t_1)} \tag{4-121}$$

$$\alpha_3 = \frac{\lg Q_{t2} - \lg Q_{t3}}{0.434 \times (t_3 - t_2)} \tag{4-122}$$

(4)建立方程。当 Q_{01}、Q_{02}、Q_{03} 和相应的 α_1、α_2、α_3 确定以后,按下列模式:

$$Q_t = \begin{cases} Q_{01}e^{-\alpha_1 t} & [0, t_1] \\ Q_{02}e^{-\alpha_2 t} & [t_1, t_2] \\ Q_{03}e^{-\alpha_3 t} & [t_2, t_3] \end{cases} \tag{4-123}$$

写出分区间的流量衰减方程。例如,湖南响水沟喀斯特泉 1980～1981 年度衰减期,从 1980 年 10 月 22 日开始,通过泉流量实测资料系列计算,得出的衰减方程为:

$$Q_t = \begin{cases} 83.66e^{-0.661t} & [0, 3] \\ 21.88e^{-0.210t} & [3, 10] \\ 4.07e^{-0.024\,26t} & [10, \infty) \end{cases} \tag{4-124}$$

(5)计算调节储存量。喀斯特含水体在雨后衰减开始时刻($t = 0$)的可调节的储存总量(V)约等于衰减期的排泄总量,即:

$$V = V_1 + V_2 + V_3 \tag{4-125}$$

式中　V_1、V_2、V_3——相应于第一、二、三亚动态的储存量:

$$V_1 = \int_0^{t_1} (Q_{01}e^{-\alpha_1 t} - Q_{02}e^{-\alpha_2 t})\,dt \tag{4-126}$$

$$V_2 = \int_{t_1}^{t_2} (Q_{02}e^{-\alpha_2 t} - Q_{03}e^{-\alpha_3 t})\,dt \tag{4-127}$$

$$V_3 = \int_{t_2}^{\infty} Q_{03}e^{-\alpha_3 t}\,dt \tag{4-128}$$

另外,就山丘区其他排泄量的计算而言,山前侧向流出量和山间盆地潜水蒸发量的计算方法与平原区相同。而河床潜流量(河床松散沉积物中的径流量)可按下式计算:

$$v_{潜} = KIAt \tag{4-129}$$

式中　$v_{潜}$——河床潜流量,m^3;

　　　K——渗透系数,m/d;

　　　I——水力坡度,一般用河底坡降代替;

　　　A——垂直于地下水流向的河床潜流过水断面面积,m^2;

　　　t——河道或河段过水时间,d。

第四节　地下水资源评价

地下水资源评价,就是要求摸清在当地(或评价区)水文地质条件下,地下水的开采和补给条件及其之间的相互关系,分析其变化情况,从而据之以制定地下水开发利用的规划。地下水资源评价,最主要的是计算地下水允许开采量(亦称可开采量),因为它是地下水资源评价的目的所在。允许开采量是指在经济合理、技术可能的条件下,不引起水质恶化和水位持续下降等不良后果时开采的浅层地下水量,其计算方法因拟计算区的研究程度不同而不同,本节只介绍几种最主要的计算方法。

一、水均衡法

水均衡法实质上是用"水量守恒"原理分析计算地下水允许开采量的通用性方法,它是计算地下水允许开采量的各种方法的指导思想。从理论上讲,只要均衡要素可以求得,它可用于任何地区;但实际上经常用于范围较大的区域性地下水资源评价中,因为水文地质条件和影响因素的复杂性,采用其他方法常有困难。水均衡法需要参数较多而且资料比较齐全。

(一)基本原理

对一个均衡区的含水层来说,在补给和消耗的不平衡发展过程中,在任一时段 Δt 内的补给量和消耗量之差,恒等于这个含水层中水体积(严格说是质量)的变化量。据此,可建立如下水均衡方程式,即:

潜水
$$Q_{补} - Q_{消} = \pm \mu F \frac{\Delta h}{\Delta t}$$

承压水
$$Q_{补} - Q_{消} = \pm \mu_c F \frac{\Delta H}{\Delta t}$$

式中　$Q_{补}$——各种补给的总量,m^3/a;

　　　$Q_{消}$——各种消耗的总量,m^3/a;

　　　μ——给水度,以小数计;

　　　μ_c——弹性释水(贮水)系数(无因次);

　　　F——均衡区的面积,m^2;

　　　Δh——均衡期 Δt 内的潜水位变化,m;

　　　ΔH——均衡期 Δt 内承压水头的变化,m;

　　　Δt——均衡期,a。

以潜水为例,地下水在人工开采以前,在天然补给和消耗的作用下,形成一个不稳定的天然流场,雨季补给量大于消耗量,含水层内储存量增加,水位上升;雨季过后(特别是旱季)消耗量大于补给量,储存量减少,水位下降。但这种不平衡的发展过程具有一定的周期性(年周期和多年周期),从一个周期来看,这段时间的总补给量和总消耗量是接近相等的。人工开采等于增加了一个地下水消耗项,它改变了地下水的天然补给和消耗条件,使地下水运动发生变化,即在天然流场上叠加了一个人工流场。人工开采在破坏原来的补给与消耗之间天然动平衡的同时,建立新的开采状态的动平衡。人工开采形成降落漏斗,使天然流场发生变化,令天然消耗量减小而天然补给量增大。开采状态下的水均衡方程式为:

$$(Q_{补} + \Delta Q_{补}) - (Q_{消} - \Delta Q_{消}) - Q_{开} = -\mu F \frac{\Delta h}{\Delta t} \tag{4-130}$$

式中　$Q_{补}$——开采前的天然补给总量,m^3/a;

　　　$\Delta Q_{补}$——开采时的补给总增量,m^3/a;

　　　$Q_{消}$——开采前的天然消耗总量,m^3/a;

　　　$\Delta Q_{消}$——开采时天然消耗量的减少量总值,m^3/a;

$Q_{开}$——人工开采量，m^3/a；

μ——含水层的给水度，以小数计；

F——开采时引起水位下降的面积，m^2；

Δh——在 Δt 时段开采影响范围内的平均水位下降值，m；

Δt——开采时段，a。

由于开采前的天然补给总量与消耗总量在一个周期内是接近相等的，即 $Q_{补} \approx Q_{消}$，所以式(4-130)可简化为

$$Q_{开} = \Delta Q_{补} + \Delta Q_{消} + \mu F \frac{\Delta h}{\Delta t} \tag{4-131}$$

式(4-131)表明开采量是由下列三部分组成的：

(1)增加的补给总量($\Delta Q_{补}$)，也就是由于开采而夺取的额外补给总量，可称为开采补给量。

(2)减少的消耗总量($\Delta Q_{消}$)。如由于开采而引起的蒸发消耗减少、泉流量减小甚至消失、侧向流出量减少等，这部分水量实质上是取水构筑物截取的天然消耗量的总值，可称为开采截取量，它的最大极限等于天然消耗总量，即接近于天然补给总量。

(3)可动用的储存量($\mu F \frac{\Delta h}{\Delta t}$)，是含水层中永久储存量所提供的一部分。

明确了开采量的组成后，就可以按各个组成部分来确定允许开采量。开采量中的 $\Delta Q_{补}$ 只能合理地夺取，不能影响已建水源地的开采和已经开采含水层的水量，地表水的补给增量也应考虑是否允许利用。我们把合理的开采夺取量用 $\Delta Q_{允补}$ 表示。开采量中的 $\Delta Q_{消}$ 应尽可能多地截取，但也应考虑已经被利用的天然消耗量。例如天然消耗量中的泉水如果已经被利用，由于增加开采量而使泉的流量可能减少甚至枯竭，就是不允许的。截取天然消耗量的多少与取水建筑物的种类、布置地点、布置方案及开采强度有关。只有选择最佳开采方案，才能最大限度地截取。开采截取量的最大极限就是天然消耗总量，接近于天然补给总量。我们把合理的开采截取量用 $\Delta Q_{允消}$ 表示。开采量中可动用的储存量应慎重确定。首先要看永久储存量是否足够大，再看所用抽水设备的最大允许降深是多少，然后算出从天然低水位至最大允许降深动水位这段含水层中的储存量，按需要的开采年数(T)平均分配到每年的开采量中，作为允许开采量的一个组成部分。我们把慎重确定的可动用储存量用 $\mu F \frac{s_{max}}{\Delta t}$ 表示。其中 s_{max} 为最大允许降深，以 m 计，即天然低水位至最大允许降深动水位这段含水层的厚度；Δt 为开采年限，以 a 计。这样，当开采量($Q_{开}$)为允许开采量($Q_{允开}$)，而且 $\Delta Q_{允补}$、$\Delta Q_{允消}$、$\mu F \frac{s_{max}}{\Delta t}$ 的单位均用 m^3/a 时，式(4-131)就可改写为允许开采量的计算公式，即：

$$Q_{允开} = \Delta Q_{允补} + \Delta Q_{允消} + \mu F \frac{s_{max}}{\Delta t} \tag{4-132}$$

通常将式(4-132)表示的开采动态称为合理的消耗型开采动态，因为这种开采动态类型要消耗永久储存量。当不消耗永久储存量时，$s_{max} = 0$，式(4-132)变为：

$$Q_{允开} = \Delta Q_{允补} + \Delta Q_{允消} \tag{4-133}$$

式（4-133）表示的开采动态通常称为稳定型开采动态。

（二）计算步骤

（1）划分均衡区、确定均衡期、建立均衡方程式。因为各个均衡要素是随区域的水文地质条件不同而变化的，当计算面积较大时，不同地方的均衡要素差别较大，所以应将均衡要素大体一致的地区划为一个小区，将全部计算面积划分为若干小区。在平原地区多以一独立水文地质单元为一均衡区。均衡期一般取 1 年。在分析了各均衡小区在均衡期内有哪些均衡要素后，就可以为各均衡小区建立相应的均衡方程式。

（2）测定各个均衡小区的各个均衡要素值。

（3）计算和评价允许开采量。将各均衡要素代入均衡方程式，计算各均衡小区的允许开采量，然后将各均衡小区的允许开采量相加即得全区的允许开采量。

用水均衡法求地下水允许开采量，概念明确，易于理解；但要正确列出均衡方程式并把各个均衡要素准确测出却并非易事。因此，深入调查研究、全面掌握资料、具体地区具体分析、略去次要因素、抓住主要因素，就成为列均衡方程式的关键。而要把各均衡要素准确测出，还需改进测试方法、提高观测质量才能做到。

二、可开采系数法

在水文地质研究程度较高，并有开采条件下的地下水总补给量、地下水位、实际开采量等长系列资料地区，可用可开采系数法确定多年平均可开采量。

可开采系数法确定可开采量的一般计算公式为：

$$Q_{可采} = \rho Q_{总} \tag{4-134}$$

式中　$Q_{可采}$——地下水年可开采量，万 m^3/a；

　　　ρ——可开采系数，以小数计；

　　　$Q_{总}$——开采条件下的年总补给量，万 m^3/a。

平水年（灌溉用水保证率 $P = 50\%$）实际开采系数（$\rho_{平}$）的求法如下：

（1）编绘地下水开采条件分区图。根据地下水多年平均埋深、含水层厚度、单井的单位降深出水量（用此值表示含水层的富水性）、地形等特征编绘。

（2）编绘平水年（灌溉用水保证率 $P = 50\%$）或接近平水年的实际开采模数分区图，计算平水年（或接近平水年）各评价小区的实际开采模数。所谓开采模数是指单位面积上的年开采量。

（3）编绘开采条件下的多年平均总补给模数分区图；计算各评价小区的多年平均总补给模数，即单位面积上的多年平均年总补给量。平水年任何一个评价小区实际开采系数（$\rho_{平}$）的计算公式为：

$$\rho_{平} = \frac{P_{开}}{u_{补}} \tag{4-135}$$

式中　$\rho_{平}$——平水年（或接近平水年）某评价小区的实际开采系数，以小数计；

　　　$P_{开}$——平水年（或接近平水年）某评价小区的实际开采模数，m^3/hm^2；

　　　$u_{补}$——某评价小区的多年平均总补给模数，m^3/hm^2。

（4）绘制平水年（或接近平水年）开采系数分区图。某一评价小区的地下水多年平均年可开采量（$Q_{平开}$）为该小区的 $\rho_平$ 和该小区的多年平均年总补给量（$Q_{平补}$）之积，即：

$$Q_{平开} = \rho_平 \cdot Q_{平补} \tag{4-136}$$

$Q_{平开}$ 和 $Q_{平补}$ 均以万 m^3/a 计。整个评价区的多年平均年可开采量为各评价小区的 $Q_{平开}$ 之和。下面列出华北地区地下水可开采系数，供参考（见表4-15）。

表 4-15　华北地区地下水可开采系数（水利电力部水文局 1982 年数据）

单井单位降深出水量（$m^3/(h \cdot m)$）	地下水埋深	地下水全年变幅	开采程度	可开采系数
>20	大	连年下降	超采	0.85 ~ 0.95
5 ~ 10	较大	较大	较高	0.75 ~ 0.85
5 ~ 10	较小	较小	较低	0.75 ~ 0.85
<2.5	较小	稳定	低	0.60 ~ 0.70

由于平水年的可开采系数是按现有资料求出的，所以用可开采系数法求得的多年平均年可开采量是一个现状开采量，它是开采程度和多年平均年总补给量的函数。随着开采程度的提高，$\rho_平$ 趋近于1，多年平均年可开采量趋近于多年平均年总补给量。$\rho_平$ 的取值，主要根据需水情况、补给条件和维护正常的生态环境等综合分析确定，$\rho_平 \leq 1$。

三、相关分析法

该法适用于对已开采的潜水和承压水的旧水源地扩大开采时的评价，对新水源地不适用。旧水源地扩大开采时，在边界条件和开采条件变化不大时，用该法进行水位或开采量预报，结果较为可靠。开采量同许多自变量，如水位、开采时间、开采面积和水文气象因素等，是相互关联而又相互制约的，它们之间在数量关系上有三种，完全相关、零相关和统计相关。相关分析法是根据地下水的两个或多个主要相关变量的大量实际观测数据得出它们之间相互关系的表达式，然后用外推法进行预报，故又称为相关外推法。

在统计相关中，如果自变量只有一个，称为一元相关或简单相关；如果自变量有两个以上，则称为多元相关或复相关。自变量为一次式，称线性相关；是高次式，称非线性相关。

（一）基本原理

1. 一元回归方程

一般地讲，一口井的开采量和降深的关系为完全相关。但具体到一个开采区，因井数很多、影响因素复杂，加上观测误差，开采量和降深的关系通常是近似的统计相关。设有若干组观测值 Q_i 和 s_i，分别表示开采量和某点水位降，如将这些观测值点绘在 $Q \sim s$ 坐标上，如图4-27所示，可发现各点的位置比较分散，并不处于某一圆滑曲线的轨迹上。因而，不能用某种函数反映它们的规律性。但从分布的状态看，它们具有一定的分布趋势，直线分布或曲线分布。如按分布趋势，用最小二乘法求出一个近似的但又最接近所有观测值的直线方程或曲线方程，就可用来外推未来某一降深时的开采量，或预测某一开采量条件下可能出现的降深值，这样的方程也称回归方程。

1）一元直线相关

地下水开采量 Q 与其主要影响因素如开采降深之间的直线方程一般为：

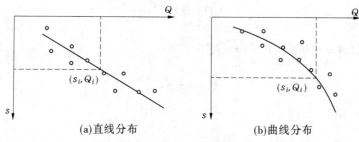

(a)直线分布　　　　　　　　(b)曲线分布

图 4-27　$Q \sim s$ 分布趋势图

$$Q = A + Bs \tag{4-137}$$

$$A = \overline{Q} - B\,\overline{s}$$

$$B = \frac{\sum_{i=1}^{N}(s_i - \overline{s})(Q_i - \overline{Q})}{\sum_{i=1}^{N}(s_i - \overline{s})^2}$$

式中　A 和 B——待定系数,可根据地下水动态观测资料利用最小二乘法确定:

$\overline{Q}$—— 开采量的平均值,$\overline{Q} = \dfrac{1}{N}\sum_{i=1}^{N}Q_i$;

$\overline{s}$—— 开采降深的平均值,$\overline{s} = \dfrac{1}{N}\sum_{i=1}^{N}s_i$;

N——观测数据组数。

2)曲线相关

当两个相关变量(如开采量 Q 与降深 s)之间不是直线关系时(见图 4-27(b)),可根据散点图的分布形状及特点选择适当的曲线来拟合观测数据。确定函数类型后,再确定函数关系式中的未知数。一般都是先通过变量变换,把非线性函数化成线性函数。

常见的函数图形以及变换公式列举如下:

(1)幂函数 (见图 4-28)。公式如下:

$$Q = As^B$$

两边取对数:　　　　　　$\lg Q = \lg A + B \lg s$

令 $\lg Q = \hat{Q}$,$\lg A = a$,$\lg s = \hat{s}$,则:

$$\hat{Q} = a + B\,\hat{s} \tag{4-138}$$

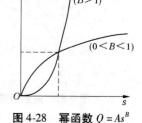

图 4-28　幂函数 $Q = As^B$

(2)指数函数(见图 4-29 和图 4-30)。第一种指数函数:

$$Q = Ae^{Bs}$$

两边取对数:$\lg Q = \lg A + Bs\lg e$

令 $\lg Q = \hat{Q}$,$\lg A = a$,$B\lg e = b$,则:

$$\hat{Q} = a + bs \tag{4-139}$$

第二种指数函数:

$$Q = Ae^{\frac{B}{s}}$$

两边取对数：$\qquad \lg Q = \lg A + \dfrac{B}{s}\lg e$

令 $\lg Q = \hat{Q}, \lg A = a, B\lg e = b, \dfrac{1}{s} = \hat{s}$，则：

$$\hat{Q} = a + b\,\hat{s} \qquad (4\text{-}140)$$

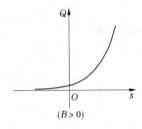

图 4-29　指数函数 $Q = Ae^{Bs}$

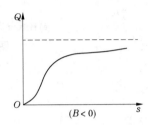

图 4-30　指数函数 $Q = Ae^{\frac{B}{s}}$

（3）对数函数（见图 4-31）。公式如下：

$$Q = A + B\lg s$$

令 $\lg s = \hat{s}$，则：

$$Q = A + B\,\hat{s} \qquad (4\text{-}141)$$

（4）变形双曲线函数（见图 4-32）。公式如下：

$$\dfrac{1}{Q} = A + \dfrac{B}{s}$$

令 $\dfrac{1}{Q} = \hat{Q}, \dfrac{1}{s} = \hat{s}$，则：

$$\hat{Q} = A + B\,\hat{s} \qquad (4\text{-}142)$$

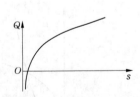

图 4-31　对数函数 $Q = A + B\lg s$

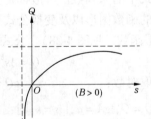

图 4-32　变形双曲函数 $\dfrac{1}{Q} = A + \dfrac{B}{s}$

（5）多项式（见图 4-33）。当所点绘的 Q 与 s 的散点图趋势为 S 形曲线时，则可采用多项式：

$$Q = a_0 + a_1 s + a_2 s^2 + a_3 s^3 + \cdots \qquad (4\text{-}143)$$

2. 多元回归方程

一般情况下，影响开采量的自变量不只一个，而是多个，所以需用多元回归方程进行外推。这种方程的原理和一元回归方程基本相同，但在计算上要复杂

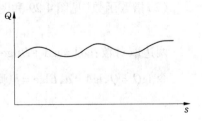

图 4-33　多项式曲线

得多。

多元线性相关时,方程的一般形式为:

$$Q = a_0 + a_1 x_1 + a_2 x_2 + \cdots + a_m x_m \tag{4-144}$$

式中　$a_0, a_1, a_2, \cdots, a_m$——待定系数;

$x_1, x_2, \cdots, x_m$——影响开采量的自变量,如水位、降深、降雨量、蒸发量、开采时间、开采面积和其他因素等。

设有 n 组观测值。按最小二乘法原理,误差的平方和应当最小,即:

$$\sum (Q_k - Q)^2 = \sum (Q_k - a_0 - a_1 x_1 - a_2 x_2 - \cdots - a_m x_m)^2 = 最小$$

同分析一元回归方程一样,取极值后,即求得:

$$a_0 = \overline{Q} - a_1 \overline{x}_1 - a_2 \overline{x}_2 - \cdots - a_m \overline{x}_m \tag{4-145}$$

系数 $a_0, a_1, a_2, \cdots, a_m$ 也称回归系,可由下列方程组中解出来:

$$\begin{cases} L_{11} a_1 + L_{12} a_2 + \cdots + L_{1m} a_m = L_1 Q \\ L_{21} a_1 + L_{22} a_2 + \cdots + L_{2m} a_m = L_2 Q \\ \qquad\qquad\qquad \vdots \\ L_{m1} a_1 + L_{m2} a_2 + \cdots + L_{mm} a_m = L_m Q \end{cases} \tag{4-146}$$

其中,$\overline{Q} = \dfrac{1}{n} \sum\limits_{k=1}^{n} Q_k$;$\overline{x}_i = \dfrac{1}{n} \sum\limits_{k=1}^{n} x_{ik}$;$L_{ij} = L_{ji} = \sum\limits_{k=1}^{n} (x_{ik} - \overline{x}_i)(x_{jk} - \overline{x}_j)$。

整理后得多元线性回归方程:

$$Q = \overline{Q} + a_1 (x_1 - \overline{x}_1) + a_2 (x_2 - \overline{x}_2) + \cdots + a_m (x_m - \overline{x}_m) \tag{4-147}$$

如果是多元幂曲线相关,即:

$$Q = A x_1^{a_1} \cdot x_2^{a_2} \cdots x_m^{a_m} \tag{4-148}$$

和分析一元幂曲线相关的道理一样,通过坐标变换,把非线性关系变成线性关系,同样可求得多元幂曲线回归方程:

$$\lg Q = \overline{\lg Q} + a_1 (\lg x_1 - \overline{\lg x_1}) + a_2 (\lg x_2 - \overline{\lg x_2}) + \cdots + a_m (\lg x_m - \overline{\lg x_m}) \tag{4-149}$$

(二)评价步骤

以一元回归为例。

(1)用回归方程推算开采量。当所有井的开采量和水位整理好后,统计历年的开采量,按水位绘出开采漏斗图,确定漏斗中心部位的水位降深,再把历年的开采量和水位降深点绘到 $Q \sim s$ 坐标上。分析它们的分布趋势。

若呈直线分布,可作出相关表,求出相关系数,检查开采量和降深之间的相关程度。对供水来说,要求相关系数 γ 大于 0.7,才能认为相关密切。

若呈曲线趋势,可用改换坐标的方法将曲线展成直线。可求出曲线的回归方程。

当相关程度合乎要求时,将设计降深代入回归方程,即可求出可开采量。也可根据需水量预测水位降。

(2)计算补给量。计算补给量的方法在前文已予介绍,这里不再重复。但在长期开采地区,也可采用下述方法估算补给量,即只要有多年动态资料及开采量统计,根据典型年的动态曲线即可求出开采漏斗的年平均补给量。计算公式为:

$$Q_{补} = \frac{t_{补}}{365}\left(Q'_{开} + \sum \mu F \frac{\Delta H}{\Delta t}\right) \qquad (4\text{-}150)$$

$$\mu F = \frac{Q_{开}}{v_{降}} \qquad (4\text{-}151)$$

式中　$Q_{补}$——平均补给量,m^3/d;

　　　$Q'_{开}$——补给期的平均开采量,m^3/d;

　　　$t_{补}$——补给时间(包括水位稳定时间在内),d;

　　　ΔH——在 Δt 时段的水位升幅,m;

　　　$Q_{开}$——旱季开采量,m^3/d;

　　　$v_{降}$——旱季水位平均降速,m/d;

　　　μF——单位储存量,m^2。

用上述公式分别求出枯水年、平水年和丰水年的平均补给量(或多年平均补给量),根据开采量不超过多年平均补给量的原则,即可评价推算可开采资源保证程度。

四、开采试验法

在水文地质条件复杂的地区,如一时难以查清水文地质条件(主要是补给条件),而又急需作出评价时,可打勘探开采井,并按开采条件(开采降深和开采量)进行抽水试验。根据试验结果可以直接评价开采量。这种评价方法对潜水或承压水、新水源地或旧水源地扩建都适用,但主要是适用于水文地质条件比较复杂、岩性不均一的中小型水源地。

在进行按开采条件或接近开采条件进行抽水试验时,一般是从旱季开始的,延续一月至数月。从抽水开始到水位恢复进行全面观测,结果可能出现两种情形。

(1)在长期抽水过程中,水位降深达到设计降深后一直保持稳定状态,这时的抽水量大于或至少满足需水量要求,停抽后水位又能较快恢复到原始静止水位。这说明抽水量小于开采条件下的补给量,所以按需水量开采是有补给保证的。这时的实际抽水量就是要求的开采量。

(2)在长期抽水过程中,水位降深达到设计降深后并不稳定,一直持续下降。停抽后,水位虽然也有恢复,但长时间达不到原始静止水位。这说明抽水量已经超过开采条件下的补给量,如按需水量开采是没有补给保证的。这时可按下述方法评价开采量。

在水位连续下降的过程中,只要大部分漏斗开始等幅下降,降速大小同抽水量成比例,则任一时段的水量均衡关系应满足下式:

$$\mu F \Delta s = (Q_{抽} - Q_{补})\Delta t \qquad (4\text{-}152)$$

式中　μF——水位下降 $1m$ 时储存量的减少量,简称单位储存量,m^2;

　　　Δs——Δt 时段的水位降深,m;

　　　Δt——水位持续下降的时间,d;

　　　$Q_{抽}$——平均抽水量,m^3/d;

　　　$Q_{补}$——开采条件下的补给量,m^3/d。

由上式解出 $Q_{抽}$ 得:

$$Q_{抽} = Q_{补} + \mu F \frac{\Delta s}{\Delta t} \tag{4-153}$$

式(4-153)说明,抽水量是由两部分组成的:一是开采条件下的补给量;二是含水层中消耗的储量。如将式(4-153)中的两部分分开,便可用开采条件下的补给量来评价开采量。

分解的方法是把抽水比较稳定、水位下降比较均匀的若干时段资料分别代入式(4-153),再用消元法解出 $Q_{补}$ 和 μF 值。

为了校核 $Q_{补}$ 的可靠性,还可用水位恢复资料进行检查。在抽水过程中,如果抽水量小于补给量,则水位应产生等幅回升。这时,式(4-153)中的 $\frac{\Delta s}{\Delta t}$ 应取负号,则得补给量计算公式为:

$$Q_{补} = Q_{抽} + \mu F \frac{\Delta s}{\Delta t} \tag{4-154}$$

式(4-154)中 μF 应取已求得的平均值,$\frac{\Delta s}{\Delta t}$ 为等幅回升速度。

当停止抽水时,$Q_{抽} = 0$,则又得:

$$Q_{补} = \mu F \frac{\Delta s}{\Delta t} \tag{4-155}$$

根据上面求得的 $Q_{补}$,结合水文地质条件和需水量即可评价开采量。但应注意,用上述方法所求得的 $Q_{补}$ 结果是偏于保守的。因为旱季抽水只能确定一年中最小的补给量。所以,在开采过程中还应继续观测,逐步采用年平均补给量来进行评价。

五、开采强度法

一般含水层是均质各向同性,水文地质条件简单、规则,在不考虑边界条件的情况下,在含水层分布广、距补给区较远的平原区或大型自流盆地的中部,井数很多、井位分散时(为农业供水的特点)采用开采强度法计算开采量比较方便,而计算补给量和评价原则同上。

(一)基本原理

所谓开采强度法就是在井群分布范围内,将井位分布较均匀,各井开采量相差不大的区域概化成一个或几个形状规则的开采区,如矩形开采区或圆形开采区。然后将分散井群的总开采量化成开采强度(即单位面积上的开采量)。再利用开采强度和水位之间的变化规律来推算设计降深时的开采量和保证开采量所必需的回灌量或补给量,此即称为开采强度法(也称解析法)。

现以无界承压含水层的矩形开采区为例,说明这种方法的原理(见图4-34)。

在矩形开采区内,以 (ξ, η) 点为中心取一微分面 $dF = d\xi \cdot d\eta$,并将它看成开采量为 dQ 的井

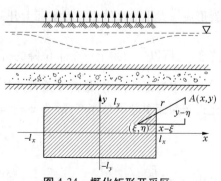

图4-34　概化矩形开采区

点。

在此井点作用下,开采区内外将形成水位降的非稳定场,对任一点 $A(x,y)$ 引起的水位降 $\mathrm{d}s$ 可用点函数表示:

$$\mathrm{d}s = \frac{\mathrm{d}Q}{4\pi T}\int_0^t \frac{\mathrm{e}^{-\frac{r^2}{4a\tau}}}{\tau}\mathrm{d}\tau$$

式中　T——导水系数,m^3/d;

　　　a——导压系数,m^3/d;

　　　t——时间,d;

　　　r——井点到 $A(x,y)$ 点的距离,m。

由图 4-34 知 $r^2 = (x-\xi)^2 + (y-\eta)^2$。如设开采强度为 ε,则有 $\mathrm{d}Q = \varepsilon\mathrm{d}\xi\mathrm{d}\eta$,同时置换 $T = a\mu_e$,μ_e 为弹性释水系数。将这些关系代入上式,并在矩形区内积分,即得 A 点的总水位降:

$$s(x,y,t) = \frac{\varepsilon}{4\mu_e a}\int_0^t \left(\int_{-l_x}^{l_x} \frac{\mathrm{e}^{-\frac{(x-\xi)^2}{4a(t-\tau)}}}{\sqrt{\pi(t-\tau)}}\mathrm{d}\xi \cdot \int_{-l_y}^{l_y} \frac{\mathrm{e}^{-\frac{(y-\eta)^2}{4a(t-\tau)}}}{\sqrt{\pi(t-\tau)}}\mathrm{d}\eta\right)\mathrm{d}\tau$$

对 ξ 和 η 作变量置换后,可以完成括弧内的积分,再用相对时间 $\bar{\tau} = \frac{\tau}{t}$ 置换,即得开采强度公式:

$$s(x,y,t) = \frac{\varepsilon t}{4\mu_e}\left[s^*(\alpha_1\cdot\beta_1) + s^*(\alpha_1\cdot\beta_2) + s^*(\alpha_2\cdot\beta_1) + s^*(\alpha_2\cdot\beta_2)\right] \quad (4\text{-}156)$$

其中,$\alpha_1 = \frac{l_x - x}{2\sqrt{at}}$;$\alpha_2 = \frac{l_x + x}{2\sqrt{at}}$;$\beta_1 = \frac{l_y - y}{2\sqrt{at}}$;$\beta_2 = \frac{l_y + y}{2\sqrt{at}}$;系数 $s^*(\alpha,\beta) = \int_0^1 \phi\left(\frac{\alpha}{\sqrt{\tau}}\right)\phi\left(\frac{\beta}{\sqrt{\tau}}\right)\mathrm{d}\tau$,具体数值可查阅有关水文地质手册。

如令 $\bar{s} = \frac{1}{4}\left[s^*(\alpha_1\cdot\beta_1) + s^*(\alpha_1\cdot\beta_2) + s^*(\alpha_2\cdot\beta_1) + s^*(\alpha_2\cdot\beta_2)\right]$,则式(4-156)表明,流场中任一点的水位降,等于 $\frac{\varepsilon t}{\mu_e}$ 乘以一个小于 1 的系数,而 $\frac{\varepsilon t}{\mu_e}$ 表示了无侧向流动时的水位降。如果开采过程中开采区外的地下水并不向开采区流动,则经过 t 时间,开采区内就形成 $\frac{\varepsilon t}{\mu_e}$ 大小的水位降。而实际上开采区外的地下水总是流向开采区,减缓降速使水位降变小,所以 $\frac{\varepsilon t}{\mu_e}$ 要乘上一个水位降的折减系数($\bar{s} < 1$)。

在水资源评价中,最需要重视的是开采区的中心部位,因为这里降深最大,最易超过允许降深而引起吊泵停产,故令 $x = y = 0$,$\bar{s} = s^*(\alpha\cdot\beta)$,式(4-156)简化为:

$$s(t) = \frac{\varepsilon t}{\mu_e}s^*(\alpha\cdot\beta) \quad (4\text{-}157)$$

其中,$\alpha = \frac{l_x}{2\sqrt{at}}$;$\beta = \frac{l_y}{2\sqrt{at}}$。

当潜水含水层厚度 H 较大,而水位降 s 相对较小,即 $\frac{s}{H}<0.1$ 时,则式(4-156)和式(4-157)可以直接近似用于无界潜水层,计算结果与实际不会出入太大。

如果 $0.1<\frac{s}{H}<0.3$,要用 $\frac{1}{2h_c}(H^2-h_0^2)$ 代替 s,用给水度 μ 代替 μ_e,结果得:

$$H^2-h_0^2=\frac{\varepsilon t}{2\mu}h_c[s^*(\alpha_1\cdot\beta_1)+s^*(\alpha_1\cdot\beta_2)+s^*(\alpha_2\cdot\beta_1)+s^*(\alpha_2\cdot\beta_2)]$$

$$H^2-h_0^2=\frac{2\varepsilon t}{\mu}h_cs^*(\alpha\cdot\beta)$$

式中　h_c——开采漏斗内潜水层的平均厚度,m,$h_c=\frac{1}{2}(H+h)$;

h——任一点的动水位,m;

h_0——开采区中心的动水位,m。

(二)计算方法

以式(4-157)为列说明计算开采量的方法。

(1)确定参数。式中含两个待定参数 μ_e 和 a。在新水源地,这两个参数可用抽水试验资料确定;在旧水源地,可利用多年开采资料计算参数。方法是,选择相邻两年的开采资料,即年平均开采强度和中心的年平均水位降:t_1、ε_1、s_1 和 t_2、ε_2、s_2,代入式(4-157)列出两个方程:

$$s_1=\frac{\varepsilon_1 t_1}{\mu_e}s^*\left(\frac{l_x}{2\sqrt{at_1}}\cdot\frac{l_y}{2\sqrt{at_1}}\right) \tag{4-158}$$

$$s_2=\frac{\varepsilon_2 t_{1+2}}{\mu_e}s^*\left(\frac{l_x}{2\sqrt{at_{1+2}}}\cdot\frac{l_y}{2\sqrt{at_{1+2}}}\right)+\frac{(\varepsilon_2-\varepsilon_1)(t_{1+2}-t_1)}{\mu_e}s^*\times$$
$$\left(\frac{l_x}{2\sqrt{a(t_{1+2}-t_1)}}\cdot\frac{l_y}{2\sqrt{a(t_{1+2}-t_1)}}\right) \tag{4-159}$$

两个方程含两个参数 μ_e 和 a,因此解是确定的。取两式比值消去 μ_e,用试算法求出 a,将求得的 a 值代入两式之一,可求得 μ_e。这样求出的参数比较符合实际,尤其在水文地质条件复杂的地区,更具有可靠性。

(2)水位预测及验证。根据实测的历年开采量,用式(4-157)计算水位降,并同实测水位降比较,可以检查公式本身是否符合实际。

(3)计算开采量和必需的回灌量。分析水位预测结果,如开采期间水位降未超过允许降深,则设计需水量是可以满足的。但在这类地区,多数情况是水位持续下降,此时应按控制水位的规划计算每年的开采量,而需水量同开采量之差就是每年必需的回灌量,按必需的回灌量进行人工回灌,则设计的需水量就是人工补给保证下的开采量。

但应指出,按上法所求的回灌量实行回灌的效果如何,还应继续观测分析。因为需水量同开采量之差只能代表缺少的水量,在年内能否完成回灌,尚取决于回灌的技术方法和水文地质条件的具体情况。

六、数值法

随着计算机技术的迅速发展,数值法作为一种求近似解的方法被广泛用于地下水水位预报和资源评价中。特别是在含水层是非均质、变厚度,隔水底板起状不平,边界条件和地下水补给及排泄系统较为复杂,解析法求解很困难,甚至在无能为力的情况下,数值法便能显示其优越性。

(一)基本原理

数值法是指把描述地下水运动的数学模型离散化,把定解问题化成代数方程,解出区域内有限个结点上的数值解。

数值法的基本思想:①连续变量离散化,把整个渗流区域削分成若干小的单元,即化整为零,经过近似处理后再积零为整。这与读者熟知的求积分的思想很类似;②逐步逼近,使近似值逐渐接近其真值,用简单函数逼近高等复杂函数,用初等运算代替高等运算,由此而决定数值法必须与计算机相结合。

地下水资源评价中常用的数值法为有限差分法和有限单元法。有限差分法,特别是交替方向隐式差分法,计算速度快,占用内存少,同时比较直观,简单易懂,在数学理论上比较成熟。但这种方法的时间步长受到较大的限制。有限单元法对第二类边界条件不必做专门处理,可以自动满足,单元大小和形状视需要取用,与有限差分法相比有较大的灵活性,一般情况有限单元法比有限差分法有更高的精度。但有限单元法占用的内存较多,在编排结点号码、编制程序和选用求解线性方程组方法时,应加以考虑,下面从基本原理对这两种方法作一简单介绍。

1. 有限差分法

有限差分法是把地下水运动微分方程用差分方程代替。边界条件、初始条件也相应地代替,最后把定解问题化为一组代数方程组求解。例如二维流运动方程为:

$$\frac{\partial^2 H}{\partial x^2} + \frac{\partial^2 H}{\partial y^2} = \frac{\mu_e}{T} \cdot \frac{\partial H}{\partial t} \tag{4-160}$$

首先,用平行于 x 轴和 y 轴的网线将渗流区 D 划分成若干个小单元(见图4-35),单元的结合点称结点,x 轴和 y 轴网线间距(Δx,Δy)称距离步长,把所取的时间间隔也分成时间步长(Δt)。

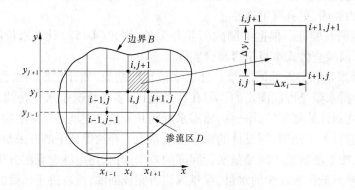

图4-35　用于数值解的网格

令 $x = i$,$y = j$,$t = k$,则:

$$x + \Delta x = i + 1; y + \Delta y = j + 1; t + \Delta t = k + 1$$

即以 $\widetilde{H}_{i,j}^{k}$ 表示 $\widetilde{H}(x,y,t)$ 在结点 $(x_i,y_i,t_i)=(i\Delta x,i\Delta y,i\Delta t)$ 上的值 $\widetilde{H}(i\Delta x,i\Delta y,$ $i\Delta t)$。其次,把偏微分方程用结点水头 $\widetilde{H}_{i,j}^{k}$ 写成一组(代数的)有限差分方程,其形式有:

(1)用时间导数的向前差分,则:

$$\frac{\widetilde{H}_{i-1,j}^{k}-2\widetilde{H}_{i,j}^{k}+\widetilde{H}_{i+1,j}^{k}}{(\Delta x)^2}+\frac{\widetilde{H}_{i,j-1}^{k}-2\widetilde{H}_{i,j}^{k}+\widetilde{H}_{i,j+1}^{k}}{(\Delta y)^2}=\frac{\mu_e(\widetilde{H}_{i,j}^{k+1}-\widetilde{H}_{i,j}^{k})}{T\Delta t} \tag{4-161}$$

$\widetilde{H}_{i,j}^{k}$ 的全部数值在 k 时刻为已知值,求解上式单个方程便可求得 $k+1$ 时刻各结点水头值,因此上述格式称显式。显式差分的稳定条件为 $\lambda=\dfrac{T\Delta t}{\mu_e}\left(\dfrac{1}{(\Delta x)^2}+\dfrac{1}{(\Delta y)^2}\right)\leqslant\dfrac{1}{2}$。

(2)用时间导数的向后差分,则:

$$\frac{\widetilde{H}_{i-1,j}^{k+1}-2\widetilde{H}_{i,j}^{k+1}+\widetilde{H}_{i+1,j}^{k+1}}{(\Delta x)^2}+\frac{\widetilde{H}_{i,j-1}^{k+1}-2\widetilde{H}_{i,j}^{k+1}+\widetilde{H}_{i,j+1}^{k+1}}{(\Delta y)^2}=\frac{\mu_e(\widetilde{H}_{i,j}^{k+1}-\widetilde{H}_{i,j}^{k})}{T\Delta t} \tag{4-162}$$

同样在 k 时刻全部 $\widetilde{H}_{i,j}^{k}$ 是已知值。因此,每个结点差分方程都含 5 个未知数,必须对渗流区每个结点写出相应的差分方程,组成 5 个对角线方程组,求解后便可得到各结点的 $\widetilde{H}_{i,j}^{k+1}$ 值。这种格式称隐式,它是无条件稳定的。

对以上两种方法加以比较,可发现隐式法在求解联立方程组时工作量比较大,显式法又受一定条件所限制,为发扬和弥补两种方法的优缺点而提出交替方向隐式差分法。

(3)交替方向隐式差分法(ADI 法)。它的最大特点是把二维流偏微分方程变为规模小又容易求解的 3 对角线方程组,同时又不失隐式法的无条件稳定,实际上是显式和隐式的结合。计算分两步:

第一步,x 轴方向取隐式,y 轴方向取显式,由 k 时刻水头算出 $k+\dfrac{1}{2}$ 时刻水头,差分方程为:

$$\frac{T(\widetilde{H}_{i-1,j}^{k+\frac{1}{2}}-2\widetilde{H}_{i,j}^{k+\frac{1}{2}}+\widetilde{H}_{i+1,j}^{k+\frac{1}{2}})}{(\Delta x)^2}+\frac{T(\widetilde{H}_{i,j-1}^{k}-2\widetilde{H}_{i,j}^{k}+\widetilde{H}_{i,j+1}^{k})}{(\Delta y)^2}=\frac{\mu_e(\widetilde{H}_{i,j}^{k+\frac{1}{2}}-\widetilde{H}_{i,j}^{k})}{\dfrac{1}{2}\Delta t} \tag{4-163}$$

上式中只包含 3 个未知数 $\widetilde{H}_{i-1,j}^{k+\frac{1}{2}}$,$\widetilde{H}_{i,j}^{k+\frac{1}{2}}$,$\widetilde{H}_{i+1,j}^{k+\frac{1}{2}}$,很容易求解。

第二步,以上一步求出的 $k+\dfrac{1}{2}$ 时刻水头为已知值,计算 $k+1$ 时刻水头。此时,y 轴方向取隐式,x 轴方向取显式,其差分方程为:

$$\frac{T(\widetilde{H}_{i-1,j}^{k+\frac{1}{2}}-2\widetilde{H}_{i,j}^{k+\frac{1}{2}}+\widetilde{H}_{i+1,j}^{k+\frac{1}{2}})}{(\Delta x)^2}+\frac{T(\widetilde{H}_{i,j-1}^{k+1}-2\widetilde{H}_{i,j}^{k+1}+\widetilde{H}_{i,j+1}^{k+1})}{(\Delta y)^2}=\frac{\mu_e(\widetilde{H}_{i,j}^{k+1}-\widetilde{H}_{i,j}^{k+\frac{1}{2}})}{\dfrac{1}{2}\Delta t}$$

$$\tag{4-164}$$

同样可用解 3 对角线方程组的方法,求出 $k+1$ 时刻水头分布。这样纵横交替地使用隐式差分计算,直到各结点水头都算出为止,故称为交替方向隐式差分。这样的差分格式由于计算工作量小,精度较高,所以广泛应用于地下水资源评价中。

2. 有限单元法

有限单元法的基础是用有限个单元的集合体来代替渗流区(见图4-36),然后选择简单的函数来近似地表示每个单元上的水头分布。最后集合起来形成线性代数方程组,求解将得出渗流区中结点处的近似水头。由于建立线性代数方程组的依据各有不同,有限单元法又分里兹法、迦辽金法等,在此只简单介绍里兹法。

里兹法是以变分原理和剖分插值为基础。所谓变分原理就是把对描述地下水运动的偏微分方程的求解化为求某个泛函的极值问题。部分插值是把所研究的渗流区从几何上剖分为点、线、面、体单元。假设结点的水头值为 $\widetilde{H}_i$,根据

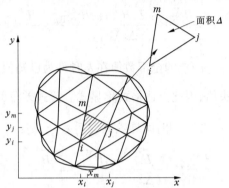

图 4-36　渗流区划分示意图

实际情况采用某种形式的插值法按单元插值,由 $\widetilde{H}_i$ 构造每个单元的水头表示式,最后形成整个单元集合体的插值。所以,这种方法就是从变分原理出发,利用整体单元集合体的插值,把求某个泛函的极值问题化为一组多元线性代数方程组的求解问题,从而获得所求渗流问题的解答。

例如,对非均质各向异性介质中稳定二维流的偏微分方程:

$$\frac{\partial}{\partial x}(T_x \frac{\partial H}{\partial x}) + \frac{\partial}{\partial y}(T_y \frac{\partial H}{\partial y}) = 0 \tag{4-165}$$

首先可以等价于求下列泛函的极小值:

$$I = \frac{1}{2}\iint_D [T_x(\frac{\partial H}{\partial x})^2 + T_y(\frac{\partial H}{\partial y})^2]\mathrm{d}x\mathrm{d}y$$

将求解区域 D 分成若干单元,一般常用三角形单元(见图4-36),单元内的水头按线性插值。那么在一个单元内的 (x,y) 上的 H 值可用矩阵形式给出:

$$H(x,y) = [N_i, N_j, N_m]\begin{Bmatrix} H_i \\ H_j \\ H_m \end{Bmatrix} = [N]\{H^e\}$$

其中:

$$N_i = a_i + b_i x + c_i y$$

$$a_i = \frac{x_j y_m - x_m y_j}{2\Delta}; b_i = \frac{y_j - y_m}{2\Delta}; c_i = \frac{x_m - x_j}{2\Delta}$$

其他系数(N_j, N_m)用 $i \to j \to m$ 的循环代换来求得,单元的分布函数 E^e 由下式求出:

$$E^e = \frac{1}{2}\iint_e [T_x(\frac{\partial H}{\partial x})^2 + T_y(\frac{\partial H}{\partial y})^2]\mathrm{d}x\mathrm{d}y$$

其次对应于 H_i、H_j、H_m 取 E^e 的导数,如对 i 结点水头 H_i 求导得:

$$\frac{\partial E^e}{\partial H_i} = \frac{1}{2}\iint_e [\,T_x \frac{\partial H}{\partial x}\frac{\partial}{\partial H_i}(\frac{\partial H}{\partial x}) + T_y\frac{\partial H}{\partial y}\frac{\partial}{\partial H_i}(\frac{\partial H}{\partial y})\,]\,\mathrm{d}x\mathrm{d}y$$

其中:

$$\frac{\partial H}{\partial x} = [\,\frac{\partial N_i}{\partial x}, \frac{\partial N_j}{\partial x}, \frac{\partial N_m}{\partial x}\,]\{H^e\} = [\,b_i, b_j, b_m\,]\{H^e\}$$

$$\frac{\partial H}{\partial y} = [\,\frac{\partial N_i}{\partial y}, \frac{\partial N_j}{\partial y}, \frac{\partial N_m}{\partial y}\,]\{H^e\} = [\,c_i, c_j, c_m\,]\{H^e\}$$

$$\frac{\partial}{\partial H_i}(\frac{\partial H}{\partial x}) = \frac{\partial N_i}{\partial x} = b_i, \frac{\partial}{\partial H_i}(\frac{\partial H}{\partial y}) = \frac{\partial N_i}{\partial y} = c_i$$

由此可得:

$$\frac{\partial E^e}{\partial H_i} = T_x[\,b_i^2, b_ib_j, b_ib_m\,]\{H^e\}\iint_e\mathrm{d}x\mathrm{d}y + T_y[\,c_i^2, c_ic_j, c_ic_m\,]\{H^e\}\iint_e\mathrm{d}x\mathrm{d}y$$

$$= \Delta T_x[\,b_i^2, b_ib_j, b_ib_m\,]\{H^e\} + \Delta T_y[\,c_i^2, c_ic_j, c_ic_m\,]\{H^e\}$$

对 H_j 和 H_m 重复上述步骤可得三个方程组,其矩阵表示为:

$$\{\frac{\partial E^e}{\partial H^e}\} = [\,S_{i,j,m}^e\,]\{H^e\}$$

式中 $[S_{i,j,m}^e]$ 是系数矩阵。对所有单元重复同样步骤,将全部方程联合组成一联立方程组,让每个方程组等于零,求泛函的极小值,用矩阵符号写为 $[S]\{H\}=0$。其中 $[S]$ 是总体系数矩阵,它与水文地质参数和渗流区几何形状有关;$\{H\}$ 是结点上的未知水头向量。

边界条件也须加以调整,把沿单元边线的条件调整到其结点上。如把沿某一边的已知流量分成(按比例)两个离散流量置于该边两个端点(结点)上。最后联立组成一组代数方程组,求解后便可得出研究区的数值近似解。

(二)计算步骤

1. 建立模型雏形

研究和了解计算区域的地质和水文地质条件,明确地质模型,这是运用数值法的基础。根据地质模型来选择相应的数学模型雏形。对区域水文地质条件的了解,还有助于下一步识别模型。明确地质模型主要应查明含水介质条件、水的流动条件以及边界条件等三方面。

(1)在含水介质条件方面,应查明含水层在空间的分布形状(可用顶底板等值线图来表示);查明含水层厚度的变化(可用含水层厚度等值线图表示);查明含水层透水性、储水性的变化情况,做出含水层非均质区图,即根据导水系数 T 和贮水系数 S(或 μ)进行分区,查明主含水层与其他含水层的接触关系,是否有天窗、断层等沟通,还要查明弱透水层及相邻水层的空间分布和厚度的变化。以上资料尽可能通过各种勘察手段来取得,当然也可以先有一个粗略的数值,再由下一步识别模型时来反求参数,如条件十分复杂,可以进行适当的概化。

(2)在地下水运动条件方面,应查明是承压水还是无压水流,或是承压转为无压区域;是层流还是紊流;是一维流、二维流还是三维流。对复杂的岩溶水存在管流、明渠流、非连续流时,也应进行概化,以便于选择相应的数学模型。

（3）在边界条件方面,首先查明边界的空间位置和分布形状,对于太复杂的形状也可概化为由折线组成的形状。其次应查明边界的性质,是属于一类还是二类边界,应给出定量的数值。最好是以天然边界作为计算域的边界,如地表水体、断层接触、侵入岩体接触、岩石性质的变化界线等。地表水体可能是定水头边界,但不可能所有地表水体都一定是定水头边界。只有当地表水与含水层有密切的水力联系,经动态观测证明有统一的水位,地表水对含水层有无限的补给能力,降落漏斗不可能超越此边界线时,才可以确定为定水头补给边界。定水头边界对计算成果的影响是很大的,所以确定时要慎重。如果是季节性的地表水,只能定为季节性的定水头边界;若只有某河段与地下水有水力联系,则只划定这一段为定水头边界;如果没有水力联系,仅仅是垂直入渗补给地下水,则单独计算垂直入渗量。

断层接触可以是隔水边界、流量边界,也可能是定水头边界。如果断层本身是不透水的,或断层的另一侧是隔水层,则构成隔水边界。如果断裂带本身是导水的,计算区内为强含水层,区外为弱含水层,则形成流量边界。如果断裂带本身是导水的,计算区内为导水性较弱的含水层,而区外为强导水的含水层,则可以定为水头补给边界。

岩体或岩性接触边界一般多属隔水边界或流量边界。凡是流量边界,应测得边界处岩石的导水系数及边界内外的水头差,即测得水力坡度,计算出补给量或流出量。

地下水的天然分水岭可以作为隔水边界。

含水层分布面积很大,在某一方向延伸很远成为无限边界时,对于解析解是很方便的,而用数值法时,则要计算很大的区域,需增加许多结点,增加计算工作量。这种情况可取离中心足够远的地方,作为定水头边界或隔水边界。这样须在假定的定水头边界的边缘划出一带弱含水层,其渗透系数应为含水层平均渗透系数的 $1/100 \sim 1/50$。其水头值应综合该地区的地下水位值给出,这样就等价于一个无限边界。

边界条件对于计算结果影响是很大的,在勘探工作中必须重视。有时边界条件复杂,给出定量的数据有困难,应通过专门的抽水试验来了解,也可以留待计算中识别修正模型时来验证边界条件,但不能遗留太多。

另外,还应查明可能发生垂直入渗或蒸发消耗的地段,以及可能发生越流的地段,确定各种入渗量、蒸发量、越流量。

经过以上几方面的研究,明确了地质模型以后,则可以建立相应的数学模型,这还只是一个雏形。然后进行剖分,做出计算网格图。选取坐标时应平行主渗方向,剖分时还应考虑水点的位置,有的源程序是把井点放在网格的中心,而有的是放在结点上。

2. 验证修改模型

根据上述要求建立的数学模型雏形是否符合实际,还要根据抽水试验或开采地下水时所提供的水位动态信息来检验,如果不符,则进行适当的修改,以求得符合实际的模型。这个过程也称为识别模型,也就是数学运算中的解逆问题。根据抽水试验或开采过程中所测得某些地下水位随时间变化的资料,来反求水文地质参数或边界条件。其方法有直接求解法和间接法。目前一般多用间接法,即试算法。

试算法就是根据所建立的数学模型,选相应的通用程序或专门编写的程序,用勘探试验所得到的参数和边界条件,选某一时刻作为初始条件,按程序所要求输入数据的顺序输入进去,按正演计算模拟抽水试验或开采,输出各观测孔的水位随时间的变化过程和抽水结束时流场情况。把计算所得资料与实际观测资料对比,如果不符合,则修改参数或边界条件,再一次进行模拟计算,如此反复调试,直到拟合误差小于某一给定标准为止,这时所有的一套参数和边界条件就认为是符合客观实际的。

逆演问题的唯一性,目前在数学上还没有很好解决。参数和边界条件可以存在多种组合,所以识别模型的过程往往很长,要反复调试多次才能得到较满意的结果,甚至有时花了很长的计算时间还得不到满意结果,修改了这里,那里又出了误差,修改了那里,这里又出了误差,来回老调整不好。应注意不能单纯从数字上去修改调整,而应从对水文地质条件的正确认识、正确分析判断整个流场的情况进行修改,不要仅在个别点上修改。在识别模型过程中,充分发挥水文地质人员的能动作用是很重要的。有时由于资料的不充分、对条件的认识不确切,不管用什么办法进行识别,都做不到一举成功。

3.运用模型进行水位预报和水资源评价

经过验证的模型还只能说是符合勘探试验阶段实际情况的模型,用它来进行开采动态预报时,还应考虑开采条件下可能的变化。含水介质的水文地质参数一般变化不大,但边界条件和地下水的补给排泄条件还可能发生变化。特别是抽水试验中降深不够大、延续时间不够长时,边界条件尚未充分暴露,开采时可能发生变化,因此运用识别后的模型进行地下水开采动态的水位预报时,还要依据边界条件的可能变化情况作出修正。变水头边界应推算出各时刻的水头值;流量边界应给出各计算时刻的流量;补给排泄量有变化时,也应推算出各时刻的补给排泄量。这些下推量的准确程度,影响到数值法成果的精度。因此,只有在边界条件和补给排泄条件不随气候、水文条件而变化时,数值法的结果才是较精确的。在其他条件下,做短期预报较精确,做长期预报则依赖于对气候、水文因素预报的精度。

根据开采条件对模型进行修改以后,便可用来正演计算,运用起来十分方便灵活,可以解决以下问题:

(1)可以预报在一定开采方案下水位降深的空间分布和随时间的演化,可以很快地预测到 10 年、20 年、50 年的水位降深,看是否超过允许降深。如果没有降水补给,这种预报是很准确的;若有降水补给,则依赖于对降水量预报的准确性。

(2)可以计算在一定期限内水位降深不超过某一限度(s_{max})时的可开采量。

(3)可利用计算机来研究某些水均衡要素,可算出补给量,求出稳定开采条件下的开采量。

(4)可进行不同开采方案的比较,选择最佳开采方案。

(5)可以计算满足开采需要的人工补给量,以及人工补给后水位的变化情况。

(6)还可以研究地表水与地下水的统一调度、综合利用,进行地下水盆地的管理,以及帮助研究其他许多水文地质问题。

数值法尽管是对渗流方程的一种近似解,但它可以处理复杂的条件,本身的精度完全能满足生产要求,反而比简化条件下的解析解更精确,很有发展前途。但它要求有较多的资料,其精度取决于参数和条件的精度。它适用于要求较高、条件复杂的大中型水源地的水资源评价,更适用于水资源管理和指导合理开发利用等方面。

习　题

1. 简述抽水试验的类型。

2. 如何利用稳定流抽水试验法确定渗透系数?

3. 试述非稳定流抽水试验确定导水系数和压力传导系数的方法。

4. 如何利用地下水动态观测资料确定给水度? 怎样理解变值给水度?

5. 地下水有哪些分类方法? 为什么开采条件下的补给量大于天然条件下的补给量?

6. 平原区与山丘区地下水资源量的计算方法有何不同?

7. 地下水资源评价的主要方法有哪些? 并说明各自的使用条件及优缺点。

8. 某灌区面积 74.6km², 潜水含水层给水度 0.16, 该区地下水位呈上升趋势, 为此需对地下水资源进行评价。在选取的典型水文年(1 年)中, 降雨量为 655mm, 降雨入渗系数为 0.19; 潜水蒸发强度为 0.072mm/d(蒸发时间按 365d 计); 渠系入渗补给量为 1 925 万 m³; 田间灌水量为 2 635 万 m³; 田间灌溉入渗补给系数为 0.15; 地下水开采量为 1 684.2 万 m³; 用达西断面法计算的区外侧向流入量为 290.48 万 m³, 流出量为 648.93 万 m³; 在该典型年末地下水位平均埋深为 2m, 不考虑越流补给与排泄。

(1)选择合适的方法评价该区的地下水资源。

(2)为了降低地下水位, 拟采取竖井排水方案, 若在该典型年末要求地下水位平均埋深控制在 2.5m, 试计算需要增加的地下水开采量(不考虑由于此开采引起的其他水文地质条件的变化)。

第五章　水资源总量计算

水资源总量计算的目的是分析评价在当前自然条件下可用水资源量的最大潜力,从而为水资源的合理开发利用提供依据。

第一节　水资源总量的概念

水资源主要指与人类社会生产、生活用水密切相关而又能不断更新的淡水,包括地表水、土壤水和地下水。地表水主要有河流水和湖泊水,由大气降水、高山冰川融水和地下水所补给,以河川径流、水面蒸发、土壤入渗的形式排泄。地下水为储存于地下含水层中的水量,由降水和地表水的下渗所补给,以河川径流、潜水蒸发、地下潜流的形式排泄。土壤水为存在于包气带中的水量,上面承受降水和地表水的补给,下面接受地下水的补给,主要消耗于土壤蒸发和植物蒸腾,只是在土壤含水量超过田间最大持水量的情况下,才下渗补给地下水或形成壤中流汇入河川,因此它具有供给作物水分并连通地表水和地下水的作用。由此可见,大气降水、地表水、土壤水和地下水之间存在着一定的转化关系,这种关系在国外称为地表水与地下水的相互作用或地表水与地下水的内在联系。在我国,20世纪80年代初这种关系才被引入水资源评价及开发利用研究。大气降水、地表水、土壤水和地下水之间相互联系和相互转化关系可用区域水循环概念模型(见图5-1)表示。

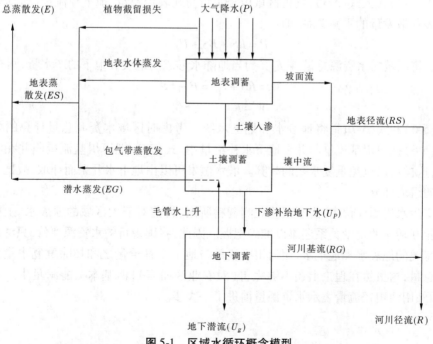

图 5-1　区域水循环概念模型

在一个区域内,如果把地表水、土壤水和地下水作为一个系统,则天然条件下的总补给量为降水量,总排泄量为河川径流量、总蒸散发量和地下潜流量之和。根据水量均衡原理,总补给量和总排泄量之差为区域内地表水、土壤水和地下水的蓄水变量,某一时段内的区域水量平衡方程为:

$$P = R + E + U_g \pm \Delta V \tag{5-1}$$

式中 P——降水量;

  R——河川径流量;

  E——总蒸散发量;

  U_g——地下潜流量;

  ΔV——地表水、土壤水和地下水的蓄水变量。

各量的单位均为万 m^3 或亿 m^3。

在多年平均情况下,蓄水变量可忽略不计,则式(5-1)变为:

$$P = R + E + U_g \tag{5-2}$$

如图 5-1 所示,可将河川径流量 R 划分为地表径流量 RS(包括坡面流和壤中流)和河川基流 RG,将总蒸散发量 E 划分为地表蒸散发量 ES(包括植物截流损失、地表水体蒸发和包气带蒸散发)和潜水蒸发量 EG,相应式(5-2)可写成:

$$P = (RS + RG) + (ES + EG) + U_g \tag{5-3}$$

根据地下水多年平均补给量和多年平均排泄量相等的原理,在没有外区来水的情况下,区域内地下水的降水入渗补给量 U_P 应等于河川基流量、潜水蒸发量和地下水潜流量之和,即:

$$U_P = RG + EG + U_g \tag{5-4}$$

将式(5-4)代入式(5-3),则得区域内降水量与地表径流量、地下径流量(包括垂向运动)、地表蒸散发量的平衡关系,即:

$$P = RS + ES + U_P \tag{5-5}$$

我们将区域内水资源总量 W 定义为当地降水形成的地表和地下的产水量,则有:

$$W = RS + U_P = P - ES \tag{5-6}$$

或

$$W = R + U_g + EG \tag{5-7}$$

式(5-6)和式(5-7)是将地表水和地下水统一考虑时区域水资源总量计算的两种公式。式(5-6)把河川基流量归并在地下水补给量中,式(5-7)把河川基流量归并在河川径流量中,这样可以避免重复水量的计算。潜水蒸发可以由地下水开采而夺取,故把它作为水资源的组成部分。

在实际水资源评价中,由于试验观测资料所限,目前对于大区域的地表水、土壤水和地下水相互转化的定量关系还难以准确把握。因此,我国现行的水资源评价,只考虑与工程措施有关的地表水和地下水,用河川径流量与地下水补给量之和扣除重复水量后作为水资源总量,这虽然在理论上还不够完善(对农业区而言),但基本上能满足生产上的需要,比国外用河川径流量表示水资源量前进了一大步。

第二节 水资源总量计算

在水量评价中,我们把河川径流量作为地表水资源量,把地下水补给量作为地下水资源量,由于地表水、地下水相互联系和相互转化,河川径流量中包括了一部分地下水排泄量,而地下水补给量中又有一部分来自于地表水体的入渗,故不能将地表水资源量和地下水资源量直接相加作为水资源总量,而应扣除相互转化的重复水量,即:

$$W = R + Q - D \tag{5-8}$$

式中 W——水资源总量;

R——地表水资源量;

Q——地下水资源量;

D——地表水和地下水相互转化的重复水量。

各量的单位均为万 m^3 或亿 m^3。

由于分区重复水量 D 的确定方法因区内所包括的地下水评价类型区而异,故分区水资源总量的计算方法也有所不同。下面分 3 种类型予以介绍。

一、单一山丘区

这种类型的地区一般包括一般山丘区、岩溶山区、黄土高原丘陵沟壑区。地表水资源量为当地河川径流量,地下水资源量按排泄量计算,相当于当地降水入渗补给量,地表水和地下水相互转化的重复水量为河川基流量。山丘区水资源总量计算公式为:

$$W_m = R_m + Q_m - R_{gm} \tag{5-9}$$

式中 W_m——山丘区水资源总量;

R_m——山丘区河川径流量;

Q_m——山丘区地下水资源量,即河川基流量和山前侧向流出量;

R_{gm}——山丘区河川基流量。

各量的单位均为万 m^3 或亿 m^3。

由于直接计算山丘地下水补给量的资料尚不充分,故可用排泄量近似作为补给量来计算地下水资源量(Q_m),即:

$$Q_m = R_{gm} + u_{gm} + Q_{CS} + Q_{sm} + E_{gm} + Q_{gm} \tag{5-10}$$

式中 R_{gm}——河川基流量;

u_{gm}——河床潜流量;

Q_{CS}——山前侧向流出量;

Q_{sm}——未计入河川径流的山前泉水出露量;

E_{gm}——山区潜水蒸发量;

Q_{gm}——实际开采的净消耗量。

各量的单位均为万 m^3 或亿 m^3。

据分析,u_{gm}、Q_{CS}、Q_{sm}、E_{gm}、Q_{gm} 一般所占比重很小,如我国北方山丘区,以上 5 项之和仅占其地下水总补给量的 8.5%,而 R_{gm} 占 91.5%。据此,在山丘区地下水资源评价中可以近似地用多年平均年河川基流量表示地下水资源量,而河川基流量已全部包含在河川径流量中,全部属于重复计算量,所以单一山丘区的水资源总量可以用多年平均年河川径流量代替。

山丘区河流坡度陡,河床切割较深,水文站得到的逐日平均流量过程线既包括地表径流,又包括河川基流,加之山丘区下垫面的不透水层相对较浅,河床基流基本是通过与河流无水力联系的基岩裂隙水补给的。因此,河川基流量可以用分割流量过程线的方法来推求,具体方法有直线平割法、直线斜割法、加里宁分割法等(见第四章)。

在北方地区,由于河流封冻期较长,10 月份以后降水很少,河川径流基本由地下水补给,其变化较为稳定,因此稳定封冻期的河川基流量,可以近似用实测河川径流量来代替。

在冬季降水量较小的情况下,凌汛水量主要是冬春季被拦蓄在河槽里的地下径流因气温升高而急剧释放形成的,故可将凌汛水量近似作为河川基流量。

二、单一平原区

这种类型区包括北方一般平原区、沙漠区、内陆闭合盆地平原区、山间盆地平原区、山间河谷平原区、黄土高原台塬阶地区。地表水资源量为当地平原河川径流量。地下水除了由当地降水入渗补给,一般还包括地表水体补给(包括河道、湖泊、水库、闸坝等地表蓄水体)和上游山丘区或相邻地区侧向渗入。平原区计算公式为:

$$W_P = R_P + Q_P - D_{rgP} \tag{5-11}$$

式中　W_P——水资源总量;

　　　R_P——河川径流量;

　　　Q_P——地下水资源量;

　　　D_{rgP}——重复计算量。

各量的单位均为万 m^3 或亿 m^3。

降水入渗补给量是平原区地下水的重要来源。据统计分析,我国北方平原区降水入渗补给量占平原区地下水总补给量的53%,而其他各项之和占47%。在开发利用地下水较少的地区(特别是我国南方地区),降水入渗补给中有一部分要排入河道,成为平原区河川基流,即成为平原区河川径流的重复量,此部分水量可由下式估算:

$$R_{gP} = Q_{SP} \times R_{gm}/Q_P = \theta_1 Q_{SP} \tag{5-12}$$

式中　R_{gP}——降水入渗补给中排入河道的水量;

　　　Q_{SP}——降水入渗补给量;

　　　Q_P——平原区地下水资源量;

　　　θ_1——平原区河川基流占平原区总补给量的比例;

　　　R_{gm}——平原区河道的基流量,可通过分割基流或由总补给量减去潜水蒸发量求得。

式中除 θ_1 外,其他各量的单位均为万 m^3 或亿 m^3。

平原区地下水中的地表水体补给量来自两部分:一部分来自上游山丘区(在山丘与平原区的重复水量中介绍);另一部分来自平原区的河川径流。这两部分的计算公式如下:

$$Q_{BBP} = \theta_2 Q_{BB} \tag{5-13}$$

$$Q_{BBm} = (1 - \theta_2) Q_{BB} \tag{5-14}$$

式中　Q_{BB}——平原区地下水中的地表水体补给量,万 m^3 或亿 m^3;

　　　Q_{BBP}——地表水体补给量中来自平原区河川径流的补给量,万 m^3 或亿 m^3;

　　　Q_{BBm}——地表水体补给量中来自上游山丘区的补给量,万 m^3 或亿 m^3;

　　　θ_2——Q_{BBP} 占 Q_{BB} 的比例,可通过调查确定(长江流域各平原区 θ_2 值见表 5-1)。

表 5-1　长江流域各平原区 θ_2 值

地区	θ_2	地区	θ_2
成都平原	0	南阳平原	0.3
汉中平原	0	鄱阳湖平原	0.4
洞庭湖平原	0.7	太湖平原	0.5
汉江平原	0.4	中下游沿江平原	0.5

注:摘自《水资源研究》,2006(1)。

平原区地表水和地下水相互转化的重复水量有降水形成的河川基流量和地表水体渗漏补给量,即:

$$D_{rgP} = R_{gP} + Q_{BBP} = \theta_1 Q_{SP} + \theta_2 Q_{BB} \tag{5-15}$$

因此,式(5-11)就转换为:

$$\begin{aligned} W_P &= R_P + Q_P - D_{rgP} \\ &= R_P + (Q_{SP} + Q_{BB} + Q_{CS}) - (R_{gP} + Q_{BBP}) \\ &= R_P + Q_{SP}(1 - \theta_1) + Q_{BB}(1 - \theta_2) + Q_{CS} \end{aligned} \tag{5-16}$$

式中　Q_{CS}——上游山丘区或相邻地区侧向渗入平原的水量,万 m^3 或亿 m^3。

这说明平原区本身的水资源总量是由平原区本身产生的河川径流量加上由上游山丘区或相邻地区侧向渗入的水量,再加上上游山丘区来水所补给的地表水体补给量和平原区降水入渗补给量的一部分构成的。

三、多种地貌类型混合区

在多数水资源分区内,往往存在两种以上的地貌类型区。如上游为山丘区(或按排泄项计算地下水资源量的其他类型区),下游为平原区(或按补给项计算地下水资源量的其他类型区)。在计算全区地下水资源量时,应先扣除山丘区地下水和平原区地下水之间的重复量。这个重复量由两部分组成:一是山前侧渗量;二是山丘区河川基流对平原区地下水的补给量。这部分水量随当地水文特性而异,有的主要来自汛期的河川径流,有的是非汛期的河川径流。而要扣除的是山丘区的基流,并不是山丘的河川径流,基流仅是河川径流的一部分。一般计算这部分基流采用河川径流乘以山丘补给系数估算。因此,山丘区河川基流对平原区的地下水补给量为:

$$Q_{SJB} = K Q_{BBm} = K(1 - \theta_2) Q_{BB} \tag{5-17}$$

式中　Q_{SJB}——山丘区河川基流对平原区的地下水补给量,万 m^3 或亿 m^3;

K——山丘区基流量与山丘区河川径流量之比，即 $K = R_{gm}/R_m$；

其他符号意义同前。

这样，山丘区与平原区的重复量就为：

$$D_{mPg} = Q_{CS} + K(1 - \theta_2)Q_{BB} \tag{5-18}$$

式中　D_{mPg}——山丘区与平原区的重复量，万 m³ 或亿 m³。

式(5-17)和(5-18)是针对汛期的。在非汛期，一般情况下河川径流全部为基流，此时山丘区对平原区地下水的补给量应为：

$$Q_{SJB} = (1 - \theta_2)Q_{BB} \tag{5-19}$$

则重复水量为：

$$D_{mPg} = Q_{CS} + (1 - \theta_2)Q_{BB} \tag{5-20}$$

因此，全区地下水资源总量为：

$$
\begin{aligned}
Q &= Q_m + Q_P - D_{mPg} \\
&= (R_{gm} + Q_{CS}) + (Q_{CS} + Q_{BB} + Q_{SP}) - [Q_{CS} + K(1 - \theta_2)Q_{BB}] \quad （汛期） \tag{5-21} \\
&= R_{gm} + Q_{CS} + Q_{SP} + [1 - K(1 - \theta_2)]Q_{BB}
\end{aligned}
$$

$$
\begin{aligned}
Q &= Q_m + Q_P - D_{mPg} \\
&= (R_{gm} + Q_{CS}) + (Q_{CS} + Q_{BB} + Q_{SP}) - [Q_{CS} + (1 - \theta_2)Q_{BB}] \quad （非汛期） \tag{5-22} \\
&= R_{gm} + Q_{CS} + Q_{SP} + \theta_2 Q_{BB}
\end{aligned}
$$

式中　Q——全区（包括山丘区和平原区）地下水资源量，万 m³ 或亿 m³；

　　　Q_m——山丘区地下水资源量，万 m³ 或亿 m³；

　　　Q_P——平原区地下水资源量，万 m³ 或亿 m³；

其他符号意义同前。

由于计算全区地下水资源量时，已扣除了不同类型区间，即山丘区与平原区间的重复计算量，所以在计算水资源总量时只考虑地表水资源量与地下水资源量间的重复计算量，即：

$$D = D_{rgm} + D_{rgP} = R_{gm} + \{\theta_1 Q_{SP} + [1 - K(1 - \theta_2)]Q_{BB}\} \quad （汛期） \tag{5-23}$$

或　　　　　　$$D = R_{gm} + (\theta_1 Q_{SP} + \theta_2 Q_{BB}) \quad （非汛期） \tag{5-24}$$

式中　D_{rgm}——山丘区地下水资源与河川径流量间的重复计算量，万 m³ 或亿 m³；

　　　D_{rgP}——平原区地下水资源与河川径流量间的重复计算量，万 m³ 或亿 m³；

其他符号意义同前。

全区水资源总量为：

$$
\begin{aligned}
W &= R + Q - D \\
&= R + \{R_{gm} + Q_{CS} + Q_{SP} + [1 - K(1 - \theta_2)]Q_{BB}\} - \\
&\quad \{R_{gm} + \theta_1 Q_{SP} + [1 - K(1 - \theta_2)]Q_{BB}\} \tag{5-25} \\
&= R + Q_{CS} + (1 - \theta_1)Q_{SP} \quad （汛期）
\end{aligned}
$$

或　　　　
$$
\begin{aligned}
W &= R + (R_{gm} + Q_{CS} + Q_{SP} + \theta_2 Q_{BB}) - (R_{gm} + \theta_1 Q_{SP} + \theta_2 Q_{BB}) \\
&= R + Q_{CS} + (1 - \theta_1)Q_{SP} \quad （非汛期） \tag{5-26}
\end{aligned}
$$

式中各符号意义同前。

　　从总资源量来看,汛期和非汛期的算法虽然具有不同的重复量分配(不同地貌类型间和地表水资源与地下水资源间),但其水资源总量是相同的,均为河川径流量、山前侧向流出量和消耗于潜水蒸发的降水入渗量部分的和。

　　区域水资源总量代表在当前自然条件下可用的水资源的最大潜力,由于技术、经济等方面的原因,其中有相当一部分是在现实条件下不能予以充分利用的。当然,在以上水资源总量的计算中,也没有考虑通过专门的人为措施可更多地使降水转化为可用水量的情况。

第三节　水量平衡分析

　　水量平衡分析的目的是研究不同地区水文要素的数量及其相互的对比关系,利用水文、气象以及其他自然因素的地带性规律,检查水资源计算成果的合理性。

　　在一个流域片内,如果忽略地下水进出该片的潜流量,则在多年平均的情况下可以建立水量平衡方程,即:

$$P = R + E \tag{5-27}$$
$$R = RS + RG \tag{5-28}$$
$$E = ES + EG \tag{5-29}$$
$$W = R + EG \tag{5-30}$$

式中　P——降水量,为已知量;

　　　R——河川径流量,为已知量;

　　　E——总蒸散发量,用降水量减去河川径流量求得;

　　　W——水资源总量,为已知量;

　　　RG——河川基流量,评价区的降水入渗补给量主要消耗于潜水蒸发,基流量可以忽略不计,则该量为山丘区基流量与平原区降水形成的基流量之和,其数值由重复计算成果中取得;

　　　RS——地表径流量,用河川径流量减去河川基流量求得;

　　　EG——平原淡水区潜水蒸发量,在开采情况下还包括地下水开采净消耗量,用水资源总量减去河川径流量求得;

　　　ES——地表蒸散发量,用总蒸散发量减去平原淡水区潜水蒸发量求得。

　　各量的单位均为万 m^3 或亿 m^3。

　　根据上述水量平衡方程,可对各流域片的水文要素进行分析,并求得 R/P、W/P、RG/R、EG/E、$(RG + EG)/W$ 等比值,进而进行水量平衡对比分析。

　　我国各流域片的水资源总量(折合为水深)平衡对比见表 5-2。从该表可以看出,全国多年平均降水量648mm,有44%形成河川径流,其余56%消耗于地表水体、植被土壤的蒸散发和潜水蒸发。全国多年平均河川径流深284mm,其中25%由地下水补给,相当于径流深71mm。全国多年平均蒸散发量364mm,其中3%为平原淡水区的潜水蒸发,这部分水量可以通过地下水的开采而截取利用。全国多年平均水资源总量(产水量)为28 124亿 m^3,折合水深为295mm,占全国多年平均降水量的46%,其中比较容易开发利用的为河川基流量和平原淡水区的潜水蒸发量,其数量仅占水资源总量的28%,约为 7 800 亿 m^3;

其余72%为地表径流量。由于地表径流量年际、年内变化大,需要修建大型蓄水工程进行调节,才能控制利用。

表5-2　全国各流域片水资源总量平衡对比

流域片	P	R	RS	RG	E	ES	EG	W	R/P	W/P	RG/R	EG/E	$(RG+EG)/W$
黑龙江	496	129	104	25	367	346	21	150	0.26	0.30	0.19	0.06	0.31
辽河	551	141	115	26	410	384	26	167	0.26	0.30	0.18	0.06	0.31
海滦河	560	91	56	35	469	428	41	132	0.16	0.24	0.38	0.09	0.58
黄河	464	83	48	35	381	370	11	94	0.18	0.20	0.42	0.03	0.49
淮河	860	225	181	44	635	568	67	292	0.26	0.34	0.20	0.11	0.38
长江	1 071	526	399	127	545	539	6	532	0.49	0.50	0.24	0.01	0.25
珠江	1 544	807	625	182	737	732	5	812	0.52	0.53	0.23	0.01	0.23
浙闽台诸河	1 758	1 066	825	241	692	677	15	1081	0.61	0.61	0.23	0.02	0.24
西南诸河	1 098	687	506	181	411	411	0	687	0.63	0.63	0.26	0.00	0.26
内陆诸河	154	32	18	14	122	118	4	36	0.23	0.31	0.44	0.03	0.50
附:额尔齐斯河	395	190	138	52	205	199	6	196	0.50	0.48	0.27	0.03	0.30
北方6片	330	74	52	22	256	242	14	88	0.22	0.27	0.30	0.05	0.41
南方4片	1 204	650	493	157	554	550	4	654	0.54	0.54	0.24	0.01	0.25
全国平均	648	284	213	71	364	353	11	295	0.44	0.46	0.25	0.03	0.28

注:①北方6片含额尔齐斯河;②P、R、RS、RG、E、ES、EG、W的单位均为mm。

　　分析表5-2还可以看出,全国各流域片的水量平衡要素及相互对比关系有着明显的地域差别。南方4片平均降水量为1 204mm,年径流深650mm,分别为全国平均值的1.9倍和2.3倍;平均产水深654mm,是全国平均产水深的2.2倍。北方6片平均降水量仅330mm,年径流深只有74mm,分别为全国平均值的51%和26%;平均产水深88mm,为全国平均产水深的30%。但北方平原地下含水层的调蓄能力比南方平原大,所以北方各流域片的$(RG+EG)/W$值都比南方各片大。

　　内陆诸河片是我国最干旱的地区,多年平均降水量仅为154mm,年径流深只有32mm,但基流比RG/R和$(RG+EG)/W$值在全国各流域片中是最大的,这是冰川和地下含水层的调节作用所致。

习 题

　　1. 试从区域水循环角度解释水资源总量的概念。

　　2. 不同地貌类型区的水资源总量计算有何区别?

　　3. 在水资源总量计算中为什么要进行水量平衡分析?

第六章　水资源质量评价

在水资源开发利用和水环境保护的许多方面,都必须准确地评估水体及水源水的质量状况,为水体环境质量的保持和改善提供依据,为用水功能的安全提供基本保障,这项重要工作就是水资源质量评价。水资源质量也可简称为水质,是指天然水及其特定水体中的物质成分、生物特征、物理性状和化学性质以及对于所有可能的用水目的和水体功能,其质量的适应性和重要性的综合特征。

按水资源质量评价的目的可分为水资源利用的水质评价和水环境保护的水质评价。按水资源质量评价的目标和要素可分为物理性状评价、化学性质评价、化学成分评价、生物特征评价等几方面。

按水源水体类型可分为地表水质量评价、地下水质量评价和降水水质评价。

按水资源管理目标不同还可分为供用水水质评价、水体污染控制水质评价、水资源工程运行管理水质评价、水生态系统及水体环境质量监测水质评价等。

在水资源开发利用和水环境保护的生产实际中,水质评价通常以各类水资源开发利用工程和水体类型作为评价主体。因此,本章将水资源质量评价按河流泥沙水质评价、地表水水质评价和地下水水质评价三个方面介绍主要的水质评价方法。

第一节　河流泥沙水质评价

河流作为陆面水循环的主要方式,是陆地可持续利用淡水资源的重要水体。同时,由于河流的水动力特性及其强大的侵蚀和运载能力,其又成为最重要的外地质作用营力,对水体环境的演变及地表形态的改造和塑造具有巨大的影响。在水资源利用和水资源开发工程的运行管理中,河流的泥沙问题也是主要的水质和水环境要素之一。

一、泥沙的形成及其特征

河流泥沙是降水、地面水流、风力、冰川及重力地质作用在降落地面和流动的过程中冲击破坏和冲刷侵蚀地表岩石物质,并将其挟载运移或异地沉积形成的固体颗粒物质。其中岩石的风化作用是产生泥沙最主要的形成条件和物质来源。风化物质形成河流泥沙要经历侵蚀、运移和沉积的相应过程。

(一)岩石的风化作用

岩石的风化作用是地表岩石在大气、水和生物活动等自然因素影响下,岩石的结构、构造、化学成分发生改变,最终崩解和破坏的过程。它主要包括物理风化、化学风化和生物风化三种类型。

物理风化作用主要有热力风化作用、冰劈作用、矿物的结晶膨胀作用、卸荷作用等。物理风化作用的结果是将岩石分离、剥离、崩解和分细,形成大小不同的岩块,物理风化作用的持续进行将使岩石形成越来越小的颗粒物质,为化学风化作用提供更大的接触表面积,并使岩石的完整性和抗侵蚀能力大为降低。气温的剧烈变化是发生物理风化作用最主要的自然条件。

化学风化作用主要有水的溶解作用、水解作用、水化作用、氧化作用和碳酸岩溶解作用等。化学风化作用的结果是将岩石完全或不完全地化学反应性溶解,使岩石崩解和破坏,形成非可溶性的残积物质和碎屑。湿润高温的气候条件使化学风化作用得以快速进行。

生物风化作用是通过生物的生命活动破坏、分解岩石的过程,包括根劈、钻穴和人类扰动等机械作用和分解、吸收、腐蚀等生物化学作用。

岩石的风化作用产物在地貌上形成地表风化壳,由岩石崩解和溶滤形成的较粗的颗粒碎屑物质和化学稳定性较好的细粒黏土物质组成。岩石及矿物碎屑以石英、长石类、云母类矿物碎屑和硬度与粒度较大的岩石碎屑为主;黏土矿物以蒙脱石类、水云母类和高岭石类为主,包括铁和铅的氧化物质。

(二)岩土的侵蚀作用

地表岩土物质受水及其他引力的侵蚀,其物质结构破坏并分离、迁徙形成水体中的泥沙,是泥沙形成的最重要的环节。侵蚀作用的强度取决于岩石的强度和抗侵蚀能力、地形坡度及长度、降雨强度及降水量、植被发育程度及其特征等诸多因素。

江忠善等总结了黄土高原地区裸地水土侵蚀强度的经验模型:

$$M = 13.606 P^{0.868} I_{30}^{2.293} \alpha^{0.712} L^{0.195}$$

式中　　M——坡面土壤侵蚀量,t/km^2;

　　　　P——降雨量,mm;

　　　　I_{30}——30min 降雨强度,mm/min;

　　　　α——坡度,(°);

　　　　L——坡长,m。

降水和地面径流溅侵、浸润、冲刷、搬运各种侵蚀产物,使地表水体中的大量固体颗粒物质构成泥沙,并在特定的水动力条件下进行挟载、输移和沉积,产生泥沙的分布和运动。

流域或区域水土侵蚀强度通常用土壤侵蚀模数 $M_s(t/(km^2 \cdot a))$ 来表示,并由此确定相关流域和区域的输沙模数 $W_s(t/(km^2 \cdot a))$ 与河流的输沙量 V_s。

(三)泥沙的基本性质

1. 中国河流泥沙的矿物组成与化学成分

1)矿物组成

泥沙来源于岩石的风化,而岩石则为不同矿物质的聚合体,因此泥沙由多种矿物质组成。组成岩石的主要矿物有九类,它们的性质如表6-1所示。

石英及长石是组成泥沙的两种最主要矿质。长江荆江段床沙中含有石英、长石、角闪石、方解石、黑云母、氧化铁、辉石及绿泥石等,其中石英占79%~80%,长石占5%~10%。由于石英及长石居主导地位,所以泥沙的组成成分虽然十分复杂,但是它的比重一般为2.60~2.70。凡是粒径在2mm以上的粗颗粒泥沙,所含矿质可能不止一种,而粒径在2mm以下的细颗粒泥沙则多半为单一矿物质。

表6-1　组成岩石的主要矿物及性质

名称	种类	分子式	色泽	节理	光泽	硬度	比重
长石	正长石	$KAlSi_3O_8$	红,粉红	二组成直角相交	如玻璃及珍珠	6.0	2.56
	斜长石	$NaAlSi_3O_8$ $CaAl_2Si_2O_8$	白,灰	二组成86°角相交	如玻璃及珍珠	6.0	2.6~2.8
石英	—	SiO_2	白,无色	无	如玻璃	7.0	2.66
辉石	透辉石	$CaMg(SiO_3)_2$	绿,黑	二组相交角87°~93°	如丝绢	5~6	3.2~3.6
	紫苏辉石	$(Mg,Fe)SiO_3$					3.3~3.5
	斜辉石	$(Al,Fe)SiO_3$					3.2~3.4
角闪石	透闪石	$Ca_2Mg_5Si_8O_{22}(OH)_2$	绿,黑	二组成124°角相交	如玻璃及珍珠	5~6	2.9~3.1
	阳起石	$Ca_2(Mg,Fe)_5Si_8O_{22}(OH)_2$					3.0~3.2
云母	白云母	$KAl_2(Si_3Al)O_{10}(OH)_2$	无色	一组极易裂成薄片	如珍珠	2.5~3	2.8~2.9
	黑云母	$K_2(Mg,Fe)_6(SiAl)_8O_{20}(OH)_4$	黑,棕,深绿				3.0~3.1
橄榄石	—	$(Mg,Fe)_2SiO_4$	绿,黄	不明显	如玻璃	6.5~7	3.2~3.6
碳酸化物	方解石	$CaCO_3$	无色白,灰棕,黄灰	三组成74°角相交	如玻璃	3	2.72
	白云石	$CaMg(CO_3)_2$				3.5~4	2.87
	菱铁矿	$FeCO_3$				3.5~4	3.8~3.9
高岭土	—	$Al_2Si_2O_5(OH)_4$	白,灰,棕,黑	无	如泥土	1~2.5	2.6
氧化铁	赤铁矿	Fe_2O_3	红,棕,灰	无	近金属或泥土	5.5~6	4.3
	褐铁矿	$2Fe_2O_3 \cdot 3H_2O$	黄,棕		如泥土或丝绢	5~5.5	3.8

　　泥沙中通常含有若干种重矿质,如磁铁矿(比重5.2)、铁矿(比重4.7)、石榴石(比重3.8)及角闪石(比重3.2)等。长江南京段泥沙含有1.1%的铁砂。这些重矿物量虽不大,但却是极好的指示剂,可以用来判断泥沙的来源以及流域内各个地区的相对产沙量。

　　2)中国河流颗粒物的元素组成

　　陈静生等对我国42个河流颗粒物样品的16种常量和微量元素(Al、Ca、Mg、Na、K、Ti、Cr、V、Ni、Fe、Mn、Cu、Pb、Zn、Cd、Co)的含量进行了测定,结果列于表6-2中。

　　由表6-2可见,我国南方河流颗粒物中Al的含量显著高于北方的河流颗粒物,以黄河颗粒物Al的含量为最低,而颗粒物中K、Na的含量则是北方河流高于南方河流。这种变化大趋势与Martin等所报道的世界河流颗粒物中Al、K、Na含量的纬度变化趋势是一致的,热带河流颗粒物主要来源于流域土壤的历史强风化产物,而北极区和寒带河流颗粒物

表 6-2　中国东部主要河流颗粒物的元素组成

（单位：mg/kg）

河流	n	Al	Ca	Mg	K	Na	Ti	Fe	Mn	Cu	Pb	Zn	Cd	Cr	Co	Ni	V
黑龙江	2	61 445	15 950	13 709	20 900	12 200	4 707	35 232	908.2	17.0	32.1	134.5	0.22	55.4	15.5	37.6	87.6
嫩江	2	59 595	13 179	8 941	26 400	7 200	4914	44 134	832.1	22.4	28.7	151.2	0.14	54.3	15.5	37.0	78.5
松花江	5	60 326	20 018	13 417	24 950	9 875	7 730	49 406	602.1	30.2	34.5	155.3	0.15	53.7	19.3	35.6	72.7
乌苏里江	2	73 000	27 050	24 750	27 150	8 650	—	60 900	396.0	24.7	40.0	178.4	0.09	45.2	23.2	39.8	—
图们江	1	72 100	20 100	20 000	25 600	8 700	—	69 600	456.3	55.0	34.6	351.0	0.12	46.6	24.4	43.6	—
鸭绿江	5	72 500	23 200	16 500	28 700	9 700	—	58 700	403.7	42.3	40.0	231.0	0.15	44.6	24.5	40.2	—
辽河	3	68 000	30 100	21 200	21 600	9 300	—	31 562	456.8	56.7	30.0	151.5	0.12	34.3	19.6	38.2	—
滦河	2	59 455	25 355	17 643	24 500	10 200	4 849	38 547	660.5	20.3	23.8	57.1	0.15	55.2	16.6	37.1	77.6
黄河	3	54 660	45 860	23 785	25 100	14 500	3 992	28 588	486.3	16.2	18.8	61.8	0.18	54.7	11.8	42.4	80.0
淮河	2	54 785	20 560	10 290	—	—	4 738	41 200	814.2	23.1	23.1	80.0	0.27	84.8	23.8	44.1	88.3
长江	7	70 730	24 767	20 515	21 350	4 925	5 988	48 647	594.5	47.6	45.5	139.9	0.33	69.0	25.5	42.1	130.6
钱塘江	2	74 800	7 281	11 696	19 200	5 100	4 631	33 035	937.6	41.6	38.8	238.6	0.47	59.1	23.2	44.1	98.1
闽江	2	97 700	6 472	5 465	16 200	4 900	5 126	50 188	1 071.8	45.0	76.3	290.6	0.62	55.9	21.4	37.9	106.4
珠江	4	94 850	6 725	8 765	11 250	6 400	5 769	50 509	551.8	56.1	60.0	256.3	0.61	91.9	24.8	46.7	117.8

注：n 表示观测次数。

主要来源于岩石碎屑的弱风化产物。我国长江以南,主要发育着不同富铝化程度的砖红壤、红壤和黄壤,因而这些流域的颗粒物中相对富集 Al,而贫于 K 和 Na;相反,处于寒温带和温带的北方河流则相对富集 K 和 Na,而贫于 Al。

中国东部河流颗粒物中 Ca、Mg 的含量呈现以黄河为最高,向南、北两侧降低的分布趋势。这是流域基岩背景和风化过程共同影响的结果。在黄河中、下游区域广泛分布着富含碳酸盐的黄土和黄土状物质,碳酸盐含量高达 5% ~ 20%。加上黄河流域气候干旱,风化淋溶作用相对较弱,因而黄河颗粒物中 Ca 的含量很高。西南地区广泛分布石灰岩,而西江下游的珠江颗粒物中并没有检测到高含量的 Ca,其原因可能是该地区气温高,降水量大,风化淋溶作用强烈,导致水迁移性强的 Ca 大部分已遭淋溶,颗粒质泥沙中 Ca 较少。

对于 Cu、Pb、Zn、Cd、Cr、Co、Ni 和 V 等微量元素,总的分布趋势是北方河流低、南方河流高,其最低值都出现在黄河(V、Cd 除外)中,再次表现了黄河颗粒物组成的特殊性。相对来说,Co、V、Ni 的含量分布差异较小。有人认为,我国南方河流颗粒物中微量元素含量较高与华南地区广泛分布的有色金属矿床有关,对我国华南地区土壤微量元素背景值的研究表明,华南地区土壤中的微量金属含量也显著高于我国北方地区。

2. 河流泥沙的粒径组成

1)粒径

泥沙颗粒的大小一般用粒径来表示。天然泥沙颗粒的形状是不规则的,其粒径范围变化也较大。对于不同的粒径范围,泥沙颗粒的粒径有专门的定义和相应的测量方法,如表6-3 所示。

表 6-3　表述颗粒大小、粒径的概念及各种定义

所测量的物理量	测量方法	粒径的定义或名称
卵石、中砾的大小	目测,测径规或量规	长度、宽度、厚度及算术、几何、对数平均值
颗粒投影、图像的粒径	适当的标尺,千分尺	名义上的投影直径(与投影图像面积相等的圆的直径)
小颗粒横切面的粒径	在放大的薄片图像上测量	薄片直径(与薄片颗粒切面面积相等的圆的直径)
横切面的最小面积	筛析法	筛分粒径(颗粒可以通过的最小筛孔孔径)
重量	天平	与颗粒的密度及重量相等的球体直径
体积	体积计	等容粒径(与颗粒的体积相等的球体直径)
沉速	沉降筒、离心机、沉降天平等	沉降粒径(与颗粒的密度、沉速相同的球体直径)

a. 常用的粒径定义和计算方法

常用的粒径定义有等容粒径、筛分粒径和沉降粒径。

等容粒径即与泥沙颗粒体积相同的球体直径。如果泥沙颗粒的质量 w 和容重 γ_s(或体积 V)可以测定,则其等容粒径 D_n 可按下式计算:

$$D_n = \left(\frac{6V}{\pi}\right)^{\frac{1}{3}} = \left(\frac{6w}{\pi \gamma_s}\right)^{\frac{1}{3}} \tag{6-1}$$

如果泥沙颗粒较细,不能用称重或求体积法确定等容粒径,一般可以采用筛析法确定其粒径。设颗粒最后停留在孔径为 D_1 的筛网上,此前通过了孔径为 D_2 的筛网,则可以确定颗粒的粒径范围为: $D_1 < D < D_2$。对大量颗粒作粒径分析时,这一颗粒可以归到"粒径小于 D_2"的范围之中,以便绘制粒径的累积频率分布曲线。表 6-4 列出了工程上常用的筛号与筛网孔径之间的对应关系。对于两筛之间($D_1 < D < D_2$)的平均尺寸,可以用算数平均 $(D_1 + D_2)/2$ 或几何平均($\sqrt{D_1 D_2}$),筛析法量得的颗粒粒径接近于它的等容粒径。

表 6-4　筛号与孔径之间的关系

筛号(孔数/in)	孔径(mm)	筛号(孔数/in)	孔径(mm)	筛号(孔数/in)	孔径(mm)
3.5	5.66	18	1.00	70	0.210
4	4.76	20	0.84	80	0.177
5	4.00	25	0.71	100	0.149
6	3.36	30	0.59	120	0.125
8	2.38	35	0.50	140	0.105
10	2.00	40	0.42	170	0.088
12	1.68	45	0.35	200	0.074
14	1.41	50	0.297	230	0.062
16	1.19	60	0.250		

注:1in = 2.54cm。

对于粒径小于 0.1mm 的细沙,由于各种原因难以用筛析法确定其粒径,而必须用水析法测量颗粒在静水中的沉速,然后按照球体粒径与沉速的关系式,求出与泥沙颗粒密度相同、沉速相等的球体的直径,作为泥沙颗粒的沉降粒径。

将泥沙颗粒按其粒径分类的方式很多,表 6-5 列出了我国工程水文界的泥沙颗粒粒径分类方法。

表 6-5　我国工程水文界的泥沙颗粒粒径分类方法

粒径(mm)	≥200	200 ~ 20	20 ~ 2	2 ~ 0.05	0.05 ~ 0.005	< 0.005
等级	漂石	卵石	砾石	沙粒	粉沙	黏粒

b. 泥沙颗粒的粒径分布

自然界中泥沙颗粒粒径的变化范围极大,一个粒径为 1m 的漂石的直径是粒径为 0.001mm 的黏粒直径的 100 万倍。Udden 用呈几何级数变化的粒径尺度作为分级标准,即用 1mm 作为基准尺度,在粒径减少的方向上按 1/2 的比率递减,在粒径增加的方向上尺度以 2 倍递增。Lane 等将这一粒径尺度修改后,定为美国地球物理协会的标准方法。

泥沙颗粒的粒径分布可以用不同粒径的泥沙在泥沙总体中所占的重量比来表示。用筛析法得到的泥沙粒径 D 常常是介于两个筛孔孔径 D_1 和 D_2 之间的一个范围($D_1 < D <$

D_2),称为 D_1 至 D_2 这一粒径组,将各组所占的重量百分比称为"小于粒径 D 的百分比"。

若以粒径为横坐标,以重量百分比为纵坐标,把各组粒径所占的重量百分比以直方图形式点绘于图中(直方块的高度为各粒径组的重量百分比;两边分别位于上、下筛的孔径 D_2、D_1 处),所得到的图形称为频率直方图(或频率柱状图)。对于颗粒粒径分级很小的情况,频率直方图可以连成光滑曲线,称为频率曲线。以粒径为横坐标,以"小于粒径 D 的百分比"为纵坐标,可点绘得到累积频率曲线,亦称级配曲线或颗分曲线。

c. 泥沙颗粒的粒径分布特征值

颗粒粒径分布的各种属性除了用上述图形方式表达,还可以用更简便的方法,即用几个特征参数定量地表示常用的基本属性,包括:①平均粒径,如均值、中值等;②分选性或标准偏差;③对称性(偏态度);④尖度或峰态。这些特征参数的量值可以从泥沙级配分析所得到的曲线上量测,或从级配数据中计算得到。常用的特征参数定义如下。

D_{50}:中值粒径,即累积频率曲线上纵坐标取值为 50% 时所对应的粒径值。换句话说,细于该粒径和粗于该粒径的泥沙颗粒各占 50% 的重量。

D_m:算术平均粒径,即各粒径组平均粒径的重量百分比加权平均值,其计算公式为:

$$D_m = \frac{1}{100} \sum_{i=1}^{n} D_i \Delta p_i \tag{6-2}$$

式中　Δp_i——D_i 的重量百分比。

只有当粒径满足正态分布时,算术平均值才是均值的最好估值。

D_{mg}:几何平均粒径。对天然泥沙的级配分析结果表明,泥沙粒径的对数值常常是接近于正态分布的(在对数正态概率纸上,累积频率曲线接近于一条直线)。粒径取对数后进行平均运算,最终求得的平均粒径值称为几何平均粒径,计算公式为:

$$D_{mg} = \exp\left[\frac{1}{100} \sum_{i=1}^{n} \ln D_i \Delta p_i\right] \tag{6-3}$$

考虑粒径完全满足对数正态分布的理想情况,此时其累积频率曲线在对数正态概率纸上将成为一条直线,有 $D_{50} = D_{mg}$,即 $P(\ln D_{mg}) = 0.5$,则用下式计算中值粒径和几何平均粒径:

$$D_{50} = D_{mg} = (D_{84.1} \cdot D_{15.9})^{\frac{1}{2}} \tag{6-4}$$

$$\sigma_g = (D_{84.1}/D_{15.9})^{\frac{1}{2}} \tag{6-5}$$

σ_g 是粒径取对数后分布的均方差,习惯上称为几何标准偏差,其定义式为:

$$\sigma_g = \exp\left[\frac{1}{100} \sum_{i=1}^{n} (\ln D_i - \ln D_{mg})^2 \Delta p_i\right]^{\frac{1}{2}} \tag{6-6}$$

D_{mg} 反映的是沙样的代表粒径,而 σ_g 反映的是沙样粒径的变化范围。两者是工程上常用的泥沙粒径分布特征值。工程上有时也用拣选系数 $\psi = \frac{1}{2}(D_{75}/D_{25})$ 来代表沙样的均匀程度。

2)颗粒的形状

泥沙颗粒的最初形状取决于岩石母质和风化作用,随后在输运过程中受到物理、化学及生物作用而不断改变其形状,改变的程度或最终形成的形状取决于搬运介质,如水、空气、冰川运动,搬运方式如滑动、滚动、跳动、悬浮或颗粒流等。岩石碎屑的圆度在流水搬运初期迅速增加,然后其增加速度变缓,直至完全变圆为止,即砾石的磨损速度随着圆度增加而减少;而其球度则以一个缓慢而稳定的速度增加。泥沙颗粒的几何特征可以从圆度、球度、整体形状、表面结构等方面来描述。

圆度是指颗粒棱和角的尖锐程度,为颗粒的平面投影图像上各角曲率半径 r_1 的平均值除以最大内切圆半径,即:

$$\Pi = \sum_{i=1}^{n} \frac{r_i}{n}/R \tag{6-7}$$

最大投影球度的概念定义为:

$$\Psi = \left(\frac{c^2}{ab}\right)^{\frac{1}{3}} \tag{6-8}$$

设颗粒近似于椭球体,互相垂直的长、中、短三个轴用 a、b、c 来代表,则其形状系数为:

$$S_f = \frac{c}{\sqrt{ab}} \tag{6-9}$$

自然磨钝的石英砂形状系数的平均值为 0.7。

3)颗粒的密度、容重和相对密度

颗粒的密度 ρ_s 即单位体积颗粒的质量。泥沙颗粒的相对密度是固体颗粒重量与同体积 4℃ 水的重量之比,此时水的容重为 1.000g/cm³。在实际工程应用中,密度常与容重共用。容重(γ_s)的定义是泥沙颗粒的实有重量与实有体积的比值,单位为 t/m³、kg/m³ 或 g/cm³。相对密度的量值与容重相同,但没有量纲。

颗粒容重的大小由颗粒的矿物组成决定。组成泥沙颗粒的矿物一般可分为胶体分散矿物、轻矿物和重矿物。相对密度大于 2.8 的矿物称重矿物,包括不透明金属矿物,绿帘石、黝帘石类、角闪石类、云母类和辉石类等。石英、长石颗粒的容重在 2 600kg/m³ 左右,辉石颗粒的容重可达 3 600kg/m³。重矿比较稳定、硬度大,在河流中被输运时磨损较小,因此重矿是较为理想的示源矿物。

天然情况下沙与粉沙的主要矿物成分是石英及长石,其容重范围比较稳定,为 2 550 ~ 2 750kg/m³,最常见的取值是 2 650kg/m³。中国黄土中轻矿物占矿物总成分的 90% ~ 96%,其中石英占 50% 以上,长石占 29% ~ 43%。

4)淤积物干容重 γ'_s

一般把单位体积的沙样干燥后的重量称为干容重,其单位可取 N/m³、g/cm³ 或 kg/m³ 等。由于颗粒之间存在着孔隙,泥沙的干容重一般小于个体颗粒的容重。泥沙淤积物不断密实,其干容重也不断增大,最终接近其极限值。在分析计算河床的冲淤变化时,泥沙冲淤的重量须通过泥沙的干容重来换算为泥沙冲淤的体积,再得到河床变形的量值。在泥沙颗粒的矿物组成基本相同的情况下,影响淤积物干容重的因素主要有粒径组成、淤积历时、埋藏的深度和环境等。粗颗粒(如卵石和粗沙)沉积下来的干容重很接近其极限值,随时间变化不大。黏土和粉沙淤积物则要经过数年或数十年才能达到其极限值。干燥使密实过程加速,所以淤积物是否暴露在空气中进而干燥是影响干容重的一个重要环境因素。

淤积物孔隙率 e(又称孔隙度)是孔隙体积与淤积物总体积之比,孔隙比 n_e 表示土体中的孔隙体积与固体颗粒体积之比。颗粒容重 γ_s、淤积物干容重 γ_s'、孔隙率 e 三者有如下的关系:

$$\gamma_s' = \gamma_s(1-e) \tag{6-10}$$

用 S_v 表示泥沙所占的体积与淤积物总体积之比,即体积含沙量,则有 $S_v = 1-e$,故上式可写为:

$$\gamma_s' = \gamma_s S_v \tag{6-11}$$

则:

$$S_v = \frac{\gamma_s'}{\gamma_s} \tag{6-12}$$

3. 河流泥沙的表面化学特性

泥沙颗粒愈细,单位体积泥沙颗粒所具有的比表面积愈大。颗粒表面的物理化学作用主要包括双电层及吸附水膜絮凝和分散现象,对泥沙颗粒的冲刷、输移和沉积起着十分重要的作用。

1)双电层及吸附水膜

自然界的水往往不纯,带有一些电解质。泥沙颗粒在含有电解质的水中会发生两种可能:一种是电解质的离子中有一种离子能吸附在泥沙颗粒表面;另一种是泥沙颗粒表面的分子发生离解,把某种离子释放到水中。不论哪种情况,都使泥沙颗粒表面带有一定的电荷。一般泥沙颗粒表面总是带有负电荷。由于电荷的静电吸引作用,异性离子分布在颗粒周围的水中,形成双电层或反离子层。

颗粒表面的电荷不仅吸引异性离子,也吸引水分子。在泥沙颗粒表面负电荷的作用下,靠近颗粒表面的水分子失去了自由活动的能力而整齐地、紧密地排列起来,这部分水被称为强结合水。距颗粒表面的距离较远,静电引力场的强度较小,水分子排列得比较疏松,这部分水被称为弱结合水,向外过渡为自由水。结合水在颗粒周围形成的吸附水膜是泥沙颗粒与水相互作用的产物。

吸附水膜的厚度主要取决于颗粒的矿物成分和水的化学成分(水的 pH 值、离子的种类和浓度等),其厚度一般为 $0.1\mu m$ 数量级。对于粗颗粒泥沙,水膜的作用不大,因此粗颗粒泥沙的性质完全取决于泥沙本身的性质。对于细颗粒泥沙,特别是粒径在 $1\mu m$ 以下的泥沙来说,水膜不但和泥沙颗粒不可分离,极细的泥沙颗粒的吸附和胶体性质因矿物质组成和水中电解质的改变而有很大的不同。

决定着双电层厚度和电动电位变化的因素主要有两个方面:一方面是泥沙颗粒的矿物成分;另一方面是水的化学成分。泥沙的矿物成分决定着双电层形成的方式,从而决定着水中的化学成分,这对于扩散层厚度具有重要意义。改变水中电解质的离子浓度或种类,会引起双电层厚度及电动电位的改变。当离子浓度增加时,反离子向固相表面压缩,更多的离子从扩散层转移到吸附层,双电层的厚度减小,ζ 电位相应降低;相反地,当离子浓度减少时,反离子向液相扩散,有些离子从吸附层转移到扩散层,双电层的厚度增加,ζ 电位相应上升。当在水中加入含有与双电层中反离子不同离子的电解质时,将发生离子交换作用。交换能力强的高价离子更容易吸附在固体颗粒表面,而将原来在双电层中的反离子置换出来。阳离子交换能力的顺序如下:

$$Fe^{3+} > Al^{3+} > H^+ > Ba^{2+} > Ca^{3+} > Mg^{2+} > K^+ > Na^+ > Li^+$$

所以,在一般情况下经过离子交换后,双电层中反离子的价数增大,它们对泥沙颗粒表面上的离子的吸引力就加强,致使双电层的厚度减小,ζ电位迅速降低。这时,如浓度再增加,超过固相表面原有的电荷量,会造成双电层吸附层外界电位的符号逆转,电动电位将由正常的正电荷逆转为反常的负电荷。

双电层和吸附水膜的这些性质和变化对细颗粒泥沙的性质和运动起着十分重要的作用,对水中离子及离子态污染物质的分布、迁移和转化具有显著的影响。

2)絮凝和分散现象

泥沙颗粒越细,重力作用越弱,而颗粒之间的相互作用越重要。当带有吸附水膜的两颗泥沙相互靠近时,会形成公共的吸附水膜,如果颗粒足够细,那么存在于两个颗粒之间的公共吸附水膜便足以将它们联结起来。公共吸附水膜中如有异性离子存在,这种现象就更为显著,将会使它们紧紧地结合成集合体。相邻颗粒在一定条件下结合成集合体的作用叫做"聚凝作用"。这种吸引力的强弱与扩散层的厚薄有密切的关系。扩散层愈薄,这种吸引力也愈强,土粒凝结得愈紧。原来成为集合体的土粒,由于它们的扩散层变厚而重新分离的作用,叫做"分散作用"。

水中电解质的性质和浓度直接影响ζ电位和扩散层的厚度,从而影响泥沙颗粒的絮凝和分散。要加速泥沙颗粒的沉淀,就应减小颗粒表面的ζ电位,使扩散层变薄,促使颗粒聚凝。这时可以加入一些含有高价离子的絮凝剂,如明矾、绿矾、氯化钙等。絮凝剂也不能加得太多,不然会引起ζ电位反向,反而加强了泥沙颗粒在水中的稳定性。这就是絮凝剂处理水质去除水中细粒杂质的原理,其对水中电性污染物质的吸附与凝聚和分离有积极意义。

泥沙颗粒絮凝后,形成较大的团粒,称为絮体。在一般情况下,它会使颗粒下沉得快些。

二、泥沙的分布与运动规律

(一)泥沙的沉速

研究泥沙在流体中的运动时,特别在涉及泥沙的淤积、水流的挟水能力、动床河工模型设计及水中杂质的沉积处理等问题时,需给出泥沙颗粒个体或群体的沉速值。

1.单颗粒在静止流体中的沉速

当圆球在静止流体中沉降达到极限沉速时,作用在圆球上的重力与流体施加的阻力达到平衡,可以用式(6-13)来表示:

$$(\gamma_s - \gamma)\frac{\pi D^3}{6} = C_D \frac{\pi D^2}{4} \frac{\rho\omega^2}{2} \qquad (6\text{-}13)$$

式中　ω——球体的沉速;

　　　C_D——圆球绕流阻力系数。

等号左边表示球状颗粒的水下质量,右边表示球状颗粒以角速度ω做匀速绕流运动时所受的阻力。

1)圆球绕流阻力系数的理论解

在颗粒雷诺数较小($Re_* \leqslant 0.4$)的情况下,圆球周围的流动处于层流状态。Stokes 忽略了 N—S 方程中的惯性力项，求得直径 D 的圆球在无限水体中的绕流阻力 F_D 为：

$$F_D = 3\pi D\mu\omega \tag{6-14}$$

式中 μ——清水的运动黏滞系数。

令式(6-14)右边等于式(6-13)右边，有：

$$F_D = 3\pi D\mu\omega = C_D \frac{\pi D^2}{4} \frac{\rho\omega^2}{2} \tag{6-15}$$

可知颗粒雷诺数较小的情况下 Stokes 给出的圆球绕流阻力系数为：

$$C_D = \frac{24}{Re_*} \tag{6-16}$$

式(6-16)只在 $Re_* < 0.1$ 时与实验资料符合。

在考虑惯性力影响的情况下，Oseen 求得了绕流阻力系数的近似解：

$$C_D = \frac{24}{Re_*}\left(1 + \frac{3}{16}Re_*\right) \tag{6-17}$$

2）层流区的沉速公式

对于 $Re_* < 0.1$ 的层流情况，层流区的沉速可以用 Stokes 公式计算：

$$\omega = \frac{1}{18} \frac{\gamma_s - \gamma}{\gamma} \frac{gD^2}{\upsilon} (Re_* < 0.1 \text{ 或 } D < 0.076\text{mm}) \tag{6-18}$$

式中 υ——动力黏滞系数。

3）充分发展紊流区的沉速公式

对于 $Re_* > 10^3$ 的充分发展紊流，可以从实验所得的 $C_D \sim Re_*$ 关系上查得绕流阻力系数 C_D 值为一常数 0.45，则由式(6-13)可解得：

$$\omega = 1.72\sqrt{\frac{\gamma_s - \gamma}{\gamma}gD} (Re_* > 2 \times 10^3 \text{ 或 } D > 4.0\text{mm}) \tag{6-19}$$

4）过渡区的沉速公式

对于过渡区的绕流阻力情况，在极限沉速情况下，由重力与阻力平衡得：

$$(\gamma_s - \gamma)\frac{\pi D^3}{6} = k_1 \frac{\pi D^2}{4} \frac{\rho\omega^2}{2} + k_2\pi\mu\omega \tag{6-20}$$

式中 k_1、k_2——过渡区系数（在物理意义和量值上完全不同于圆球绕流阻力系数 C_D）。

式(6-20)是关于 ω 的一元二次方程，求解并根据天然泥沙的实测资料确定相关参数，可得 ω 的黏滞、过渡、紊流区统一表达式为：

$$\omega = \left[\left(6\frac{V}{D}\right)^2 + \frac{2}{3}\frac{\gamma_s - \gamma}{\gamma}gD\right]^{\frac{1}{2}} - 6\frac{V}{D} \tag{6-21}$$

式中 ω——泥沙颗粒沉速；

V——泥沙颗粒体积；

D——泥沙颗粒粒径；

g——重力加速度；

γ_s——泥沙颗粒容重；

γ——水的容重。

温度对沉速的影响,主要是通过黏滞系数随温度的变化而起作用的。在同一种液体中,动力黏滞系数 v 和运动黏滞系数 μ 均随温度和压力而变化,但随压力变化很小,而对温度变化较为敏感。对于水的动力黏滞系数 v 可按下列经验公式计算:

$$v = \frac{0.017\,75}{1 + 0.033\,7T + 0.000\,221T^2} \tag{6-22}$$

其中,水温 T 以℃计,v 以 cm^2/s 计。

水体中如果同时存在许多泥沙颗粒,有一定的含沙浓度,则对任何一泥沙颗粒来说,其他颗粒的存在将对它的沉降产生影响,此时泥沙的沉速称为群体沉速。可分为非黏性粗颗粒泥沙的群体沉速和黏性颗粒泥沙的群体沉速。

2.非黏性均匀粗颗粒泥沙的群体沉速

低含沙量的情况下颗粒的沉降公式为:

$$\frac{\omega_0}{\omega} = 1 + kS_v^{\frac{1}{2}} \tag{6-23}$$

式中　k——常数,取值为 $0.8 \sim 2.7$;

　　　S_v——泥沙浓度。

高含沙量的情况下颗粒的沉降公式为:

$$\frac{\omega}{\omega_0} = (1 - S_v)^m \tag{6-24}$$

式中　m——经验指数,必须通过试验来确定。

3.黏性细颗粒泥沙的群体沉速

某些河流上,$D < 0.01mm$ 的细颗粒含量较大。黏性细颗粒有一些特殊的性质,在水中能够形成絮团。当颗粒浓度较低时,絮团之间互不相联,单个絮团的沉速大于细颗粒个体的沉速。浓度进一步增加后,絮团之间互相联成絮网结构,泥沙沉速将大幅度降低,形成一个整体缓慢的下沉,在水体顶部呈现一个不断下降的清、浑水交界面。对于这种现象,目前的研究还局限于用试验和经验关系式来表达。

(二)挟沙水流的流速分布

动床挟沙水流是一种复杂的两相流运动,泥沙在水流的作用下发生运动,两者相互影响。黄才安在对挟沙水流流速分布的两种模式讨论与比较的基础上,用一个统一的公式描述水流中的挟沙水流流速分布。

流速分布规律的统一公式为:

$$\frac{du}{dy} = \sqrt{\frac{U_*^2(1 - y/h)}{k^2y^2(1 - y/h) + a(\rho_s/\rho_m)\lambda^2d^2}} = \frac{U_*}{ky}\sqrt{\frac{1}{1 + A}} \tag{6-25}$$

$$A = a\frac{\rho_s}{\rho_m}\left(\frac{\lambda d}{ky}\right)^2\frac{1}{1 - y/h} \tag{6-26}$$

式中　k——主流区的卡门常数;

　　　u——纵向脉动流速,m/s;

　　　ρ_s——泥沙的密度,kg/m^3;

　　　ρ_m——浑水的密度,kg/m^3;

λ——沙坡长度，m；

U_*——流速，m/s；

h——水深，m；

y——水流宽度，m；

a——近底层厚度，m；

d——泥沙粒度，mm。

（三）挟沙水流的泥沙浓度分布

在挟沙水流的两相流中，泥沙颗粒的浓度分布是一个极其重要的参数。罗斯根据扩散理论得到了泥沙浓度沿垂线分布的公式，称为罗斯公式，与实测的浓度分布规律相比，在泥沙颗粒较细的情况下两者较吻合，但在泥沙颗粒较大的情况下，实测浓度要比罗斯公式计算结果更均匀。

1. 泥沙浓度沿垂线分布的罗斯公式

扩散理论反映的是悬浮颗粒在水流中处于平衡状态所应满足的连续方程或质量守恒方程，这一方程可用 Schmidt 方程表示为：

$$\omega s + \varepsilon_s \frac{ds}{dy} = 0 \qquad (6\text{-}27)$$

式中　s——y 处的泥沙浓度；

　　　ω——泥沙沉速；

　　　ε_s——泥沙紊动扩散系数。

取泥沙紊动扩散系数 ε_s 等于水流动量交换系数 ε_m，即：

$$\varepsilon_s = \varepsilon_m = \frac{\tau}{\rho \frac{du}{dy}} \qquad (6\text{-}28)$$

当采用 Prandtl 对数流速分布公式时，则可得到：

$$\frac{s}{s_a} = \left(\frac{h-y}{y} \cdot \frac{a}{h-a} \right)^z \qquad (6\text{-}29)$$

式中　Z——悬浮指标，$Z = \frac{\omega}{kU_*}$；

　　　S_a——水层底面泥沙浓度。

式（6-29）是二维恒定均匀流在平衡输沙的情况下泥沙浓度沿垂线分布的公式，又称罗斯公式。

2. 挟沙水流浓度分布规律的一般公式

挟沙水流紊动和泥沙碰撞，均会引起泥沙的扩散。黄才安依据泥沙紊动扩散通量的分析得到泥沙的沉降通量 ωs 与泥沙紊动扩散通量及泥沙碰撞量之和平衡的关系。

采用流速梯度公式：

$$\frac{du}{dy} = \frac{U_*}{ky} \qquad (6\text{-}30)$$

式中　k——挟沙水流卡门常数。

泥沙扩散方程为：

$$\omega s + \left(kU_* y \frac{1 - y/h}{1 - s} + aU_* \frac{\rho_s}{\rho s} \frac{\lambda^2 d^2}{ky} \right) \frac{\mathrm{d}s}{\mathrm{d}y} = 0 \tag{6-31}$$

这就是黄才安泥沙浓度分布计算模式。

式中　　ω——泥沙颗粒沉速，m/s；

　　　　ρ_s——泥沙的密度，kg/m³；

　　　　ρ——水的密度，kg/m³；

　　　　λ——沙坡长度，m；

　　　　U_*——流速，m/s；

　　　　h——水深，m；

　　　　s——点含沙量，kg/m³；

　　　　y——水流宽度，m；

　　　　a——近底层厚度，m；

　　　　d——泥沙粒度，mm。

三、水体的泥沙评价

水体的泥沙评价主要包括含沙量、输沙量和泥沙淤积量的计算与评价。

(一) 含沙量评价

含沙量通常用体积比浓度和质量含沙量来表示。体积比浓度和质量含沙量的定义如下：

体积比浓度为无量纲量：

$$S_v = \frac{泥沙颗粒体积}{浑水的体积} \tag{6-32}$$

质量含沙量为(量纲为 kg/m³)：

$$S_w = \frac{泥沙质量}{浑水的体积} \tag{6-33}$$

浑水的容重 γ_m 与质量含沙量 S_w 和体积比浓度 S_v 的关系分别为：

$$S_w = \gamma_m \cdot S_v \tag{6-34}$$

在水流泥沙含量测定及浑水容重测定基础上，可用以上体积含沙量或质量含沙量的统计平均值代表河流断面平均含沙量。

对于二维恒定均匀流平衡输沙条件下的断面含沙量，可用泥沙浓度沿垂线分布的罗斯公式表示：

$$s = s_a \left(\frac{h - y}{y} \cdot \frac{a}{h - a} \right)^z \tag{6-35}$$

在实际中常用几种代表性的水流挟沙力经验公式表达河流断面的平均含沙量。

1. 张瑞瑾公式

在平原河流中，输沙量以悬移质为主，推移质一般可以忽略不计，这样就可以用悬移质输沙率公式来近似计算水流的挟沙力。这类公式以张瑞瑾(1989 年)公式为代表，应用比较广泛，其公式为：

$$S_m = K \left(\frac{U_l^3}{gh\omega} \right)^m \tag{6-36}$$

式(6-36)中的系数 K 和指数 m 由 $U_l^3/(gh\omega)$ 的取值给出,m 取值 $1.6 \sim 0.4$,K 取值 $0.3 \sim 4.0 kg/m^3$。分析以上可以看出,其选用的参数可分成弗劳德数 $U_l^2/(gh)$ 与相对重力作用 U_l/ω 的乘积,如果用弗劳德数代表紊动强度,则选用的参数就代表了紊动作用与重力作用的对比关系,其值越大,挟沙能力也越大。

2. 沙玉清公式

沙玉清收集了国内外野外观测和室内试验的 1 000 多组资料进行统计分析,选用含沙浓度作为因变量,其余各变量作为独立的主变量,分别求出因变量与每一个主变量之间的相关关系,然后选取相关的主变量而舍去不相关的主变量,最后得出了挟沙力公式:

$$S_m = K \frac{D}{\omega^{\frac{3}{4}}} \left(\frac{U_l - U_c}{\sqrt{R}} \right)^n \tag{6-37}$$

式中　S_m——挟沙力,kg/m^3;

D——泥沙的粒径,mm;

ω——泥沙颗粒沉速,mm/s;

U_l——挟沙水流流速,m/s;

U_c——泥沙的起动流速,m/s;

R——水力半径,m;

K——系数,kg/m^3,平均值为 $200kg/m^3$;

n——指数,缓流时取 2,急流时取 3。

3. 恩格隆 - 汉森公式

恩格隆 - 汉森公式是当今公认的比较可靠的一个公式,他们认为在天然河流中沙垄是一种主要的床面形态。设沙垄的波长为 λ,波高为 Δ,则在单位宽度内使 g_T 的沙量从波谷到波峰所需要的能量为 $\frac{\gamma_s - \gamma}{\gamma} g_T \Delta$,而这一能量就是剪切力在同一时间内对床面推移运动的颗粒所做的功。根据拜格诺的概念,从水流传递到运动颗粒上的剪切力为 $\tau_0 - \tau_c$,当床有沙垄时 τ_0 应取 τ_b';再假定泥沙运动的平均速度与 u_* 成正比,则可得:

$$\frac{\gamma_s - \gamma}{\gamma} g_T \Delta = \alpha (\tau_b' - \tau_c) \lambda u_* \tag{6-38}$$

式中　α——正比例常数。

上式可以写成:

$$g_T = \alpha \frac{(\tau_b' - \tau_c) \lambda \gamma u_*}{(\gamma_s - \gamma) \Delta} \tag{6-39}$$

式中　g_T——以干重计的全沙单宽输沙率;

Δ——沙波波高;

u_*——摩阻流速;

τ_b'——床面沙粒阻力;

τ_c——起动剪切力;

其他参数意义同前。

（二）输沙量评价

河流悬移质输沙量可由含沙量平均值、挟沙力和含沙量的断面浓度分布与断面面积的乘积来确定。

（1）由河流断面平均含沙量确定输沙量：

$$W_s = S_w \cdot W \cdot u \tag{6-40}$$

式中　W_s——断面输沙量，kg/s；

　　　S_w——断面含沙量，kg/m^3；

　　　W——断面面积，m^2；

　　　u——断面平均流速，m/s。

（2）对于罗斯公式表达的泥沙浓度公式，可由下式确定断面输沙量：

$$W_s = \int_0^h \int_0^b u \cdot s_a \left(\frac{h-y}{y} \cdot \frac{a}{h-a} \right)^2 \mathrm{d}x\mathrm{d}y \tag{6-41}$$

式中　h——水深，m；

　　　b——河床水深断面宽度，m；

　　　u——断面流速，m/s。

（3）对于张瑞瑾公式、沙玉清公式和恩格隆–汉森公式表达的河流泥沙挟沙力可分别由下式确定：

$$W_s = \int_0^{h0} \int_0^b S_m \cdot u \cdot \mathrm{d}h\mathrm{d}y$$

$$W_s = \int_0^b g_T \cdot u \cdot \mathrm{d}y \tag{6-42}$$

式中　S_m——点含沙量或挟沙力，kg/m^3；

　　　u——流速，m/s；

　　　h——水深，m；

　　　y——河宽，m。

中国的出海河流中，北方的黄河、滦河和辽河具备较高的含沙量和输沙率，中国东部主要河流的水文特征及泥沙表面特性见表6-6。

表6-6　中国东部主要河流的水文特征及泥沙表面特性

河流	长度（km）	流域面积（$10^3 km^2$）	年径流量（$10^9 m^3$）	平均含沙量（kg/m^3）	年输沙量（$10^9 kg$）	零盐效应点 pzse	σ_0（$\mu C/cm^2$）
滦河	877	44	5	4.40	22	3.25	-27.4
黄河	5 464	752	63	25.56	1 610	3.34	-14.0
淮河	1 000	269	61	0.21	13	3.52	-31.9
长江	6 300	1 809	928	0.50	468	3.60	-16.1
汉水	1 577	156	54	—	—	3.65	-25.8
赣江	751	84	66	—	—	—	—
钱塘江	428	42	36	0.22	8	3.54	-18.0

续表 6-6

河流	长度(km)	流域面积 ($10^3 km^2$)	年径流量 ($10^9 m^3$)	平均含沙量 (kg/m^3)	年输沙量 ($10^9 kg$)	零盐效应点 pzse	σ_0 ($\mu C/cm^2$)
闽江	541	61	59	0.12	7	3.60	−13.6
珠江	2 214	454	469	0.15	72	3.88	−4.1
北江	468	45	49	—	—	3.75	−7.0
黑龙江	4 444	1 855	115	0.22	25	3.02	−48.6
嫩江	—	268	17				
辽河	1 390	229	15	0.67	10		
图们江	505	33	8	0.38	3	—	

(三)泥沙淤积量评价

泥沙随水流运移的过程中,当水动力条件显著减弱时,如河流进入下游平缓河段、入湖和入海河口区、人类拦蓄工程库区、流量显著减少的平原河段区,水流挟沙力会显著降低,并产生大量的泥沙淤积现象,对于水库运行状态和使用寿命、河道形态演变及泄洪能力、水库及河道水资源利用条件等有重要影响。

水库泥沙淤积量可由多年平均入库水量和平均含沙量按下式确定。

(1)年泥沙淤积量:

$$V_a = S_w W_0 m \tag{6-43}$$

(2)年泥沙淤积容积:

$$V_{va} = \frac{S_w W_0 m}{(1-p)\gamma} \tag{6-44}$$

(3)多年水库总淤积量和总淤积容积:

$$V_w = T \cdot V_{wa} \tag{6-45}$$

$$V_v = T \cdot V_{va} \tag{6-46}$$

式中　V_w——使用期 T 的总淤积量,kg;

　　　　V_v——使用期 T 的总淤积体积,m^3;

　　　　V_{wa}——年平均泥沙淤积量,kg/a;

　　　　V_{va}——年平均泥沙淤积容积,m^3/a;

　　　　S_w——年平均入库水流含沙量,kg/m^3;

　　　　W_0——年平均入库流量,m^3/a;

　　　　m——库中泥沙沉积率(%);

　　　　p——淤积泥沙的孔隙率(%);

　　　　γ——泥沙颗粒的干容重,kg/m^3;

　　　　T——评价使用年限,a;

r——上下游断面排沙比 $(S_{w2}/S_{w1})(\%)$；

S_{w1}——上游入库水流含沙量，kg/m^3；

S_{w2}——出库泄流含沙量，kg/m^3。

(4)由入库径流含沙量和下游出流含沙量之差确定水库淤积量：

$$V_{wa} = (S_{w1} - S_{w2})W_0 \tag{6-47}$$

河道泥沙淤积量可由上下游河道断面平均含沙量之差或排沙比来确定：

$$V_{wa} = (1 - r)S_{w1} \cdot W_0 \tag{6-48}$$

中国 20 座水库的淤积情况见表 6-7，其中黄河流域的许多水库有严重的泥沙淤积问题。

表 6-7 中国 20 座水库的淤积情况

序号	水库名称	河流	控制面积（km^2）	坝高（m）	设计库容（亿 m^3）	统计年限	总淤积量（亿 m^3）	淤积量占库容的百分数（%）	说明
1	刘家峡	黄河	181 700	147	57.2	1968～1978	5.8	10.1	
2	盐锅峡	黄河	182 800	57	2.2	1961～1978	1.6	72.7	
3	八盘峡	黄河	204 700	43	0.47	1975～1977	0.18	38.3	
4	青铜峡	黄河	287 000	42.7	6.20	1966～1977	4.85	78.2	
5	三盛公	黄河	314 000	闸坝式	0.8	1961～1977	0.40	50.0	
6	天桥	黄河	388 000	42	0.68	1976～1978	0.075	11.0	
7	三门峡	黄河	688 421	106	96.4	1960～1978	37.6	39.0	
8	巴家嘴	浦河	3 522	74	5.25	1960～1978	1.94	37.0	
9	冯家山	千河	3 232	73	3.89	1974～1978	0.23	5.9	
10	黑松林	冶峪河	370	45.5	0.086	1961～1977	0.034	37.5	
11	汾河	汾河	5 268	60	7.0	1959～1977	2.6	37.1	
12	官厅	永定河	47 600	45	22.7	1953～1977	5.52	24.3	
13	红山	老哈河	24 486	31	25.6	1960～1977	4.75	18.5	
14	闹德海	柳河	4 501	41.5	1.96	1942～	0.38	19.5	
15	冶源	弥河	786	23.7	1.68	1959～1972	0.12	7.2	
16	南岗	滹沱河	15 900	63	15.58	1960～1976	2.35	15.1	
17	龚嘴	大渡河	76 400	88	3.51	1967～1978	1.33	37.9	
18	碧口	白龙江	27 600	101	5.21	1976～1978	0.28	5.4	
19	丹江口	汉水	95 217	110	160.5	1968～1974	6.25	3.9	
20	新桥	红柳河	1 327	47	2.0	14 年	1.56	78.0	

注：引自汤奇成。

第二节　地表水水质评价

一、水质指标与评价标准

水质评价主要是对各类资源水体和环境水体进行水质监测和评价,以确定天然水体的基本特征及其资源适用性、水体水质受人类活动污染的程度以及保证废水排放环境水质目标的实现。首先要控制废水的水质指标即废水的污染物含量。主要有物理指标,包括 pH 值、色度和悬浮物;有机物,包括 BOD、COD、DO、油类及挥发酚等;可溶性化合物,包括氰化物、硫化物、氮化物和氟化物及磷酸盐等;人工合成化合物,包括甲醛、硝基苯类、阴离子合成洗涤剂(LAS)及苯并(a)芘等;重金属类,包括 Cu、Zn、Mn、Hg、甲基汞、Cd、Cr、As、Pb 和 Ni 等。这些污染物均由排放标准限定其最高允许排放浓度。国家制定了相应的排放标准,见表 6-8、表 6-9。

对水资源利用的水体水质,其水质评价指标依水体环境的使用功能和排放废水的水质特征确定,地面水环境质量标准要求的基本指标有 24 个,除了废水的水质指标,还有硝酸盐和亚硝酸盐氮、Se(四价)、DO、氯化物及硫酸盐等。对于不同的用水功能,其水质评价指标依相应的行业水质标准和水体水质特征确定,主要考虑其特殊的功能危害对水质的要求,其水质评价指标有所不同。如生活饮用水评价指标增加了细菌学指标和毒理性指标;渔业用水增加了农药和有机毒物的评价指标,如甲基对硫磷、滴滴涕及黄磷、呋喃丹等;农田灌溉用水增加了对含盐量、硼和钠离子吸附比的要求等。《地表水环境质量标准》(GB 3838—2002)见表 6-10(1) ~ (3)。

表 6-8　第一类污染物最高允许排放浓度　　　　　（单位:mg/L）

序号	污染物	最高允许排放浓度	序号	污染物	最高允许排放浓度
1	总汞	0.05	8	总镍	1.0
2	烷基汞	不得检出	9	苯并(a)芘	0.000 03
3	总镉	0.1	10	总铍	0.005
4	总铬	1.5	11	总银	0.5
5	六价铬	0.5	12	总 α 放射性	1Bq/L
6	总砷	0.5	13	总 β 放射性	10Bq/L
7	总铅	1.0			

表 6-9　第二类污染物最高允许排放浓度

（1997 年 12 月 31 日之前建设的单位）　　　　（单位:mg/L）

序号	污染物	适用范围	一级标准	二级标准	三级标准
1	pH	一切排污单位	6~9	6~9	6~9
2	色度(稀释倍数)	染料工业	50	180	—
		其他排污单位	50	80	—
		采矿、选矿、选煤工业	100	300	—
		脉金选矿	100	500	—
3	悬浮物(SS)	边远地区砂金选矿	100	800	—
		城镇二级污水处理厂	20	30	—
		其他排污单位	70	200	400
		甘蔗制糖、苎麻脱胶、湿法纤维板工业	30	100	600
4	五日生化需氧量 (BOD₅)	甜菜制糖、酒精、味精、皮革、化纤浆粕工业	30	150	600
		城镇二级污水处理厂	20	30	—
		其他排污单位	30	60	300
		甜菜制糖、焦化、合成脂肪酸、湿法纤维板、染料、洗毛、有机磷农药工业	100	200	1 000
		味精、酒精、医药原料药、生物制药、苎麻脱胶、皮革、化纤浆粕工业	100	300	1 000
		石油化工工业(包括石油炼制)	100	150	500
5	化学需氧量(COD)	城镇二级污水处理厂	60	120	—
		其他排污单位	100	150	500
6	石油类	一切排污单位	10	10	30
7	动植物油	一切排污单位	20	20	100
8	挥发酚	一切排污单位	0.5	0.5	2.0
9	总氰化合物	电影洗片(铁氰化合物)	0.5	5.0	5.0
		其他排污单位	0.5	0.5	1.0
10	硫化物	一切排污单位	1.0	1.0	2.0
11	氨氮	医药原料药、染料、石油化工工业	15	50	—
		其他排污单位	15	25	—
		黄磷工业	10	20	20
12	氟化物	低氟地区(水体含氟量<0.5mg/L)	10	20	30
		其他排污单位	10	10	20
13	磷酸盐(以 P 计)	一切排污单位	0.5	1.0	

续表 6-9

序号	污染物	适用范围	一级标准	二级标准	三级标准
14	甲醛	一切排污单位	1.0	2.0	5.0
15	苯胺类	一切排污单位	1.0	2.0	5.0
16	硝基苯类	一切排污单位	2.0	3.0	5.0
17	阴离子表面活性剂(LAS)	合成洗涤剂工业	5.0	15	20
		其他排污单位	5.0	10	20
18	总铜	一切排污单位	0.5	1.0	2.0
19	总锌	一切排污单位	2.0	5.0	5.0
20	总锰	合成脂肪酸工业	2.0	5.0	5.0
		其他排污单位	2.0	2.0	5.0
21	彩色显影剂	电影洗片	2.0	5.0	5.0
22	显影剂及氧化物总量	电影洗片	3.0	6.0	6.0
23	元素磷	一切排污单位	0.1	0.3	0.3
24	有机磷农药(以 P 计)	一切排污单位	不得检出	0.5	0.5
25	粪大肠菌群数	医院*、兽医院及医疗机构含病原体污水	500 个/L	1 000 个/L	5 000 个/L
		传染病、结核病医院污水	100 个/L	500 个/L	1 000 个/L
26	总余氯(采用氯化消毒的医院污水)	医院*、兽医院及医疗机构含病原体污水	<0.5**	>3(接触时间≥1h)	>2(接触时间≥1h)
		传染病、结核病医院污水	<0.5**	>6.5(接触时间≥1.5h)	>5(接触时间≥1.5h)

注:*指 50 个床位以上的医院;**指加氯消毒后须进行脱氯处理,达到本标准。

《地面水环境质量标准》(GB 3838—83)为首次发布,1988 年第一次修订,1999 年第二次修订,2002 年第三次修订。《地表水环境质量标准》(GB 3838—2002)自 2002 年 6 月 1 日起实施,《地面水环境质量标准》(GB 3838—88)和《地表水环境质量标准》(GB 3838—1999)同时废止。

二、天然水化学特征评价

(一)水化学分类

天然地表水体的资源和环境功能首先是由其水质决定的,天然水的化学成分极其复杂,由于水资源利用的目的及其重要性的不同,水质的分类多种多样,下面介绍最常用的舒卡列夫分类方法。

按水中当量大于 12.5% 的阴、阳离子分类,这种方法是舒卡列夫首先提出的,后来又经过多次修改补充。下面介绍 H. H. 斯拉维扬诺夫修订的舒卡列夫分类(参见表6-11)。

该方法主要考虑 HCO_3^-、SO_4^{2-}、Cl^-、Ca^{2+}、Mg^{2+}、$Na^+(K^+)$ 六种离子,首先将当量比超过 12.5% 的阴离子按 HCO_3^-—$HCO_3^- + SO_4^{2-}$—$HCO_3^- + SO_4^{2-} + Cl^-$—$HCO_3^- + Cl^-$—$SO_4^{2-}$—$SO_4^{2-} + Cl^-$—$Cl^-$ 的次序排横序列,再将当量比大于 12.5% 的阳离子按 Ca^{2+}—$Ca^{2+} + Mg^{2+}$—Mg^{2+}—$Na^+ + Ca^{2+}$—$Na^+ + Ca^{2+} + Mg^{2+}$—Na^+—Mg^{2+}—Na^+ 的次序排纵序列,按方阵组合成 49 种不同类型,再按照水的矿化度将每类分为四组:A 组矿化度小于 1.5g/L ,B 组矿化度为 1.5 ~ 2.5g/L ,C 组矿化度为 2.5 ~ 40g/L ,D 组矿化度大于 40g/L,其类型代号可表示为 1—A、10—B、40—C 等。

该分类方法以水中主要组成物质(离子)及其含量(矿化度)为分类依据,能够反映地下水的主要化学特征,并且 1—49 的对角线上水化学类型的变化,能很好地反映出天然水质浓缩盐化过程中水质演化的一般规律。

表 6-10(1)　　地表水环境质量标准基本项目标准限值　　　　　（单位:mg/L）

序号	项目	I 类	II 类	III 类	IV 类	V 类
1	水温(℃)	人为造成的环境水温变化应限制在:周平均最大温升≤1,周平均最大温降≤2				
2	pH 值(无量纲)	6 ~ 9				
3	溶解氧 ≥	饱和率90%（或7.5）	6	5	3	2
4	高锰酸盐指数 ≤	2	4	6	10	15
5	化学需氧量(COD)≤	15	15	20	30	40
6	五日生化需氧量(BOD_5)≤	3	3	4	6	10
7	氨氮($NH_3 - N$)≤	0.15	0.5	1.0	1.5	2.0
8	总磷(以 P 计)≤	0.02(湖、库0.01)	0.1(湖、库0.025)	0.2(湖、库0.05)	0.3(湖、库0.1)	0.4(湖、库0.2)
9	总氮(湖、库,以 N 计)≤	0.2	0.5	1.0	1.5	2.0
10	铜 ≤	0.01	1.0	1.0	1.0	1.0
11	锌 ≤	0.05	1.0	1.0	2.0	2.0

续表 6-10（1）

序号	项目	I 类	II 类	III 类	IV 类	V 类
12	氟化物（以 F⁻计）≤	1.0	1.0	1.0	1.5	1.5
13	硒 ≤	0.01	0.01	0.01	0.02	0.02
14	砷 ≤	0.05	0.05	0.05	0.1	0.1
15	汞 ≤	0.000 05	0.000 05	0.000 1	0.001	0.001
16	镉 ≤	0.001	0.005	0.005	0.005	0.01
17	铬（六价）≤	0.01	0.05	0.05	0.05	0.1
18	铅 ≤	0.01	0.01	0.05	0.05	0.1
19	氰化物 ≤	0.005	0.05	0.2	0.2	0.2
20	挥发酚 ≤	0.002	0.002	0.005	0.01	0.1
21	石油类 ≤	0.05	0.05	0.05	0.5	1.0
22	阴离子表面活性剂 ≤	0.2	0.2	0.2	0.3	0.3
23	硫化物 ≤	0.05	0.1	0.2	0.5	1.0
24	粪大肠菌群（个/L）≤	200	2 000	10 000	20 000	40 000

表 6-10（2）　集中式生活饮用水地表水源地补充项目标准限值　单位：（mg/L）

序号	项目	标准值
1	硫酸盐（以 SO_4^{2-} 计）	250
2	氯化物（以 Cl^- 计）	250
3	硝酸盐（以 N 计）	10
4	铁	0.3
5	锰	0.1

表 6-10（3）　集中式生活饮用水地表水源地特定项目标准限值　（单位：mg/L）

序号	项目	标准值	序号	项目	标准值	序号	项目	标准值
1	三氯甲烷	0.06	28	四氯苯③	0.02	55	对硫磷	0.003
2	四氯化碳	0.002	29	六氯苯	0.05	56	甲基对硫磷	0.002
3	三溴甲烷	0.1	30	硝基苯	0.017	57	马拉硫磷	0.05
4	二氯甲烷	0.02	31	二硝基苯④	0.5	58	乐果	0.08
5	1,2 - 二氯乙烷	0.03	32	2,4 - 二硝基甲苯	0.000 3	59	敌敌畏	0.05
6	环氧氯丙烷	0.02	33	2,4,6 - 三硝基甲苯	0.5	60	敌百虫	0.05
7	氯乙烯	0.005	34	硝基氯苯⑤	0.05	61	内吸磷	0.03

续表 6-10(3)

序号	项目	标准值	序号	项目	标准值	序号	项目	标准值
8	1,1 – 二氯乙烯	0.03	35	2,4 – 二硝基氯苯	0.5	62	百菌清	0.01
9	1,2 – 二氯乙烯	0.05	36	2,4 – 二氯苯酚	0.093	63	甲萘威	0.05
10	三氯乙烯	0.07	37	2,4,6 – 三氯苯酚	0.2	64	溴氰菊酯	0.02
11	四氯乙烯	0.04	38	五氯酚	0.009	65	阿特拉津	0.003
12	氯丁二烯	0.002	39	苯胺	0.1	66	苯并(a)芘	2.8×10^{-6}
13	六氯丁二烯	0.000 6	40	联苯胺	0.000 2	67	甲基汞	1.0×10^{-6}
14	苯乙烯	0.02	41	丙烯酰胺	0.000 5	68	多氯联苯⑥	2.0×10^{-5}
15	甲醛	0.9	42	丙烯腈	0.1	69	微囊藻毒素 – LR	0.001
16	乙醛	0.05	43	邻苯二甲酸二丁酯	0.003	70	黄磷	0.003
17	丙烯醛	0.1	44	邻苯二甲酸二(2 – 乙基已基)酯	0.008	71	钼	0.07
18	三氯乙醛	0.01	45	水合肼	0.01	72	钴	1.0
19	苯	0.01	46	四乙基铅	0.000 1	73	铍	0.002
20	甲苯	0.7	47	吡啶	0.2	74	硼	0.5
21	乙苯	0.3	48	松节油	0.2	75	锑	0.005
22	二甲苯①	0.5	49	苦味酸	0.5	76	镍	0.02
23	异丙苯	0.25	50	丁基黄原酸	0.005	77	钡	0.7
24	氯苯	0.3	51	活性氯	0.01	78	钒	0.05
25	1,2 – 二氯苯	1.0	52	滴滴涕	0.001	79	钛	0.1
26	1,4 – 二氯苯	0.3	53	林丹	0.002	80	铊	0.000 1
27	三氯苯②	0.02	54	环氧七氯	0.000 2			

注:①二甲苯:指对 – 二甲苯、间 – 二甲苯、邻 – 二甲苯。

②三氯苯:指1,2,3 – 三氯苯、1,2,4 – 三氯苯、1,3,5 – 三氯苯。

③四氯苯:指1,2,3,4 – 四氯苯、1,2,3,5 – 四氯苯、1,2,4,5 – 四氯苯。

④二硝基苯:指对 – 二硝基苯、间 – 二硝基苯、邻 – 二硝基苯。

⑤硝基氯苯:指对 – 硝基氯苯、间 – 硝基氯苯、邻 – 硝基氯苯。

⑥多氯联苯:指 PCB – 1016、PCB – 1221、PCB – 1232、PCB – 1242、PCB – 1248、PCB – 1254、PCB – 1260。

表6-11 舒卡列夫分类

阳离子	阴离子						
	HCO_3^-	$HCO_3^- + SO_4^{2-}$	$HCO_3^- + SO_4^{2-} + Cl^-$	$HCO_3^- + Cl^-$	SO_4^{2-}	$SO_4^{2-} + Cl^-$	Cl^-
Ca^{2+}	1	8	15	22	29	36	43
$Ca^{2+} + Mg^{2+}$	2	9	16	23	30	37	44
Mg^{2+}	3	10	17	24	31	38	45
$Na^+ + Ca^{2+}$	4	11	18	25	32	39	46
$Na^+ + Ca^{2+} + Mg^{2+}$	5	12	19	26	33	40	47
$Na^+ + Mg^{2+}$	6	13	20	27	34	41	48
Na^+	7	14	21	28	35	42	49

(二)水质指标的适用性评价

天然水体水质中的物质成分和物理化学性质评价,是通过水质的物理化学测定的相关水质指标浓度值,与相应的水资源利用和水体功能水质标准进行比较,确定水质的适用性,符合水质标准的指标评价为适用,不符合水质标准的指标评价为不适用;对于不适用的指标可利用等标污染指数法和综合水质评价方法评价其污染程度和综合水质等级(参见本节评价方法部分),还应对不符合特定适用功能的水质标准的指标提出适宜的经济上合理、技术上可行的水质处理和改良方法。

三、水资源污染状况评价

在调查范围内能对地面水环境产生影响的主要污染物均应进行调查。污染源按存在形式可分为点污染源和面污染源。

(一)污染源调查

1.污染源调查程序

第一,普查,即对全地区或水系进行污染源全面调查,找出其中污染严重的污染源作为重点调查对象;第二,重点污染源调查,弄清主要污染源的排放特征以及所排污染物的物理、化学及生物特征;第三,确定主要污染源和主要污染物,以污染源和污染物的总污染负荷与污染负荷比确定主要污染源和主要污染物。

2.污染源调查内容

1)工业污染源

(1)企业名称、厂址、企业性质、生产规模、产品、产量、生产水平等;

(2)工艺流程、工艺原理、工艺水平、能源和原材料种类及消耗量;

(3)供水类型、水源、供水量、水的重复利用率;

(4)生产布局、污水排放系统和排放规律、主要污染物种类、排放浓度和排放量、排污口位置和控制方式以及污水处理工艺及设施运行状况。

2)生活污染源

(1)城镇人口、居民区布局和用水量;

（2）医院分布和医疗用水量；

（3）城市污水处理厂设施、日处理能力及运行状况；

（4）城市下水道管网分布状况；

（5）生活垃圾处置状况。

3）农业污染源

（1）农药的品种、品名、有效成分、含量、使用方法、使用量和使用年限及农作物品种等；

（2）化肥的使用品种、数量和方式；

（3）其他农业废弃物。

（二）污染源评价

污染源评价的实质在于分清评价区域内各个污染源及污染物的主次程度。评价方法主要有两大类：一类是单项指标评价；另一类是多个指标的综合评价。对污染源作综合评价时，必须考虑排污量和污染物毒性两方面因素，目前主要用等标污染负荷法。

1. 单项指标评价

单项指标评价是用污染源中某单一污染物的含量（浓度或重量等）、统计指标（检出率、超标率、超标倍数、标准差等）来评价某污染物的污染程度的。

1）排放总量

排放总量即某污染物的排放强度指标。其计算公式为：

$$W_i = C_i Q \tag{6-49}$$

式中　W_i——单位时间排放第 i 种污染物的绝对量，t/d；

　　　C_i——第 i 种污染物的实测平均浓度，mg/L 或 kg/m³；

　　　Q——污水日平均排放量，m³/d。

2）统计指标

统计指标有检出率、超标倍数、超标率等。

（1）检出率计算：

$$R_d = \frac{n_d}{n} \times 100\% \tag{6-50}$$

式中　R_d——某项目检出率；

　　　n_d——某项目检出次数；

　　　n——某项目监测总次数。

（2）超标倍数计算：

$$R_i = \frac{C_i}{C_0} - 1 \tag{6-51}$$

式中　R_i——某项目超标倍数；

　　　C_i——某项目实测值；

　　　C_0——某项目水质标准。

（3）超标率计算：

$$R_e = \frac{n_e}{n} \times 100\% \tag{6-52}$$

式中　R_e——某项目超标率（%）；

　　　n_e——某项目超标次数；

　　　n——某项目监测总次数。

2.综合指标评价

综合指标评价是较全面、系统地衡量污染源污染程度的评价方法。该法同时考虑多种污染物的浓度、排放量等因素，多用一定的数学模型进行综合评价，目前使用的方法很多，最广泛的方法是等标污染负荷法。

1）排污量法

该方法是简单的统计污染源的排污量，按排污量的大小依次排列。排污量可以是废水量，也可以是污染物总量。

2）污径比法

此法是比较污染源所排放的废水流量与纳污水体径流量之比。优点是考虑了纳污水体流量不同，其稀释能力也不同。如同样规模的企业排污，若直接进入大江、大河与直接进入小溪所引起的环境效应是不同的。但其缺点是仅考虑纳污水体的流量，而未考虑纳污水体的本底状况，也未考虑污水浓度及污染物质的类别不同对环境影响的差异。该方法能够比较污染源排污在当地环境中的影响程度，还可度量纳污水体的污染程度，因此仍被采用。

3）污染程度分级法

将污染源按水质评价指标确定综合的平均等标污染指数：

$$I = \sum_{i=1}^{n} P_i = \sum_{i=1}^{n} \frac{C_i}{S_i} \tag{6-53}$$

根据特定水体的污染状况、环境条件和管理目标划分水质污染程度等级。依次确定评价水体的污染程度等级。污染程度等级划分参考值见表6-12。

表6-12　污染程度等级划分参考值

污染程度等级	未污染	微污染	轻度污染	中等污染	重度污染	严重污染
I	<0.50	0.50~0.80	0.80~1.20	1.20~2.00	2.00~3.00	>3.00

4）排毒指标法

根据生物毒性试验结果，对某污染物计算排毒指标 F_i，公式为：

$$F_i = \frac{C_i}{D_i} \tag{6-54}$$

式中　C_i——某种污染物在废水中的实测浓度；

　　　D_i——某种污染物的毒性标准，分为慢性中毒阈剂量、最小致死量、半致死量等。

对于一个污染源，往往有多种污染物，即多个污染参数，这时计算的排毒指标采用归一化处理，公式如下：

$$F = \frac{1}{n}\left(\frac{C_1}{D_1} + \frac{C_2}{D_2} + \cdots + \frac{C_n}{D_n}\right) \tag{6-55}$$

式中　n——污染源的污染物种类数目。

在评价中要使用统一的毒性标准。此方法的优点是将排毒指标与污染物的生物效应联系起来。但因毒性指标的条件复杂、污染物种类多,难以实际应用。

5)等标污染负荷法

该方法是我国目前使用最普遍的方法,它不仅考虑不同种类污染物的浓度及相应的环境效应(即不同的评价标准),还考虑了污染源的排污水量,考虑因素比较全面。具体通过 7 个特征指标,综合评价出区域内的主要污染源和污染物。

(1)某污染物的等标污染负荷按下式计算:

$$P_i = \frac{C_i}{|C_{0i}|}Q_i \times 10^{-6} \tag{6-56}$$

式中　P_i——某污染物的等标污染负荷,t/a;

　　　C_i——某污染物的实测浓度,mg/L;

　　　$|C_{0i}|$——某污染物允许排放标准(不计单位);

　　　Q_i——含某污染物的废水排放量,m³/a;

　　　10^{-6}——单位换算系数。

(2)某污染源 n 个污染物的总计等标污染负荷,即该污染源的等标污染负荷 P_n 为:

$$P_n = \sum_{i=1}^{n} P_i = \sum_{i=1}^{n} \frac{C_i}{|C_{0i}|}Q_i \times 10^{-6} \tag{6-57}$$

(3)某地区或某流域 m 个污染源等标污染负荷之和,即该地区或流域等标污染负荷 P_m 为:

$$P_m = \sum_{n=1}^{m} P_n \tag{6-58}$$

(4)全地区或全流域内某污染物总等标污染负荷为:

$$P_{mi} = \sum_{n=1}^{m} P_{ni} \tag{6-59}$$

(5)评价中还经常使用污染负荷比。某污染物等标污染负荷占该厂等标污染负荷的百分比,称为某工厂内某污染物的污染负荷比 K_i,即:

$$K_i = \frac{P_i}{P_n} \times 100\% \tag{6-60}$$

(6)某工厂(污染源)在全地区(流域内)的污染负荷比 K_n 为:

$$K_n = \frac{P_n}{P_m} \times 100\% \tag{6-61}$$

(7)某污染物在全地区(流域内)的污染负荷比 K_{mi} 为:

$$K_{mi} = \frac{P_{mi}}{P_m} \times 100\% \tag{6-62}$$

四、地表水资源质量及环境水质的评价方法

环境水质评价因用水要求、水域功能、监测内容、污染物属性和评价目的的不同,具有不同的评价内容和方法。同时,因环境要素和水质演变的复杂性,除了单指标评价可以回答超标和不超标或确定的水质类别,多数的多因子评价方法只能回答相对于水质要求的相当类别或相对水质优劣。即使对于严格的水质绝对标准,多因子的评价方法也只能确定现状水质的相似类别和相对污染程度。这是因为评价其综合水质的多种因子间缺乏物化特性、绝对含量、危害机理和程度以及环境目标的内在联系甚至相关联系;一种指标的水质状况优并不限制另一种指标属严重污染;对于特定的环境条件和评价目的,评价者因对评价因子在综合水质中的危害效应的重要性可能有不同的认识而赋予不同的权重。所以,多因子水质评价方法只是环境水质监控的一种手段。

(一)单因子等标污染指数法

计算公式为:

$$P_i = C_i / S \tag{6-63}$$

$$P = \frac{1}{n} \sum_{i=1}^{n} P_i \tag{6-64}$$

式中　P——某评价因子的等标污染指数均值;

P_i——测点(某时或某点)等标污染指数;

C_i——评价因子实测值;

S——评价因子标准值上限。

对于有上限和下限标准的评价因子如 pH 值,则有:

$$P_i = \left| \frac{2C_i - (S_2 + S_1)}{S_2 - S_1} \right| \tag{6-65}$$

式中　S_2——标准上限;

S_1——标准下限。

(二)多因子等标污染指数法

多因子等标污染指数法主要有以下几种常用指标。

(1)综合等标污染指数:

$$I = \sum_{i=1}^{n} P_i = \sum_{i=1}^{n} \frac{C_i}{S_i} \tag{6-66}$$

式中　n——评价因子数;

i——第 i 种评价因子。

(2)平均综合等标污染指数:

$$I = \frac{1}{n} \sum_{i=1}^{n} P_i \tag{6-67}$$

(3)加权综合等标污染指数:

$$I = \sum_{i=1}^{n} W_i P_i \tag{6-68}$$

式中　W_i——第 i 种评价因子的权重，W_i 依评价者对各评价因子的重要性和危害性来确

定，$\displaystyle\sum_{i=1}^{n} W_i = 1$，其中 n 为评价因子数。

（4）加权均值综合等标污染指数：

$$I = \frac{1}{n} \sum_{i=1}^{n} W_i P_i \tag{6-69}$$

（5）均方根综合等标污染指数：

$$I = \sqrt{\frac{1}{n} \sum_{i=1}^{n} P_i^2} \tag{6-70}$$

（6）内梅罗指数：

$$PI = \sqrt{\frac{(\max P_i)^2 + \left(\dfrac{1}{n} \displaystyle\sum_{i=1}^{n} P_i\right)^2}{2}} \tag{6-71}$$

式中　P_i——第 i 种评价因子的等标污染指数；

　　　$\max P_i$——P_i 的最大值；当 $C_i/S_i > 1$ 时，$P_i = 1 + P \cdot \lg C_i/S_i$，其中 P 为内梅罗常数，
一般取 5。

（三）综合评级方法

综合评级方法的主要思路是按水质要求对各种综合性评价指标或单一评价指标划分出水质优劣或污染程度的分级标准或评分标准，然后对实测水质的单指标评分和总分或综合指标进行计算，并使之与评价标准比较，给出环境水质的评级结论。具体方法有评分法、坐标法及分级评价法等。例如打分评级的 n 种水质指标综合评价标准见表6-13。

将水质实测浓度与评分标准比较，确定各评价因子的水质评分，再按下式求得水质综合评分：

$$M = \frac{10}{n} \sum_{i=1}^{n} A_i \tag{6-72}$$

式中　M——水质综合评分百分制分值；

　　　A_i——第 i 种评价因子的水质评分；

　　　n——评价因子数。

将综合评分按表6-14的水质分级进行分级评定。

表 6-13　综合评级方法评分标准　　　　　　　　（单位：mg/L）

分级	理想级/评分值	良好级/评分值	污染级/评分值	重污染级/评分值	严重污染级/评分值
A_1	S_1, 1/10	S_1, 2/8	S_1, 3/6	S_1, 4/4	S_1, 5/2
A_2	S_2, 1/10	S_2, 2/8	S_2, 3/6	S_2, 4/4	S_2, 5/2
⋮	⋮	⋮	⋮	⋮	⋮
A_i	S_i, 1/10	S_i, 2/8	S_i, 3/6	S_i, 4/4	S_i, 5/2
⋮	⋮	⋮	⋮	⋮	⋮
A_n	S_n, 1/10	S_n, 2/8	S_n, 3/6	S_n, 4/4	S_n, 5/2

表 6-14　综合水质评级标准

M	100 ~ 96	95 ~ 76	75 ~ 60	59 ~ 40	< 40
水质评级	理想级	良好级	污染级	重污染级	严重污染级

(四)水质模糊评价方法

单指标评价水质不能反映水质的综合性质,多指标综合评价的指数方法和分级方法具有较强的人为意识以及指标与标准的主观性。模糊评价方法应用模糊数学的聚类分析原理,将多因子水质评价问题转化为相对规范的环境水质分级标准的归类分析,而且不受评价指标数量的限制,具有较好的客观性。下面简要介绍其方法步骤。

(1)取评价指标体系构成因素集:

$$U = \{A_1, A_2, \cdots, A_m\} \tag{6-73}$$

即根据水质监测结果和评价目的选取 m 个评价因子构成 m 维因素集。

(2)取 n 个水质分级标准构成评判集:

$$V = \{1, 2, \cdots, n\} \tag{6-74}$$

如《地表水环境质量标准》共分五级,则 $n = 5$,每级水中的标准都由 m 个评价因子的标准值构成,其标准元素为 $V_{i,j}$。

(3)通过隶属函数公式求出 m 个评价指标实测值对 n 级水的隶属度,形成 $m \times n$ 维的模糊隶属度矩阵 R,即:

$$R = \begin{bmatrix} Y_{A_{11}} & Y_{A_{12}} & \cdots & Y_{A_{1n}} \\ Y_{A_{21}} & Y_{A_{22}} & \cdots & Y_{A_{2n}} \\ \vdots & \vdots & & \vdots \\ Y_{A_{m1}} & Y_{A_{m2}} & \cdots & Y_{A_{mn}} \end{bmatrix} \tag{6-75}$$

式中　$Y_{A_{ij}}$——A_i 水质指标隶属于 V_j 级水的隶属度,即:

$$Y_{A_{i1}} = \begin{cases} 1 & A_i \leq V_{i,1} \\ \dfrac{V_{i,2} - A_i}{V_{i,2} - V_{i,1}} & V_{i,1} < A_i < V_{i,2} \\ 0 & A_i \geq V_{i,2} \end{cases} \tag{6-76}$$

$$Y_{A_{in}} = \begin{cases} 1 & A_i \geq V_{i,n} \\ \dfrac{A_i - V_{i,j-1}}{V_{i,n} - V_{i,j-1}} & V_{i,n-1} < A_i < V_{i,n} \\ 0 & A_i \leq V_{i,n-1} \end{cases} \tag{6-77}$$

$$Y_{A_{i,j}} = \begin{cases} 1 & A_i = V_{i,j} \\ \dfrac{A_i - V_{i,j-1}}{V_{i,j} - V_{i,j-1}} & V_{i,j-1} < A_i < V_{i,j} \\ \dfrac{V_{i,j-1} - A_i}{V_{i,j+1} - V_{i,j}} & V_{i,j} < A_i < V_{i,j+1} \\ 0 & A_i \leq V_{i,j-1} \text{或} A_i \geq V_{i,j+1} \end{cases} \tag{6-78}$$

（4）计算权重组成 $1 \times m$ 的行矩阵：

$$W = H\{W_1, W_2, \cdots, W_m\} \tag{6-79}$$

计算式为：

$$W_i = W_i' \Big/ \sum_{i=1}^{m} W_i' \tag{6-80}$$

$$W_i' = \sum_{j=1}^{n} \frac{A_i}{V_{i,j}} \tag{6-81}$$

式中　　A_i——第 i 种评价因子的实测值；

　　　　$V_{i,j}$——第 i 种评价因子所对应的 j 级标准；

　　　　W_i'——第 i 种评价因子的权重；

　　　　W_i——第 i 种评价因子归一化后的权重；

　　　　i——评价因子数，$i = 1,2,\cdots,m$；

　　　　j——水质分级数，$j = 1,2,\cdots,n$。

（5）确定综合隶属度：

$$S = W \cdot R = \{W_1, W_2, \cdots, W_m\} \cdot \begin{bmatrix} Y_{A_{11}} & Y_{A_{12}} & \cdots & Y_{A_{1n}} \\ Y_{A_{21}} & Y_{A_{22}} & \cdots & Y_{A_{2n}} \\ \vdots & \vdots & & \vdots \\ Y_{A_{m1}} & Y_{A_{m2}} & \cdots & Y_{A_{mn}} \end{bmatrix} \tag{6-82}$$

上式中模糊矩阵乘积运算法则为：两数相乘取小者为"积"，多数相加取大者为"和"。进行矩阵复合运算得综合隶属度矩阵：

$$S = \{S_1, S_2, \cdots, S_n\} \tag{6-83}$$

（6）按最大隶属度原则确定水质综合评级，即评价水质属于隶属度最大值对应的水质级别。

（五）生物指数法

该法是依据水体污染影响水生生物群落结构，用数学形式表示这种变化从而指示水体质量状况。这里介绍以下几种指标。

1. 贝克生物指数

该指数采用水中大型无脊椎动物种类数，作为评价水污染生物指数。根据水生生物对水体有机污染的耐受力，将大型底栖无脊椎动物分为两类：一类是对有机污染缺乏耐受能力（即敏感的）；另一类是对有机污染有中等程度耐受力（即不敏感的）。这两种动物种类数目分别以 A 和 B 表示，则生物指数 BI 可按下式计算：

$$BI = 2A + B \tag{6-84}$$

计算值 $BI = 0$ 表示水体属严重污染；$BI = 1.0 \sim 6.0$ 表示水体属中度污染；$BI = 6.1 \sim 10.0$ 表示水体属轻度污染；$BI > 10.0$ 表示水体清洁。

2. 古德奈特和惠特利有机污染生物指数

该指数是以颤蚓类个体数量与全部大型底栖无脊椎动物个体数量的百分比表示的。其公式为：

$$有机污染生物指数 = \frac{颤蚓类个体数}{底栖动物个体数} \times 100\% \qquad (6\text{-}85)$$

此指数小于 60% 表示水质良好;60% ~ 80% 为中等有机污染;大于 80% 为严重有机污染或工业污染。

3. 多样性指数

生物群落中的种类多样性是指两个方面:一方面是指群落中的种类数;另一方面是指群落中各种类的个体数。水环境污染导致水生生物群落结构明显变化:耐受能力差(敏感)的种类会逐渐衰亡、消失,总的种类数下降;而那些能忍受、适应能力强的生物会逐渐繁殖起来,个体数明显增加。这种群落的演替现象可用多样性指数表示,以评价水环境质量。现主要介绍如下两个计算公式。

(1)马格利夫多样性指数:

$$d = \frac{S-1}{\ln N} \qquad (6\text{-}86)$$

式中　d ——多样性指数;

　　　S ——生物种类数;

　　　N ——群落的个体总数。

上述 d 值越大,水质越好。但该式仅考虑了生物种类数和个体总数间的关系,没考虑个体在各种类之间的分配,容易掩盖不同群落的种类和个体数的差异。

(2)香农 - 韦弗指数:

$$d = -\sum_{i=1}^{s} \left(\frac{n_i}{N}\right) \log_2 \left(\frac{n_i}{N}\right) \qquad (6\text{-}87)$$

式中　n_i ——第 i 种生物的个体数;

　　　N ——总个体数。

影响多样性指数的因素较多,如公式的选择、评价生物的选择及生物测试的均匀度等,均会影响该方法的效果。目前选用大型底栖无脊椎动物的 d 值进行有机污染评价较为成功。因此,常与物理、化学评价方法相结合,以使评价结果更接近实际情况。

第三节　地下水水质评价

地下水作为水资源的重要组成部分,其开发利用在我国经济建设和社会发展中具有十分重要的价值。但是,长期以来由于缺乏统一和有效的管理,致使一些地区因过量开采而引发水质污染及地下水位大面积下降等环境问题,甚至成为影响社会经济持续发展的制约因素。因此,地下水资源的保护已成为一项十分紧迫而艰巨的任务。

一、评价目的和工作程序

地下水资源评价,是水资源评价乃至整个环境质量评价的重要组成部分。根据国民经济不同的用途,对地下水质提出的要求也不尽相同,通过对地下水质进行评价,可以确定其满足某种用水功能要求的程度,为地下水资源合理开发利用提供科学依据。

地下水水质评价是一项复杂而涉及面广的工作,要在做好充分准备的情况下,才能正常进行。

(一)环境水文地质资料的收集整理

环境水文地质资料内容包括区内已有的水文地质、工程地质、环境地质、矿产普查、地球化学等各项资料。应对区内地下水动态观测、水质分析、土壤分析、地下水开发利用现状、城市规划、污染源分布、污水排放情况等资料进行全面收集和分析整理。

(二)环境水文地质调查

如上述资料不足,应进行区内水文地质调查,内容包括含水层水文地质条件、地下水埋藏、补给和排泄条件、地下水开发利用现状、污染源分布及排污方式等。

(三)地下水动态观测和水质监测

动态观测点与水质监测网的布设,要根据当地水文地质特点和地下水污染性质,按点面结合的原则来安排,力求对整个评价区都能适当控制。检测项目依评价目的确定,一般应满足生活饮用水标准要求。除对地下水进行监测外,还要对大气降水、河水、污废水、土壤等进行同步监测,以确定地下水、地表水、大气降水之间的相互补给关系。

(四)环境水文地质勘探

利用勘探钻孔了解含水层厚度、结构,地下水污染范围、污染程度,污染物迁移路线和扩散情况等。钻孔的布置,视当地水文地质条件和评价目的而定。

二、地下水水质评价

(一)评价因子的选择

参与评价的因子根据区内实际情况确定,一般选择生活饮用水标准中对人体健康危害较大,而超标率或检出率又高的项目作为评价因子。大体可分为理化指标、金属、非金属、有机毒物和生物污染物。

(二)评价标准的确定

因为地下水常作为饮用水源,评价时多以国家饮用水标准作为评价标准。但严格来说,这还是不够的。因为地下水从未污染、开始污染到严重污染以至不能饮用,要经过一个长时间的从量变到质变的过程。为此,有人提出用污染起始值作为地下水水质评价标准,水污染起始值,也称为水污染对照值、水质量背景值,因为地下水已受到普遍且严重的污染威胁,评价的基本原则是不允许地下水遭受污染。因此,对地下水进行水质现状评价,以水污染起始值作为评价标准更好。它是某一地区或区域在不受人为影响或很少受人为影响的条件下所获得的具有代表意义的天然水质。它是天然或近天然状态的水质参数,也作为污染评价的水质依据。

水污染起始值的确定方法很多,但是有的计算公式中含有诸如用水标准值之类的人为数据,这是不合适的。其值的选取应该摆脱人为的影响,完全取决于原始资料的丰富程度和对初始状态的认知程度。资料来源的时代越早,就越能够代表初始的状态。对初始状态认可程度越高,所确定的污染起始值就越能够代表初始的状态。选取方法是可以利用数理统计的办法获得选取代表值,亦可以采取类比的方法,选取条件相近或相同的区域的值代替。

其计算公式为：

$$X_0 = \overline{X} + 2S = \overline{X} + 2\sqrt{\frac{\sum\limits_{i=1}^{n}(\overline{X} - X_i)^2}{n-1}} \tag{6-88}$$

式中　X_0——污染起始值,即最大区域背景值；

　　　$\overline{X}$——某种污染物的区域背景值,即背景值调查的平均值；

　　　X_i——背景调查中各水井该种污染物的实际含量；

　　　n——背景调查样品的数量；

　　　S——污染物统计方差。

（三）评价模式

1. 一般统计法

一般统计法即以监测点的检出值与背景值和饮用水的卫生标准作比较,统计其检出率、超标率、超标倍数等。此法适用于环境水文地质条件简单、污染物质单一的地区,或在初步评价阶段采用。

2. 环境水文地质制图法

以下述图件作为评价的主要表达形式：

（1）基础图件。它包括反映地表地质、地下水赋存条件和地表污染源分布等状况的表层地质环境分区图。

（2）水质或污染现状图。它用水质等值线或符号表示地下水的污染类型、污染范围和污染程度。

（3）评价图。它以多项污染物质、多项指标等综合因素来评价水质好坏,划分水质等级,并将其用图区和线条表示出来。

3. 综合指数法

这些方法多数是为评价地表水体而提出来的,在对地下水质量进行评价是借用过来的。现将常用方法简要介绍如下。

1）N. L. Nemerow 综合指数

此法属于兼顾极值与均值的综合指数法,计算公式为：

$$P_i = C_i / L_i \tag{6-89}$$

$$PI = \sqrt{\frac{(\max P_i)^2 + \overline{P_i^2}}{2}} \tag{6-90}$$

当 $C_i / L_i > 1$ 时：

$$C_i / L_i = 1 + P\lg\frac{C_i}{L_i} \tag{6-91}$$

当 $C_i / L_i \leqslant 1$ 时,用 C_i / L_i 实际计算值。

式中　P_i——单项污染指数；

　　　PI——综合污染指数；

　　　C_i——某污染物实测浓度；

L_i——某污染物饮用水标准；

$\overline{P_i}$——P_i 均值；

$\max P_i$——P_i 最大值；

P——常数值，一般采用 5。

按上述公式计算出综合指数，按大小划分如下等级（见表6-15）。

表6-15　综合污染指数等级划分参考值

污染程度等级	未污染	轻度污染	中等污染	重度污染	严重污染
PI	<0.5	0.50~1.0	1.0~3.0	3.0~7.0	>7.0

2）姚志麒综合指数

上海第一医学院姚志麒提出了另一种兼顾极值与均值的综合污染指数，计算公式为：

$$PI = \sqrt{(\max P_i)\overline{P_i}} \qquad (6\text{-}92)$$

式中各符号意义同前。

3）水文地质与环境地质研究所公式

中国地质科学研究院水文地质与环境地质研究所环境地质组在沈阳地下水质量评价中提出的污染指数，是考虑各种有害物质污染程度对人体健康影响效应的综合指数，表达式为：

$$W = \sum_{i=1}^{m} \frac{C_i}{X_0} \lg \frac{\sum_{i=1}^{m} C_{bi}}{C_{bi}} \qquad (6\text{-}93)$$

式中　W——某水井中地下水污染指数；

C_i——样品中某种污染物实际含量，mg/L；

X_0——该种污染物的污染起始值，mg/L；

C_{bi}——该种污染物的饮用水标准，mg/L；

$\sum_{i=1}^{m} C_{bi}$——调查中所有污染物饮用水标准的总和；

m——监测项目。

上式中 C_i/X_0 表明某水井中某种污染物的异常情况；$\lg \dfrac{\sum_{i=1}^{m} C_{bi}}{C_{bi}}$ 表明该种物质在所有监测项目中对人体健康效应的影响系数，对某一污染物来说它是一个常数。

习　题

1. 对河流及相关水体中泥沙的研究和评价有何意义？

2. 泥沙有哪些基本性质？泥沙的沉降速度与哪些因素有关？

3. 河流泥沙的输沙量评价有哪几种方法？其计算公式是什么？

4. 等标污染指数、等标污染负荷和等标污染负荷比如何确定？它们在水质评价工作中有何应用？

5. 综合等标污染指数的几种不同形式有什么区别和特点？

6. 用水质模糊评价方法评价水质综合类型的原理和主要步骤是什么？

7. 为什么对地下水水质要用污染起始值作为评价标准？

第七章　水资源开发利用评价

　　水资源开发利用现状及其影响评价是对过去水利建设成就与经验的总结,是对如何合理进行水资源的综合开发利用和保护规划的基础性前期工作,其目的是增强流域或区域水资源规划时的全局观念和宏观指导思想,是水资源评价工作中的重要组成部分。

　　水资源开发利用现状分析包括两方面的内容:一是现状水资源开发分析;二是现状水资源利用分析。现状水资源开发分析,是分析现状水平年情况下,水源工程在流域开发中的作用,包括社会经济及供水基础设施现状、供用水量的现状、现状水资源开发利用程度等内容。这一工作需要调查分析水利工程的建设发展过程、使用情况和存在的问题;分析其供水能力、供水对象和工程之间的相互影响。现状水资源利用分析,是分析现状水平年情况下,流域用水结构、用水部门的发展过程和目前的用水效率、节水潜力、今后的发展变化趋势及水资源开发利用对环境的影响评价。

第一节　水资源开发利用现状分析

一、社会经济及供水基础设施现状调查

　　社会经济及供水基础设施现状调查内容包括除水以外的主要自然资源开发利用和社会经济发展状况分析、供水基础设施情况分析。主要自然资源(除水以外)是指可利用的土地、矿产、草场、林区等,着重分析它们的现状分布、数量、开发利用状况、程度及存在的主要问题。社会发展着重分析人口分布变化、城镇及乡村发展情况。经济发展分工农业和城乡两方面,着重分析产业布局及发展状况,分析各行业产值、产量。供水基础设施应分类分析它们的现状情况、主要作用及存在的主要问题。

(一)社会经济现状调查

　　收集统计与用水密切关联的社会经济指标,如人口、国内生产总值(GDP)、工农业产值、耕地面积、灌溉面积、粮食产量、牲畜头数等,是分析现状用水水平和预测未来需水的基础。

(二)供水基础设施现状调查

　　供水基础设施现状调查内容包括调查统计现状年地表水源、地下水源和其他水源工程的数量(见图7-1)及其供水能力,分类分析它们的现状情况、主要作用及存在的主要问题。供水能力是指现状条件下相应供水保证率的可供水量,与来水状况、工程条件、需水特性和运行调度方式有关。

1.供水基础设施现状

　　以现状水平年为基准年,分别调查统计各种水源供水工程的数量和供水能力,以反映供水基础设施的现状情况。

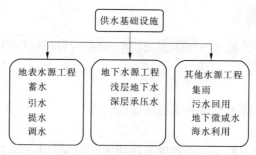

图 7-1　供水基础设施组成

1）地表水源工程

地表水源工程分蓄水、引水、提水和调水工程。蓄水工程指大、中、小型水库和塘坝，塘坝指蓄水量小于 10 万 m^3 的蓄水工程；引水工程指从河道、湖泊等地表水体自流引水的工程；提水工程指利用扬水泵站从河道、湖泊等地表水体提水的工程；调水工程指跨水资源一级区之间或独立流域之间的调水工程。为避免重复计算，蓄水工程不包括专为引水、提水工程修建的调节水库；引水工程不包括从蓄水、引水工程中提水的工程；提水工程不包括从蓄水、引水工程中提水的工程；蓄、引、提工程中均不包括调水工程的配套工程。蓄、引、提工程按大、中、小型工程规模分别统计，工程规模按相应标准划分（见表 7-1）。

表 7-1　蓄、引、提工程规模划分标准

工程类型	指标	工程规模		
		大	中	小
水库工程	库容（亿 m^3）	≥1.0	0.1 ~ 1.0	0.001 ~ 0.1
引、提水工程	取水能力（m^3/s）	≥30	10 ~ 30	<10

2）地下水源工程

地下水源工程指利用地下水的水井工程，按浅层地下水和深层承压水分别统计。浅层地下水指与当地降水、地表水体有直接补排关系的潜水和与潜水有紧密水力联系的弱承压水。

3）其他水源工程

其他水源工程包括集雨工程、污水处理回用、地下微咸水和海水利用等供水工程。集雨工程指用人工收集储存屋顶、场院、道路等场所产生径流的微型蓄水工程，包括水窖、水柜等；污水处理回用工程指城市污水集中处理厂处理后的污水回用设施；海水利用包括海水直接利用和海水淡化，海水直接利用指直接利用海水作为工业冷却水及城市环卫用水等。

2. 供水基础设施存在问题

重点分析供水基础设施的配套情况、工程完好率以及工程老化、失修、报废等情况。如水利设施因设计使用年限已到而报废，水库因泥沙淤积引起的供水能力降低，甚至完全报废，尤其是在水土流失严重的地区。

二、供用水现状调查

选择具备资料条件的最近一年作为现状年,调查内容包括各种水利工程的供水量,以及各用水行业的用水量。

(一)供水现状调查

供水现状调查包括供水数量和供水质量的调查。

1. 供水量现状调查

供水量指各种水源工程为用户提供的包括输水损失在内的毛供水量。供水量调查应分区按不同水源和工程分别统计。按取水水源分为地表水源供水量、地下水源供水量和其他水源供水量三种类型统计。工程类别有蓄、引、提、机电井等四类工程,应分别统计,分析各种供水占总供水的百分比,以及年供水和组成的调整变化趋势。

地表水源供水量按蓄、引、提、调四种形式统计。以实测引水量或提水量作为统计依据,无实测水量资料时可根据灌溉面积、工业产值、实际毛取水定额等资料进行估算。

地下水源供水量指水井工程的开采量,按浅层淡水、深层承压水和微咸水分别统计。浅层淡水指矿化度≤2g/L的潜水和弱承压水,坎儿井的供水量计入浅层淡水开采量中。微咸水指矿化度为2~3g/L的浅层水。

城市地下水源供水量包括自来水厂的开采量和工矿企业自备井的开采量。缺乏计量资料的农灌井开采量,可根据配套机电井数和调查确定的单井出水量(或单井灌溉面积、单井耗电量等资料)估算开采量,但应进行平衡分析校验。

其他水源供水量包括污水处理回用、集雨工程、海水淡化的供水量。

2. 供水水质调查分析

供水水量评价计算仅仅是供水现状调查中的一方面,还应该对供水的水质进行评价。原则上,地表水供水水质按《地表水环境质量标准》(GB 3838—2002)评价,地下水水质按《地下水质量标准》(GB/T 14848—93)评价。

根据地表水取水口、地下水开采井的水质监测资料及其供水量,分析统计供给生活、工业、农业不同水质类别的供水量。

(二)用水现状调查

用水现状调查内容包括河道内用水和河道外用水。

河道内用水是指为维护生态环境和水力发电、航运等生产活动,要求河流、水库、湖泊保持一定的流量和水位所需的水量。其特点:①主要利用河水的势能和生态功能,基本上不消耗水量或污染水质,属于非耗损性清洁用水;②河道内用水是综合性的,可以"一水多用",在满足一种主要用水要求的同时,还可兼顾其他用水要求。

河道外用水是指采用取水、输水工程措施,从河流、湖泊、水库和地下水层将水引至用水地区,满足城乡生产和生活所需的水量。在用水过程中,大部分水量被消耗掉而不能返回原水体中,而且排出一部分废污水,导致河湖水量减少、地下水位下降和水质恶化,所以又称耗损性用水。

1. 河道内用水现状

河道内用水包括水力发电、航运、冲沙、防凌和维持生态环境等方面的用水,又分为生产用水和生态环境用水两类,前者指水力发电、渔业和航运用水等,后者包括冲沙、防凌、冲淤保港、稀释净化、保护河湖湿地等用水以及维持生态环境所需的最小流量和入海水量。我国南方水系水资源丰富,开发利用率不高,河道用水问题矛盾尚不突出,但有的河流已经显现用水问题,应重点研究。北方水资源紧缺,许多河道断流,且已丧失河道基本功能,对于这些河流和河段除了进行河道内用水调查分析,同时要研究恢复部分河道功能的需水量。

同一河道内的各项用水可以重复利用,应确定重点河段的主要用水项,分析各主要用水项的月水量分配过程,取外包线作为该河段的河道内各项用水综合要求,并分析近年河道内用水的发展变化情况。在收集已有的河道内用水调查研究成果的基础上,确定重点研究河段,结合必要的野外调查工作,分析确定主要河流及其控制节点的河道内用水量。

2. 河道外用水现状

河道外用水应按农业、工业、生活三大类用水户分别统计各年用水总量、用水定额和人均用水量。用水量是指分配给用户的包括输水损失在内的毛用水量。

农业用水包括农田灌溉和林牧渔业用水。农田灌溉是用水大户,应考虑灌溉定额的差别按水田、水浇地(旱田)和菜田分别统计。林牧渔业用水按林果地灌溉(含果树、苗圃、经济林等)、草场灌溉(含人工草场和饲料基地等)和鱼塘补水分别统计。

工业用水量按取用新鲜水量计,不包括企业内部的重复利用水量。各工业行业的万元产值用水量差别很大,而各年统计年鉴中对工业产值的统计口径不断变化,应将工业划分为火(核)电工业和一般工业进行用水量统计,并将城镇工业用水单列。在调查统计中,对于有用水计量设备的工矿企业,以实测水量作为统计依据,没有计量资料的可根据产值和实际毛用水定额估算用水量。

生活用水按城镇生活用水和农村生活用水分别统计,应与城镇人口和农村人口相对应。城镇生活用水由居民住宅用水、公共用水(含服务业、商饮业及建筑业等用水)、消防用水和环境用水(含绿化用水与河湖补水)组成。农村生活用水除了居民生活用水,还包括牲畜用水在内。

未经处理的污水和海水直接利用量需另行统计并要求单列,但不计入总用水量中。

结合过去的水资源利用评价资料,分析用水总量、农业用水量、工业用水量、生活用水量及用水组成的变化趋势。

(三)现状水资源开发利用程度分析

水资源开发利用程度与一定的技术经济条件相适应。一个区域或流域水资源利用程度的高低,一方面可反映所在区域内工农业生产的发展规模和人民生活水平,以及为满足生产生活需水要求而对水资源的控制与利用能力;另一方面可以反映水资源开发利用的潜力。水资源开发利用程度分析,除了分析总的水资源开发利用程度,往往还需要对地表水资源和地下水资源的利用程度分别进行分析,以作为水资源规划中考虑地表水与地下水开发利用的比例等问题的依据。

地表水资源开发程度指地表水源供水量占地表水资源量的百分比。为了真实反映评价流域内自产地表水的控制利用情况,在供水量计算中要消除跨流域调水的影响,调出水量应计入本流域总供水量中,调入水量则应扣除。平原区浅层地下水开发利用程度指浅层地下水开采量占地下水资源量的百分比。水资源开发程度(或开发率)、地表水资源开发程度(或开发率)、地下水资源开发程度(或开采率)可分别表示如下:

$$\beta = \frac{W}{W_T} \times 100\% \qquad\qquad (7\text{-}1)$$

$$\beta_s = \frac{W_s}{W_0} \times 100\% \qquad\qquad (7\text{-}2)$$

$$\beta_g = \frac{W_g}{G_0} \times 100\% \qquad\qquad (7\text{-}3)$$

式中　β、β_s、β_g——水资源开发率、地表水资源开发率及地下水资源开采率(%);

　　　W、W_s、W_g——自产水资源可供水量(或实际供水量)、自产地表水可供水量(或实际地表水供水量)及地下水开采量,m^3;

　　　W_T、W_0、G_0——多年平均自产水资源总量、地表水资源量及地下水资源量,m^3。

按照国际标准,合理的水资源开发利用程度一般为40%左右。然而,目前我国北方地区及内陆河流域都已超过了此标准。海河流域的水资源开发利用程度已达96%,甘肃省河西地区石羊河流域水资源开发利用程度已高达154%(含重复利用)。高强度的水资源开发利用导致这些地区水资源供需严重失衡,生态环境严重恶化。

三、现状供用水效率分析

(一)耗水量与耗水率分析

根据典型调查资料或分区水量平衡法,分析各项供用水的消耗系数和回归系数,估算耗水量、排污量和灌溉回归量,对供用水有效利用率做出评价。可以对水资源的形成(产水)、利用与耗散(耗用)、转化与排放整个过程进行分析与评价,为供需水预测与开发利用规划奠定基础。

用水消耗量(简称耗水量)是指毛用水量在输水、用水过程中,通过蒸腾蒸发、土壤吸收、产品带走、居民和牲畜饮用等多种途径消耗掉而不能回归到地表水体或地下含水层的水量。

耗水率是指耗水量占取用水量的百分比。

1. 农田灌溉耗水量

农田灌溉耗水量包括作物蒸腾、棵间蒸散发、渠系水面蒸发和浸润损失等水量,一般可通过灌区水量平衡分析方法推求。对于资料条件差的地区,可用实灌亩次乘以次灌水净定额近似作为耗水量。水田与水浇地渠灌、井灌的耗水率差别较大,应分别计算耗水量。

2. 工业与生活耗水量

工业耗水量包括输水损失和生产过程中的蒸发损失量、产品带走的水量、厂区生活耗水量等。一般情况可用工业用水量减去废污水排放量求得。废污水排放量可以在工业区排污口直接测定,也可根据工厂水平衡测试资料推求。直流式冷却火电厂的耗水率较小,应单列计算。

生活耗水量包括输水损失以及居民家庭和公共用水消耗的水量。城镇生活耗水量的计算方法与工业基本相同,即由用水量减去污水排放量求得。农村住宅一般没有给排水设施,用水定额低,耗水率较高(可近似认为农村生活用水量基本是耗水量);对于有给排水设施的农村,应采用典型调查确定耗水率的办法估算耗水量。

3. 其他耗水量

其他耗水量可根据实际情况和资料条件采用不同方法估算。如果树、苗圃、草场的耗水量可根据实灌面积和净灌溉定额估算;城市水域和鱼塘补水可根据水面面积和水面蒸发损失量(水面蒸发量与降水量之差)估算耗水量。

(二)现状用水水平分析

1. 现状用水定额及用水效率指标分析

在用水调查统计的基础上,计算农业用水指标、工业用水指标、生活用水指标以及综合用水指标,以评价用水效率。

农业用水指标包括净灌溉定额、综合毛灌溉定额、灌溉水利用系数等。工业用水指标包括水的重复利用率、万元产值用水量、单位产品用水量。生活用水指标包括城镇生活和农村生活用水指标,城镇生活用水指标用"人均日用水量"表示,农村生活用水指标分别按农村居民"人均日用水量"和牲畜"标准头日用水量"计算。

用水定额是衡量各部门、各行业用水与节水水平的重要依据。在水资源开发利用情况调查评价的基础上,补充分析各部门的综合用水定额和分行业(作物)的用水定额。综合用水定额可采用需水预测的计算成果,按计算分区分析计算,包括城镇生活、工业(分火(核)电工业、高用水工业和一般工业)、建筑业、商饮业、服务业、种植业灌溉(分为水田、水浇地)、林牧渔业(分为林果地灌溉、草场灌溉、牲畜养殖和渔业)。

通过现状各城市、各部门、各行业用水调查和典型调查,分析计算不同类型城市、不同行业、不同作物的灌溉定额。城镇生活用水按城市规模和发展水平分为特大城市、大城市、中等城市、小城市、县城及集镇5级,分析计算各类型城市生活用水定额和城市供水管网漏失率;工业分火(核)电、冶金、石化、纺织、造纸及其他一般工业等,分析计算各行业用水定额和重复利用率;第三产业分为商饮业和服务业,分析计算各行业的用水定额;农业灌溉按不同作物(水稻、小麦、玉米、棉花、蔬菜、油料等)分析计算净灌溉定额。

2. 现状用水水平和节水水平分析

现状用水水平分析是在现状用水情况调查的基础上,根据各项用水定额及用水效率指标的分析计算,进行不同时期、不同地区间的比较,特别是与国内外先进水平的比较、与有关部门制定的用水标准的比较,找出与先进标准的差距和现状用水与节水中存在的主要问题及其原因。用水水平的分析可按省级行政区分区进行。各项用水定额是现状用水水平分析最主要的指标,用水效率指标采用城市管网漏失率、工业用水重复利用率、农业灌溉水利用系数、人均用水量、万元 GDP 用水量等。有条件的地区还可进行城市节水器具普及率、工业用水弹性系数(工业用水增长率与工业产值增长率的比值)、农业水分生产效率(单位灌溉水量的作物产量)等指标的分析。

现状节水水平分析是通过对现状用水水平的分析和节水情况的调查(包括节水灌溉面积发展、工艺设备改造更新、节水器具普及程度、用水管理、节水管理能力建设、节水政策法规建设、节水宣传教育、新技术推广应用等),分析工业用水重复利用率、城市管网漏失率、农业灌溉水利用系数、水分生产效率、节水灌溉面积比率(节水灌溉面积与有效灌溉面积的比值)等指标来反映节水的程度与水平。

四、现状供用水存在问题

通过对水资源利用现状分析,就可以发现现状水资源利用中存在的问题,达到合理利用水资源的目的。常见的水资源开发利用中存在的问题有:原规划方案是否满足需水要求;水的有效利用率高低;地下水是否超采;供水结构、用水结构是否合理;是否产生水环境问题;水资源保护措施是否得力等。

第二节　需水预测

需水预测是在充分考虑资源约束和节约用水等因素的条件下,研究各规划水平年按生活、生产和生态用水三类口径,区分城镇和农村、河道内与河道外、高用水与一般用水行业,分别进行毛需水与净需水量的预测。需水预测时需要考虑市场经济条件下对水需求的抑制,充分研究节水发展及其对需水的抑制效果。需水预测是一个动态预测过程,与节约用水及水资源配置不断循环反馈。需水量的变化与经济发展速度、国民经济结构、工农业生产布局、城乡建设规模等诸多因素有关。科学的需水预测是水资源规划和供水工程建设的重要依据。

一、需水预测原则

需水预测应以各地不同水平年的社会经济发展指标为依据,有条件时应以投入产出表为基础建立宏观经济模型。要加强对预测方法的研究,从人口与经济——驱动需水增长的两大内因入手,结合具体的水资源条件和水工程条件,并结合过去20年来各部门需水增长的实际过程,分析其发展趋势,采用多种方法进行计算,并论证所采用的指标和数据的合理性。

需水预测主要分析工业、农业、生活和其他部门的需水要求。在需水预测中,既要考虑科技进步对未来用水的影响,又要考虑水资源紧缺对社会经济发展的制约作用,使预测合乎当地实际发展情况。需水预测要着重分析评价各项用水定额的变化特点、用水结构和用水量变化趋势的合理性,并分析计算各耗水量指标。

预测中应遵循以下几条主要原则:

(1)以各规划水平年社会经济发展指标为依据,贯彻可持续发展的原则,统筹兼顾社会、经济、生态、环境等各部门发展对水的需求。

(2)考虑水资源紧缺对需水量增长的制约作用,全面贯彻节水的方针,分析研究节水措施的采用和推广等对需水的影响。

(3)考虑市场经济对需水增长的作用和科技进步对未来需水的影响,分析研究工业结构变化、生产工艺改革和农业种植结构变化等因素对需水的影响。

(4)重视现状基础资料调查,结合历史情况进行规律分析和合理的趋势外延,使需水预测符合各区域特点和用水习惯。

二、需水量预测方法

(一)需水预测分类

需水分为生活、工业、农业、生态四个Ⅰ级类,每个Ⅰ级类再分成若干Ⅱ级类、Ⅲ级类和Ⅳ级类,如表 7-2 所示。

表 7-2 需水预测分类

Ⅰ级分类	Ⅱ级分类	Ⅲ级分类	Ⅳ级分类
生活需水	城镇生活	居民家庭	
	农村生活	公共设施	(市政、建筑、交通、商饮、服务、机关)
工业需水	城镇工业	一般工业	(采掘;食品、纺织、造纸、木材;化工、石化、机械、冶金、建材、其他)
		电力工业	(火电循环冷却、火电贯流冷却;核电)
		村以上乡镇企业	(县、乡两级所属乡镇企业)
	农村工业	村属乡镇企业	(村以下乡镇企业、个体企业及联户企业)
农业需水	种植业	大田	(棉花、冬小麦、夏玉米、春小麦、甜菜)
		水田	(水稻)
		菜田	(蔬菜、油料、小品种经济作物)
	畜牧业	畜牧用水	(以商品生产为目的的一切牲畜用水)
		草场用水	(饲草饲料基地灌溉、天然草场灌溉)
	林果业	用材林、薪炭林	(除天然林以外的一切经济林灌溉用水)
		果园	
	渔业	鱼塘	(鱼塘补水及换水)
生态需水	城镇生态		(公园绿化、河湖补水)
	河谷生态		(靠河流潜流获得水分的天然植被)
	河湖生态		(为维持一定的河长或湖面面积的补水量)
	绿洲生态		(靠地下水潜水蒸发获得水分的天然植被)
	防护林带		(田边、路边、屋边、渠边防护林)

根据上述分类,可较为容易地合并有关项,将需求分为河道内与河道外两类需水。河道内需水为特定断面的多年平均水量。水电、航运、冲淤、保港、湖泊、洼淀、湿地、入海等各项用水均会影响河道内需水。河道外需水应进一步区分社会经济需水和人工生态系统的需水。

社会经济需水按生活、工业、农业三部门划分。生活需水包括城镇生活与农村生活两项。工业需水包括电力工业(不包含水电)与非电力工业两项。农业需水包括农田灌溉与林牧渔业两项。

　　城镇生活需水由居民家庭和公共用水两项组成,其中公共用水综合考虑建筑、交通运输、商业饮食、服务业用水。城镇商品菜田需水列入农田灌溉项下,城镇绿化与城镇河湖环境补水列入生态环境需水项下。农村生活需水由农民家庭、家养禽畜两项构成,其中以商品生产为目的且有一定规模的养殖业需水列入林牧渔业需水项下。

　　电力工业需水特指火电站与核电站的需水。一般工业需水指除电力工业需水外的一切工业需水。在一般工业需水中要区别城镇与农村。

　　农田灌溉需水包括水田、大田、菜田、园地四项需水。林牧渔业需水包括灌溉林地用水、灌溉草场用水、饲草饲料基地用水、专业饲养场牲畜用水、鱼塘补水。

　　人工生态系统的需水,泛指通过水利工程补给的一切人工生态用水,包括城镇绿地与河湖用水、水土保持用水、防护林等人工生态林用水等。对于灌溉草场、饲草饲料基地、果园等生产性用水,一般列入到牧业与林业用水之中。

　　生态环境用水目前尚无统一分类。一般在生态环境用水中首先区分人工生态与天然生态的用水。凡通过水利工程供水维持的生态,划为人工生态,此外一律认为是天然生态。

(二)用水定额调查核定与节水潜力分析

　　以水资源利用二级区和行政二级区为单元,对农业与农村综合用水定额、工业综合用水定额、城镇居民生活综合用水定额以及生态环境综合用水定额分别进行独立调查与核定。

　　综合用水定额的核定必须充分考虑科技发展的影响,建立节水型农业、节水型工业、节水型城市,最终以建立节水型社会为目标。要充分利用已有的科研成果,对用水定额核定成果进行科学论证。要综合分析节水途径、方式和潜力,并对节水投资认真调查、分析和研究。

1. 建立用水定额

　　用水定额是水资源需求管理的基础,直接反映出水资源的利用效率。用水定额在区域上分为城镇与农村;在用水大类上分为生活、工业、农业、生态四项。

　　在工业用水中进一步按间接冷却水、工艺用水、锅炉用水分类,并分行业进行统计。间接冷却水区分火电与核电用水,工艺用水区分产品耗水、洗涤用水、直接冷却水、其他工艺用水。

　　为加强水资源管理水平,在用水调查中应包括城镇水资源供水总量与原水水质,分部门的供水量、取水量、用水量、耗水量、污水排放量;分城镇的污水收集率与污水处理量,以及相应的经济指标等。

　　节水水平评价包括三类指标:第一类是区域性节水水平指标,主要为有效水量与水资源总利用量之比;第二类是工程性节水水平指标,主要为净用水量与工程毛供水量之比;第三类是节水经济指标,主要是分部门单方水增加值、区域单方水 GDP 以及单方水粮食生产效率。

　　在评价中首先应对现行用水定额进行分析。这包括城镇用水平衡测试,农村用水现状调查,以及分地区、分行业的用水定额调查汇总及整编,分地区分行业的污水排放定额调查。在此基础上对区域用水效率进行评价。

应当收集有关行业用水定额的国际经验资料,并和评价区域用水定额和用水效率进行比较分析。对工业用水定额可按典型产品和分部门两种口径进行比较分析;对农业用水定额应分作物系数等;对生活用水定额的调查应分城镇规模及农村,也要考虑气候的差异,并同时调查人均 GDP 与人均收入的差别;分行业万元产值与单位产品的排污量进行调查,并分析典型区域用水效率和社会经济发展的对应关系。

2. 改善用水管理

在改善现行用水制度中,主要采取经济手段,调整用水定额以达到合理用水的目的。这包括通过定额预测、规划和水的使用权分配研究:大耗水行业转移的可能性及转移后评价区内工业综合用水定额的下降程度,同时也要分析转移这些工业对评价区内经济发展的影响;在规划区内实行产业结构调查的可能性以及其对工业综合用水定额和区域经济发展的影响;加强分行业器具型节水对工业综合用水定额和区域发展的影响;不同节水措施的边际成本变化比较;基于用水定额方法的国民经济需水预测与耗水量分析;根据分行业用水定额确定水资源使用权的下限等。

要进一步研究依据用水定额制定累进收费制度,包括对城镇生活、工业用水和农业灌溉用水分别制定不同的定额累进收费制度,并在必要时对工业用水和农业用水制定补偿界限。研究季节水价和累进水价的节水效果并予以评估。

要在评价和管理中有步骤地实施用水定额的标准系统,这包括对城镇生活和农村生活用水标准定额的滚动修正,对工业和农业灌溉用水标准定额的滚动修正和评价与管理中的定额应用制度;及时总结评估标准定额系统的作用,以便进一步指导并改进工作。

(三)需水量预测方法

1. 生活需水预测

生活需水包括城镇生活需水和农村生活需水。城镇生活需水量的预测分居民生活用水、公共用水。居民生活用水和公共用水预测均可按规划人口数和用水定额进行,公共用水预测中要考虑环境用水和流动人口变化对需水量的影响,用水定额应考虑生活水平的提高、供水设施的完善和节水措施的采取等影响,可在对典型地区调查、综合分析的基础上进行分析预测。生活需水量的预测方法一般有两种:趋势法和分类分析权重估算法。

城镇生活需水在一定范围之内,其增长速度是比较有规律的,因而可以用趋势外延方法推求未来需水量。此方法考虑的因素是用水人口和需水定额。用水人口以计划部门预测数为准,需水定额以现状用水调查数据为基础,分析历年变化情况,考虑不同水平年城镇居民生活水平的改善及提高程度,拟定其相应的需水定额。计算公式如下:

$$W_{生} = P_0(1+\varepsilon)^n \cdot K \tag{7-4}$$

式中　$W_{生}$——某一水平年城镇生活需水总量,万 m^3;

P_0——现状人口数,万人;

ε——城镇人口年增长率(%);

K——某一水平年拟定的城镇生活需水综合定额,m^3/a;

n——预测年数,a。

农村生活需水中农村人口需水预测与城镇居民生活需水预测相似,也可采用定额法计算。农村牲畜需水(指不以商品生产为目的的牲畜用水),在预测过程中,按大小牲畜的数量与需水定额进行计算,或折算成标准羊后进行计算。

农村生活需水量预测应根据农村人口增长和家庭饲养牲畜发展指标为依据,采用定额法进行,要充分考虑农村生活水平和自来水普及率的逐步提高对用水定额的影响。

2. 工业需水预测

工业需水预测可分电力行业、乡镇企业、其他行业三大部分进行。它与产品种类、生产规模、重复利用率、生产设备和工艺流程等因素有关,在有条件地区可采用对工业用水户逐个统计的方法,以获得可靠的数据作为预测的基础。在预测中应充分考虑产业结构调整和各种节水措施的采用对需水量的影响。各地可根据实际情况将行业细分,根据各行业的发展趋势采用不同的方法进行预测,如重复利用率提高法、趋势法和相关法等。

工业需水预测一般按行业万元产值用水量和重复利用率估算,用其他方法估算时,需加以说明。要充分考虑不同发展时期工业用水定额的变化情况、重复利用率的提高和有关节水措施,尤其是工业结构变化和生产工艺的改革产生的节水效果,但要计算相应的配套投资。

工业需水预测涉及的因素较多。工业需水的变化与今后工业发展布局、产业结构的调整和生产工艺水平的改进等因素密切相关。虽然正确估算未来工业需水量还有诸多困难,但在研究工业用水的发展史、分析工业用水的现状和未来工业发展的趋势以及需水水平的变化之后,可从中得出某些变化的规律。工业需水量预测方法常用的有以下几种:趋势法、产值相关法(也称定额法)、重复利用率提高法、分块预测法(亦称分行业预测法)、系统工程法以及系统动力学法等。

在工业不断发展,用水量逐渐增加,而水源紧缺,出现供水不足的情况下,提高水的重复利用率是行之有效的措施。重复利用率提高法的计算公式为:

$$W_{\text{工}} = X \cdot q_2 \tag{7-5}$$

$$q_2 = q_1 (1 - \alpha)^n \frac{1 - \eta_2}{1 - \eta_1} \tag{7-6}$$

式中　$W_{\text{工}}$——工业需水量,m^3;

　　　X——工业产值,万元;

　　　η_1、η_2——预测始、末年份的重复利用率(%);

　　　q_1、q_2——预测始、末年份的万元产值需水量,$m^3/$万元;

　　　n——预测年数;

　　　α——工业技术进步系数(各行业不同,目前一般取值范围为 0.02 ~ 0.05)。

3. 农业灌溉需水预测

农业灌溉需水包括农田灌溉需水和林、牧业灌溉需水,是通过蓄、引、提等工程设施输送给农田、林地、牧地,以满足作物需水要求。农业灌溉需水受气候、地理条件的影响,在时空分布上变化较大;同时还与作物的品种和组成、灌溉方式和技术、管理水平、土壤、水源以及工程设施等具体条件有关,影响灌溉需水量的因素十分复杂。

农业灌溉需水预测可采用定额法。考虑到不同地区灌溉条件不同,农业灌溉需水预测应分区进行,各区需水量之和即为全区域农业需水量。灌溉需水量预测涉及三个关键指标:各种类型作物的净灌溉定额、灌溉水利用系数和灌溉面积。定额法的计算公式为:

$$W_{灌} = \sum_{i=1}^{t} \sum_{j=1}^{k} A_{ij} \cdot M_{ij} / \eta_i \tag{7-7}$$

式中　$W_{灌}$——全区总灌溉需水量，m^3；

　　　A_{ij}——第 i 时段第 j 分区某种作物的灌溉面积，亩；

　　　M_{ij}——第 i 时段第 j 分区某种作物的净灌溉定额，m^3/亩；

　　　η_i——分区灌溉水利用系数。

农田灌溉需水预测是分水田、大田（水浇地）、菜田分别进行的。

在干旱缺水年份，应考虑有限灌溉、抗旱保产等措施。对于节水灌溉措施的效果及相应的投资应作专门说明。

农田灌溉需水预测包括渠系输水损失在内的毛用水量，应根据规划的灌溉面积、合理的净灌溉定额和可能达到的渠系利用系数进行预测。根据当地实际情况，可以将井灌需水量与渠灌需水量分开进行预测。

4. 林牧渔业需水预测

林业需水为经济林和果园用水；牧业需水为牲畜（以商品生产为目的）和灌溉草场用水；渔业需水为鱼塘的补水即换水。林牧业需水均按定额法进行。渔业需水量包括养殖水面蒸发、渗漏所消耗水量的补充量和换水量，计算公式为：

$$W_{渔} = \sum_{j=1}^{k} Q_j + \sum_{j=1}^{l} \omega_j \tag{7-8}$$

式中　$W_{渔}$——渔业需水量，m^3；

　　　Q_j——次补充水量，m^3；

　　　ω_j——次换水量，m^3；

　　　k、l——补水和换水次数。

5. 河道内需水预测

河道内需水是指通航、冲淤、水力发电、环境生态等需水，要根据水资源情况通过综合平衡确定河道内需水量。该部分水量应单独列出，不与其他需水量相加。

6. 生态环境需水预测

生态环境需水指为美化生态环境、修复与建设或维持其质量不至于下降所需要的最小需水量。在预测时，要考虑河道内和河道外两类生态环境需水口径分别进行预测。河道内生态环境用（需）水分为维持河道基本功能和河口生态环境的用水，河道外生态环境用水分为湖泊湿地生态环境与建设用水、城市景观用水等。城镇绿化用水、防护林草用水等以植被需水为主体的生态环境需水量，可以用灌溉定额的方式预测；湿地、城镇河湖补水等，以规划水面的水面蒸发量与降水量之差为其生态环境需水量（水利部水利水电规划设计总院，《全国水资源综合规划技术大纲》，2002）。

关于生态环境用水量的计算方法有两种，即直接计算法和间接计算法。

1）直接计算法

直接计算方法是以某一区域某一类型覆盖的面积乘以其生态环境用水定额，计算得到的水量即为生态环境用水量，计算公式为：

$$W = \sum W_i = \sum A_i \cdot r_i \tag{7-9}$$

式中　A_i——覆盖类型 i 的面积,hm^2;

　　　r_i——覆盖类型 i 的生态环境用水定额,m^3 / hm^2。

该方法适用于基础工作较好的地区与覆盖类型。其计算的关键是要确定不同生态环境用水类型的生态环境用水定额。

考虑到有些干旱半干旱地区降水的作用,并兼顾到计算的通用性,把生态环境用水定额 r_i 定义为降水量接近零时的生态环境用水量 r_{i0} 减去实际平均降水量 h,即:

$$r_i = r_{i0} - h \tag{7-10}$$

式中　r_i——某地区覆盖类型 i 的生态环境用水定额,m^3/hm^2;

　　　r_{i0}——降水量接近零时的覆盖类型 i 的生态环境用水(常值),m^3/hm^2;

　　　h——某地区平均降水量,m^3/hm^2。

2)间接计算法

对于某些地区天然植被生态环境用水的计算,如果以前工作积累较少,模型参数获取困难,可以考虑采用间接计算方法。

间接计算方法,是根据潜水蒸发量的计算,来间接计算生态环境用水量。即用某一植被类型在某一潜水位的面积乘以该潜水位下的潜水蒸发量与植被系数,得到的乘积即为生态环境用水。计算公式如下:

$$W = \sum W_i = \sum A_i \cdot W_{gi} \cdot K \tag{7-11}$$

式中　W_{gi}——植被类型 i 在地下水位某一埋深时的潜水蒸发量;

　　　K——植被系数,即在其他条件相同的情况下有植被地段的潜水蒸发量除以无植被地段的潜水蒸发量所得的比值。

这种计算方法主要适合于干旱区植被生存主要依赖于地下水的情况。

7.其他预测

各规划水平年的耗水量、回归水量、工业及城市生活废污水排放量的预测,可在基准年统计分析的基础上,根据各部门需用水的变化情况进行分析调整;有条件的地区应进行具体的分析计算。在预测中要分析预测回归水的排放和废污水的水质情况,对超过排放标准的应提出合理治理措施和解决方案。

三、需水预测评述

(一)需水预测方法及存在的问题

对于未来水资源需求的预测,重要的问题是准确性。这个问题一直没有得到重视。未来需水预测结果的准确性,决定了水战略问题。

万元产值需水量定额预测法,具有简单明了的特点,但也存在一定的缺点,主要表现在:①万元产值的定额确定非常困难,目前还没有一个很好的办法解决。现状可以通过统计数据计算得到,而未来根据趋势"递推",肯定会出现各种问题。例如,根据先进国家情况估算我国的实际情况,看似科学,实际也有不合理之处。由于国情不同、文化背景的差异、产业结构不一样、技术进步程度的限制、地理气候的差异等,以"洋"为基础的数据,即使根据国情作一些调节,也难以符合实际情况。②产值与市场供求密切相关。产值随着市场变化而变化,市场的供需变化对产值有很大影响,如市场疲软的时候,产值低,但耗水量不一定低;相反,在产品"牛市"的时候,同样产品,耗水量不一定高。即使用不变价格的时候,消除价格的影响也有类似的问题。③万元产值的时空差异。由于地域差异,同一产品消耗水量存在一定差距,所以取得的数据是有差异的。尽管近年来对万元产值采用了增加值取水量指标的改进,但问题依然存在。有数据表明,不同时期全国平均万元产值增加值取水量相差 45 倍。可见,此种方法还存在一定问题。

用水增长趋势法是根据历史资料来推测未来的,它是时间序列法,可以有多项式、指数曲线、对数曲线和生长曲线等多种模式。用水量的多少是多种因素共同作用的结果,如政策的调整、价格的变化、收入的变化、气候的变化等,都对其产生影响,特别是一些技术的进步对需水产生的影响更大。如建设部"城市缺水问题研究"报告预测 1995 ~ 2000 年北京工业区需水量将以 6% 的速度增长,而实际上,1989 ~ 1997 年北京市工业需水量不但没有增长,反而减少 12.5%。

单位产品耗水量预测存在的问题是对未来市场的估计难以把握。由于市场的流动性,对产品产自何地无法加以确定,如果产品来自国外或者其他地区,就高估了水资源需求。同时,同类产品由于工艺的差异,产品的耗水量也是不一样的。如我国宝钢吨钢取水量为 $68m^3$,涟源钢厂则达到 $5\,432m^3$。在农业生产中也存在类似的情况。

人均综合用水量的方法曾得到广泛的应用,但也存在一定问题,如合理估计未来状况的问题。

(二)我国需水预测实践与实际比较

1. 我国需水预测实践

1980 年前后,在中国农业区划工作的带动下,我国开展了水资源调查评价和水资源利用评价工作。通过吸收国外经验,把水文评价与水的利用和供需展望结合进行,于 1986 年分别提出了全国、各流域(片)和各省、自治区、直辖市三个层次的研究报告,对 2000 年的需水量进行了预测研究。

中国科学院水问题联合中心从 1992 年下半年开始组织了"中国水资源开发利用在国土整治中的地位与作用"这一重大课题,并参加编制了《中国 21 世纪议程》,从如何解决我国的水资源持续利用出发,开始了新一轮需水量预测研究。

水利部门的研究表明,2030 年以前我国用水量的增长是不可避免的,2010 年与 2030 年用水总量将分别达到全国水资源总量的 25% 和 36%,已接近我国水资源开发利用的极限(35% ~ 40%)。水利部门的一些专家认为,到 2100 年我国用水量将达到国内水资源可利用量的极限,即称为受水资源条件制约的零增长状态。国内众多专家预测,中国未来需水总量在 800 亿 m^3 左右,最高达 10 000 亿 m^3。

陈家琦认为,21 世纪初我国农业用水量稳定在 5 000 亿 m^3,2030 年生活用水量将达到 450 亿 m^3,2030 年总用水量将接近零增长。

张岳认为,由于人口的继续增加和生活水平的不断提高,我国生活需水量预计在 2030 年将达到 1 000 亿 ~ 1 100 亿 m^3,2050 年将达到 1 200 亿 ~ 1 300 亿 m^3;工业需水量也会继续增长,但增长趋势将变缓,预计 2050 年以后,我国工业需水量有可能出现零增长现象;在未来几十年中,我国生态环境需水量将会明显增加,2030 年将达到 300 亿 ~ 400

亿 m³,2050 年可达到 600 亿 ~800 亿 m³。

刘善建参照国外对世纪水资源利用的预测情况预测了我国 1990~2090 年百年间的需水量(见表 7-3),认为 2050 年前后我国人口和工业用水量均将趋于稳定,2090 年后全国总用水量趋于 10 200 亿 m³。

表 7-3　1990~2090 年总需水量预测

年份	1990	2000	2010	2030	2050	2090
预测总需水量(亿 m³)	5 050	6 000	6 900	8 500	9 600	10 200
浮动范围(%)	±1.0	±1.0	±2.0	±3.5	±4.0	±5.0

在《中国可持续发展水资源战略研究》中,水利专家采用人均用水量预测方法和阶段趋势分析法预测了我国 2000~2050 年需水量,认为 2030 年以后东、中、西部地区将依次进入需水总量的零增长期,全国需水量于 2050 年达到峰值,国民经济总需水量峰值为 8 000 亿 m³,最小可能为 7 000m³。

2. 需水预测存在的问题

事实证明,由于预测方法的局限性,我国的需水量预测长期以来一直过于"超前",预测结果都已经或即将被证明是明显偏大的。

对单项需水量的预测也存在着结果偏大的情况,其中以工业用水需求量的预测最为严重。如在建设部"城市缺水问题研究"报告中以 1993 年为预测基准年,预测 2000 年全国城市的工业需水量将达到 406 亿 m³,而 2000 年的实际用水量由 1993 年的 291.5 亿 m³ 降至不足 260 亿 m³。又如北京市曾预测 1995~2000 年市区工业需水量将以年均 6% 的速度递增,而实际上从 1989~1997 年北京市区的工业用水量却减少了 12.5%。

对地区需水量的预测结果也大多明显偏高。如山西省在水利部门"七五"期间预测 1990 年的需水量为 72 亿 ~76 亿 m³、2000 年为 90 亿 ~100 亿 m³,而实际上 1990 年的用水量仅为 54 亿 m³,2000 年仅为 63 亿 m³。20 世纪 80 年代以来,我国许多部门对全国 2000 年需水量进行了预测,将这些结果与 2000 年实际用水量进行比较,可以分析预测存在的问题,为未来水资源预测提供宝贵的意见。表 7-4 是 2010 年全国各分区水资源预测需求量与实际用水量比较。

表 7-4　2010 年中国水资源预测需求量与实际比较

预测单位	分区名称	需水量(亿 m³)	用水量(亿 m³)	实际差值(亿 m³)
21 世纪中国水供求	松辽河片	673.3~677.4	665.5	+7.8~11.9
	黄、淮、海片	1 800.6~1 943.0	1399.9	+400.7~543.1
	内陆河片	701.4~706.3	639.5	+61.9~66.8
	长江片	2 030.8~2 219.7	1 983.1	+47.7~236.6
	珠江及东南片	1 331.7~1 340.0	1 226.0	+105.7~114.0
	西南诸河片	95.8~102.1	108.0	-12.2~-5.9
	全国	6 633~6 988	6 022.0	+611.0~966.0

从表 7-4 可以看出,预测的各分区 2010 年水资源需求量与实际使用量存在很大的差

距,从表中列出的数据来看,相差最小的西南诸河片低出 5.9 亿 m^3,差距最大的黄、淮、海片竟然高出 543.1 亿 m^3。出现这种差错的原因很多,既有主观的原因,也有客观的原因。

经分析认为,长期预测结果偏大的原因是:

(1)对经济发展和用水需求的客观规律没有认识清楚,误以为随着经济的发展用水量必然不断增加,实际上随着科技水平的提高、经济结构的变化、防治污染以及水价的变化,用水定额会不断降低。一些发达国家在经济增长的情况下就出现了用水量零增长甚至负增长。

(2)目前各地常用的预测方法(如指数预测法、定额预测法、趋势法等)具有一定的局限性。由于需水预测是涉及社会、经济、人口、城市化、技术进步、环境等多方面的复杂问题,不确定性因素很多,而现在一些常用预测方法通常只能反映一种平稳的几何增长过程,所以预测的结果与实际用水量相去甚远。

(3)预测模式中参数选择不当使需水过程难以被准确描述。如工业用水结构复杂多变,若简单地根据工业总产值预测用水量的长期增长趋势会造成较大误差。另外,产值的弹性或不确定性很大,难以反映用水效率和水平。发达国家近 20 年来工业用水量为零增长的主要原因是工业产业结构的调整,因而不把握工业结构的演变而只是以工业总产值来预测用水量,必然会使工业用水量长期预测值偏高。

(4)预测模式中系数的取值不当也使预测结果偏离实际。需水量预测要切实考虑本地区的现实情况,由于各地用水水平差异很大,不能简单地参照国外或其他地区的指标。

(5)对水资源实际供给能力的约束力考虑不足,脱离了本国、本地区的水资源实际承载能力。无约束的水资源预测违背了预测的基本规律,必然会造成预测值偏大。如某省在规划中预测的 2020 年需水量达到了该地区多年平均水资源量的 92%,这显然是不客观的,也是不可能实现的。

为了提高预测的准确性,把握经济发展不同时段用水需求规律是非常重要的。目前,我们对这种规律还没有掌握,需要从国内外历史经验中进行深刻总结,同时需要艰苦的探索,探讨新的办法。

预测结果的偏差,说明了我们需水预测方法是有局限性的。因此,我们对需水的预测结果要采取审慎的态度,只采用一种方法产生偏差的可能性大,需要用多种方法进行辅助调整,再做出综合判断。

第三节　供水预测

供水预测指不同规划水平年新增水源工程后(包括原有工程)达到的供水能力可提供的供水量,其中新增水源工程包括现有工程的挖潜配套、新建水源、污水处理回用、微咸水利用、海水利用以及雨水利用工程等。供水水源由以下几个部分组成,见图 7-2。

供水预测要符合流域和区域水资源规划,不同水平年新增水源工程的拟定要根据水资源开发利用现状和开发利用的自然、技术、社会条件制定,与需水要求相协调。拟定的水源工程要注意上下游协调,避免重复建设,以及水资源的保护。预测需水量大于现有供水工程可供水量时,需对新增水源工程做出规划,规划时首先着眼于对现有工程的挖潜配

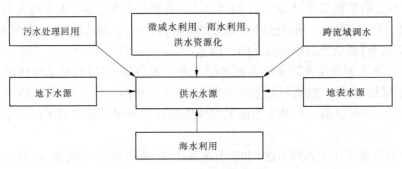

图 7-2 供水水源组成部分

套、改进工程的管理调度,新建工程则要对自然、技术、经济、社会、环境等方面的条件进行综合考虑,并分析该工程对其他供水工程和环境的影响。

一、供水工程的安排

在供水预测中,供水和排水工程要配套考虑,分析计算其排放的水量和水质,对达不到排放标准的应提出治理方案和措施,防止造成污染。要对各水源地和供水工程所提供水量与水质情况进行分析预测。

对不同规划水平年新增水源工程的安排原则为:①在流域规划、地区水利规划及供水规划中明确推荐工程优先;②配套挖潜工程优先;③利用当地水资源的工程优先;④利用地表水的工程优先;⑤具有综合利用功能的工程优先。同时,要充分研究污水处理回用及微咸水利用工程的可能性,并全面衡量工程的经济效益、社会效益及环境生态效益。

二、地表供水量的调节计算

不同水平年的地表供水量应按50%、75%、95%三种不同保证率由上而下逐级调算,在条件允许时,应积极采用系列法进行多年调节计算。调节计算以月为计算时段,应预计工程状况在不同规划水平年的变化情况,如设备老化、水库淤积和因上游用水造成的来水量减少等对工程供水能力的影响。其中大中型供水工程要逐个计算,对小型工程可只估算供水总量。

对地表供水工程可供水量自上而下逐级调算时,要分析计算各级的回归水量。要充分考虑近10年来水资源入流的变化趋势和需水要求,估算出不同水平年、不同保证率的工程设施供水量。估算现有工程供水量时,应充分考虑工程老化失修、泥沙淤积、地下水位下降、未达到原设计配套要求等原因所造成的实际供水能力的衰减。地表引提工程的供水量用以下公式进行计算:

$$W_{供引提} = \sum_{i=1}^{t} \min(Q_i, H_i, X_i) \tag{7-12}$$

式中 Q_i——第 i 时段取水口的可引流量,m^3;

H_i——第 i 时段工程的引提能力,m^3;

X_i——第 i 时段需水量,m^3;

t——计算时段数。

三、地下水可供水量计算

地下水可供水量预测以补给量和可开采量为依据,分别计算地下水及微咸水的多年平均可利用量。根据实际现状开采量、地下水埋深的实际变化情况,估算出各个规划水平年的多年平均地下水可开采量。再结合各水平年的地下水井群兴建情况,得到相应的地下水可供水量。地下水井群的投资情况应给予说明。对地下水超采地区要严格控制开采量,并考虑补救措施。

在地下水开采区要考虑人工补给工程,尽可能将地表工程无法控制的水转化为地下水,要分析人工补给的水源情况,论证补给的可行性,制定补给的实施办法。

由于地下水的资源量和可开采量与地表水的利用情况直接相关,在地下水的资源量、可开采量计算中,要根据现状基准年和各规划水平年的具体情况进行计算。当有规划补给工程时,地下水供水量要考虑这一额外的补给来源。

地下水(微咸水)规划供水量以其相应水平年可开采量为极限,在地下水超采地区要逐步采取措施压缩开采量使其与可开采量接近,在规划中不应大于基准年的开采量;在未超采地区可以根据现有工程和新建工程的供水能力确定规划供水量。地下水可供水量用以下公式计算:

$$W_{供地下} = \sum_{i=1}^{t} \min(Q_i, W_i, X_i) \tag{7-13}$$

式中　Q_i——第 i 时段机井提水量,m^3;

　　　W_i——第 i 时段当地地下水可开采量,m^3;

　　　X_i——第 i 时段需水量,m^3。

四、其他水源可供水量和总可供水量

污水处理回用量要结合城市规划和工业布局,分别计算出回用于工业和农业灌溉的数量及污水处理投资情况。对未达到排放标准而仍需使用的污水量必须注明。对于因污水排放而造成的可利用水资源量的减少情况应予以专门说明。

对于雨水、微咸水及海水的利用,要说明其直接利用量及替代淡水的数量,并要分析计算相应的投资。对于在海水利用中因腐蚀性造成的损失应予以专门说明。

跨省的大型调水工程的水资源配置,应由流域机构和上级水主管部门负责协调。对于省内各地区的分水,若出现争议,由各省水行政主管部门会同有关单位进行协调。在省级成果汇总时,要特别注意处理好位于不同地区的各规划工程的协调关系,避免重复建设。有跨省调水工程的,水量分配原则上按已有的分水协议执行,也可与规划调水工程一样采用水资源系统模型方法调算出更合适的分水方案,在征求有关部门和单位意见后采用。

不同水平年各分区的总供水量为原有供水工程和新增水源工程中扣除供水工程之间相互调水后所能提供的总供水量。新增水源工程中挖潜配套所增加的供水量,不能直接作为工作区总供水增加量,必须经过调节计算后扣除供水工程之间的相互调用水量方能与分区的其他供水量相加。

供水预测的具体成果包括：各规划水平年的可供水量（包括原有工程和新增的水源工程），并分项说明地表水供水量、地下水供水量、污水回用量、微咸水利用量；提供已建与新建水源工程布置图。对各规划供水工程均需明确其取用水源、水库所在位置或引提水口地点、供水对象、建设年限、工程规模、新增可供水量、投资额及投资安排；以及污水处理回用、微咸水利用；海水利用工程要研究相应水源的水量、利用的可能性、处理技术的可行性，以及工程的经济、社会、环境效益。

第四节　供需平衡分析

一、水资源供需平衡计算方法

(一)水资源平衡计算区域划分

水资源平衡计算区域划分采用分流域分地区进行平衡计算。在流域和省级行政区范围内以计算分区进行。在分区时要对城镇和农村单独划分，并对建制市城市单独进行计算。流域与行政区的方案和成果应相互协调，提出统一的供需分析结果和推荐方案。

(二)平衡计算时段的划分

计算时段可以采用月或者旬。一般采用长系列月调节计算方法，能够正确反映流域或区域的水资源供需的特点和规律。主要水利工程、控制节点、计算分区的月流量系列应根据水资源调查评价和供水量预测部分的结果进行分析计算。无资料或资料缺乏的区域，可采用不同来水频率的典型年法分析计算。

(三)平衡计算方法

进行水资源供需平衡计算时采用下式：

$$可供水量－需水量－损失的水量＝余（缺）水量$$

(1)在供需平衡计算出现余水时，即可供水量大于需水量时，如果蓄水工程尚未蓄满，余水可以在蓄水工程中滞留，把余水作为调蓄水量参加下一时段的供需平衡；如果蓄水工程已经蓄满水，则余水可以作为下游计算分区的入境水量，参加下游分区的供需平衡计算；可以通过减少供水(增加需水)来实现平衡。

(2)在供需平衡计算出现缺水时，即可供水量小于需水量时，要根据需水方反馈信息要求的供水增加量与需水调整的可能性与合理性，进行综合分析及合理调整。在条件允许的前提下，可以通过减少用水方的用水量(通过增加节水工艺、节水器具等措施来实现)；或者通过从外流域调水进行供需水的平衡。

总的原则是不留供需缺口（即出现不平衡的情况可以按照以上的意见进行二次、三次水资源供需平衡以达到平衡的目的）。

(四)注意事项(原则)

具体归纳为以下几方面：

(1)一次平衡时：考虑需水时要考虑到人口的自然增长速度、经济的发展、城市化程度和人民生活水平的提高程度等方面；考虑供水时要考虑到流域水资源开发利用现状和格局以及要充分发挥现有供水工程潜力。

（2）二次平衡时：要强化节水意识、加大治污力度与污水处理再利用程度、注意挖潜配套相结合；合理提高水价、调整产业结构来合理抑制用水方的需求，同时要注重生态环境的改善。

（3）三次平衡时：要加大产业结构和布局的调整力度，进一步强化群众的节水意识；在条件允许的情况下具有跨流域调水可能时，通过外流域调水来解决水资源供需平衡问题。

二、水资源供需平衡分析

（一）水资源供需平衡分析的内涵

水资源供需平衡分析就是综合考虑社会、经济、环境和水资源的相互关系，分析不同发展时期、各种规划方案的水资源供需状况。水资源供需平衡分析就是采取各种措施使水资源供水量和需求量处于平衡状态。

水资源供需平衡的基本思想是"开源节流"。开源就是增加水源，包括开辟新的水源，如海水利用、非常规水资源的开发利用、虚拟水等，而节流就是通过各种手段抑制需求，包括通过技术手段提高水资源利用率和利用效率，如通过挖潜减少水资源的需求、调整产业结构、改革管理机制等。

（二）水资源供需平衡分析的方法

在供需平衡分析中应先进行现状年已有工程不同保证率供水量和各水平年的预测需水量比较，论证目前规划工程的合理性和紧迫性；再进行各规划水平年不同方案的供水量与该年预测需水量的比较，论证新增水源工程作用和调整国民经济结构的必要性。各规划水平年的供水方案必须在经济、技术上是可实现的。

对各水平年供需预测方案进行综合平衡分析评价，制定规划区和主要城市及地区相应的对策和措施。要充分研究节水、水源保护和管理方面的对策和措施。

当拟定的供水不能满足需水预测时，应根据优先保证生活用水、统筹考虑工业和农业用水的原则，针对各种可能发生的情况，提出有利于当地国民经济与社会持续发展的对策和措施，并作为反馈信息供进一步制定和修改国民经济发展规划时参考。

在供需平衡分析中，当分区缺水量过大时，应调整供需方案或调整国民经济发展指标，使供需基本协调。在社会经济发展指标经调整后仍无法平衡的地区，允许留有缺口并提出有关的措施，同时分析计算因缺水可能造成的经济损失，供有关部门参考。

农村生活用水中，未用供水工程供水部分，在计算中单独作为今后供水工程发展需解决的问题之一，不参与供需平衡分析。

对基准年和水平年应对各分区进行 50%、75%、95% 三种保证率的水资源供需平衡分析，其中城市和重点地区应单独进行平衡分析，并求出各分区的余缺水量。

在供需平衡分析中，对深层地下水、地下水超采和污水利用水量，应作专门说明。这部分水量只能作为临时应急措施，不能当做今后可靠的供水水源。

不同水平年供水工程需要的投资计算中，对跨省、跨地区和综合利用工程应进行投资分摊。其中综合利用投资分析方法可参照《水利建设项目经济评价规范》规定。

供水综合分析，除考虑水量平衡以外，还应充分分析和评价各方案的社会、经济及环境后果。对上述各方面影响较大的方案要提出相应的对策和改善措施,以保证所制订的方案切实可行。

供需平衡是一个反复的过程,由于供水与需水预测的多方案性,所以供需平衡也存在众多的方案,要对这些方案进行合理性分析,根据经济、技术、环境可行的原则,进行优化,是十分必要的。

以前的水资源供需方案中,多方案做的不多,特别是多方案的优化比较做的就更少。在多方案选择时,要进行科学的比较,开展费用—效益分析是十分重要的,我们在此方面非常薄弱,甚至一些大的工程都没有开展这方面的工作,所以规划设计方案难以被接受,出现各种不同意见,甚至是反对。如对于某地区而言,是用海水经济还是调水合算? 对于这样的一个问题,不能简单地从成本上来否定某个方案或者赞成某个方案,应该在详细论证两方案的基础上,从社会、经济、环境等多种角度进行费用—效益分析,推荐方案供选择。

(三)解决水资源供需矛盾的主要措施

解决水资源供需不平衡问题,应从供和需两方面入手——增加供水量,减少需水量。

众所周知,建设供水调蓄工程、引水调水工程及源水水质保护工程,可以有效增加供水量;提高工业用水重复利用率及农业用水的水分利用效率,推广节水技术、改进工艺流程、开发节水器具并推广使之发挥节水作用可以减少需水量。以下从几个方面简述解决水资源供需矛盾的主要措施。

1. 合理配置水资源,解决水资源的供需矛盾

确保水资源的可持续利用,成为 21 世纪中国经济社会发展首要的资源环境问题,而要解决目前水资源的供需矛盾,实现水资源的可持续利用,必须进行水资源的合理配置。水资源供需矛盾日益加剧,生态环境恶化给人类一次次敲响警钟,人类必须抛弃一味追求区域经济的单程、消耗的传统经济发展模式,而采用循环的、生态的可持续发展模式。"在能满足人们当前需要的同时,又不损害到后代人的生存需要",建立节约型经济发展模式,以最小的资源消耗,取得最大的经济、社会效益和生态效益,把水资源看做是宏观经济系统、生态环境系统和水资源组成的复合系统,以社会经济与环境协调发展为目标,运用多学科理论和技术方法,妥善处理各目标在水资源开发利用上的竞争关系,从决策科学、系统科学和多目标规划理论方面,研究水资源的最优调配方案。即通过水资源的合理配置,增强区域水资源承载力,在水环境承载力之内,发展社会经济,促进社会经济的可持续发展。

2. 搞好节水管理工作,构建节水型社会,实现水资源的永续利用

节约用水是个永恒的话题,必须把节水当做一项长期的战略措施抓好,只有大力倡导和实施节约用水与高效用水,才能实现水资源的可持续利用,保障经济社会的可持续发展。

由于农业用水占总用水量的比重较大,因此搞好农业节水至关重要。可以通过推广高效农业灌溉节水技术、农艺节水措施,推进农业结构调整,发展旱作农业等措施,全面提高农业节水水平。在工业节水中,要加快对现有经济和产业结构的调整步伐,加快对现有大中型企业技术改造的力度,"调整改造存量,控制优化增量",转变落后的用水方式,健

全、完善企业节水管理体系、指标考核体系,大力提高水的循环利用率,提高企业内部污水处理回用水平,促进企业向节水型方向转变。在城镇生活用水中,在大力宣传全社会节约用水的同时,推广、使用节水设施,提高节水器具普及率;加快城镇供水系统的改造,降低管网漏损率;在市政公共事业用水中优先使用再生水。

建设节水型社会作为调整治水思路是实现人与自然和谐发展的重大举措。一要突出抓好关于节水法规的制定;二要全面启动节水型社会建设试点工作;三要以水权水市场理论为指导,充分发挥市场配置水资源的基础作用,积极探索运用市场机制、建立用水户自主自愿节水机制的途径。

3. 加强水资源的权属管理

水资源的权属包括水资源的所有权和使用权两个方面。水资源的权属管理也包括两个方面:一是对水资源的所有权管理;二是对水资源的使用权管理。如前所述,由于水资源在国民经济和社会生活中占有重要的地位,因此必须扩大公有色彩,强化政府对水资源的控制和管理,淡化水资源的民法色彩,强调水资源的公有属性,《中华人民共和国水法》中明确规定了水资源属于国家所有。长期以来,由于各种因素的影响,低价使用水资源不但造成水资源的大量浪费,还使得水资源的使用处于一种无序状态。随着水资源供需矛盾的日益加剧,对水资源的权属更加科学地进行管理势在必行。如现行的取水许可制度。

4. 采取经济杠杆调控水资源供需矛盾

水价是调节用水的经济杠杆,是最有效的节水措施之一。水价关系到每一个家庭、每一个企业、每一个单位的经费支出,是他们经济核算指标之一,如果水价能够按市场经济的模式运作,按水资源费、供水成本、利润和污水处理等因素来核算,水价必定要提高,节约用水一定可以达到预期的结果。科学的水资源价值体系能够使各方面的利益得到协调,使水资源配置处于最佳状态。

5. 加快海水利用步伐,缓解淡水资源供需矛盾

国外海水利用已有近百年历史,海水已成为沿海城市和地区水资源的重要组成部分。向海洋要淡水是沿海国家和地区共同的发展趋势。我国淡水资源短缺的东部沿海地区毗连渤海、黄海,具备利用海水来弥补淡水资源不足的有利条件。充分利用丰富的海水资源,是解决这些地区淡水不足的有效途径。海水利用包括海水直接利用、海水淡化和海水化学资源综合利用。

习　题

1. 水资源开发利用现状分析包括哪些内容?
2. 社会经济及供水基础设施调查包含哪些内容?
3. 需水预测包括哪些内容?
4. 供水预测包括哪些内容?
5. 解决水资源供需矛盾的主要措施有哪些?

第八章　水资源管理

第一节　概　述

　　所谓的水资源管理就是为保证特定区域内可以得到一定质和量的水资源,使之能够持久开发和永续使用,以最大限度地促进经济社会的可持续发展和改善环境而进行的各项活动(包括行政、法律、经济、技术等方面)。

　　水资源管理的最终目标是以最少的水资源、资金和人力的投入获得最大的社会、经济和环境效益,实现水资源的可持续利用和促进经济社会的可持续发展。当然受人们认识水平和社会进步的限制,在不同的时期,人们追求的水资源管理的目标是不同的。在工业化的初期,水资源管理的目标就是最大限度地开发利用水资源,使之满足不断增长的国民经济用水的需求;进入现代社会,开发利用水资源已不再是水资源管理追求的目标,保护水资源、维护良好的水环境、以水资源的可持续利用促进经济社会的可持续发展成为现代水资源管理的目标。

　　水资源管理的对象是水资源,更确切地讲是水资源系统。水资源不同于其他自然资源,是可流动再生的自然资源,具有多种功能和用途,一般以流域为单元进行循环,以地表水或地下水的形式出现,并表现为一定的质和量。地表水、地下水相互转换,质和量不断变化,构成了一个复杂的自然系统,并遵循其固有演变规律。人类通过兴建水利工程、开发利用水资源,不断对水资源的自然演变产生影响,使其自然流态和时空分布发生变化。因此,水资源系统已不是单纯的自然系统,而是自然系统和社会系统相互影响、相互作用的复杂的系统。水资源系统又可分为不同层级的子系统,按其自然属性可分为各支流子系统、干流子系统和全流域水资源系统,各支流系统又可进一步细分成不同的子系统。按行政区域分,可分为国家级、省级和地市级、区(县)级的水资源系统。因此,对水资源的管理,必须以系统的观点,处理好系统内部不同因素之间的关系,注意不同层级的管理协调,使整个水资源系统处于良性循环的状态。

第二节　水资源管理的工作流程和层次

一、工作流程

　　水资源管理,是水利行政主管部门的一项重要工作,包括水资源开发利用和保护的组织、协调、监督和调度等方面。水资源管理,是针对水资源分配、调度的具体管理,是水资源规划方案的具体实施过程。通过水资源合理分配、优化调度、科学管理,以做到科学、合理地开发利用水资源,支持社会经济发展,改善自然生态环境,并达到水资源开发、社会经济发展及自然生态环境保护相互协调的目的。

　　水资源管理的步骤，也因研究区域的不同、水资源功能侧重点的不同、所属行业的不同以及管理目标的高低不同，有所差异。但基本程序类似，概括如下(见图8-1)。

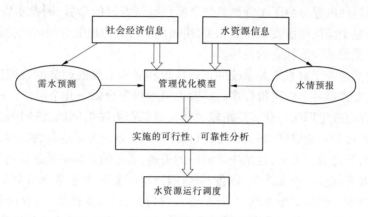

图 8-1　水资源管理一般工作流程图

　　(一)信息获取与传输

　　需要获得的信息包括水资源信息、社会经济信息。这是水资源管理的基础条件。水资源信息，包括来水情势、用水信息以及降水观测等。社会经济信息，包括与水有关的工农业生产变化、技术革新、人口变动、水污染治理以及水利工程建设等。总之，需要及时了解与水有关的信息，对未来水利用决策提供基础资料。

　　为了对获得的信息有及时的反映，需要把信息及时传输到处理中心。同时，需要对获得的信息及时进行处理，建立水情预报系统、需水量预测系统，并及时把预测结果传输到决策中心。资料的采集，可以运用自动测报技术;信息的传输，可以通过无线通信设备或网络系统来实现。

　　(二)建立管理优化模型,寻找最优管理方案

　　根据实际研究区社会、经济、生态环境状况、水资源条件、管理目标，建立该区水资源管理优化模型。通过对该模型的求解，得到最优管理方案。

　　(三)实施的可行性、可靠性分析

　　对选择的管理方案实施的可行性、可靠性进行分析。可行性分析，包括技术可行性、经济可行性，以及人力、物力等外部条件的可行性分析;可靠性分析，是对管理方案在外部和内部不确定因素的影响下实施的可靠度、保证率的分析。

　　(四)水资源运行调度

　　水资源运行调度是对传输的信息，在通过决策方案优选、实施可行性、可靠性分析之后，做出的及时调度决策。可以说，这是在实时水情预报、需水预报的基础上，所做的实时调度决策。

二、水资源管理的功能

　　概括地讲，水资源管理功能包括三部分，即水资源管理的决策功能、组织功能和监督功能。

(一)水资源管理的决策功能

决策是现代管理的重点和关键,也是整个水资源管理工作的前提和基础,它贯穿于水资源管理的始终和各个方面。水资源开发利用规划、水中长期供求计划、水量分配方案均属于水资源决策的内容。由于水资源是整个国民经济发展的命脉,因此水资源管理决策水平的高低与整个国民经济发展休戚相关,决策成功将有力地促进经济社会的发展,决策失误将阻碍甚至破坏经济社会的发展。

正确的决策来源于对水资源系统的正确认识和对未来发展趋势的合理估计。同时,正确的决策还要遵循科学的决策程序。一般决策的程序分以下几个阶段:一是确定决策目标,决策目标应选定那些与现实差距较大并且是急需解决的问题,该问题必须是主、客观条件允许,经过努力能够解决的;二是制订备选方案,备选方案应是为目标服务的,并且是互不相同的;三是选定方案,这是决策程序的关键,选定的方案必须是效益最大、风险最小的方案,还要有相应的应变措施,以备不测;四是制订实施计划,实施计划是选定方案的具体化,实施计划应包括实施策略、实施步骤、人财物的投入安排等;五是决策的跟踪,决策的正确与否、合理程度如何一定要通过实践进行检验,同时决策也必须在实践中进行不断的修正,以适应不断变化的情况。

决策的规范化已日益受到重视,我国《水法》中对水规划、水长期供求计划、跨行政区域的水量分配方案的编制和审批程序进行了明确规定,这是水资源管理决策科学化的重要法律保障。

(二)水资源管理的组织功能

周密的组织是实现决策目标和计划的关键。水资源管理的组织功能包括组织、协调和控制。良好的组织有赖于管理机构的合理设置、明确的职权、高素质的管理人员、任务的合理分工和信息的畅通。

水资源管理组织功能的目标,一是创造实现决策目标的条件;二是提高管理工作的效率;三是建立大众参与的协商机制;四是确保水资源管理信息的畅通。

水资源管理的组织功能最终要通过管理组织去实现,因此需要根据中国国情、河情和省情,设置管理机构,建立合理的管理体制。吸取以往水资源管理组织工作的教训,我国在《水法》颁布后,自上而下建立了水资源管理的专门机构和水政执法队伍。在中央一级,水利部是国务院设立的水行政主管部门,负责全国水资源的统一管理工作,国务院其他相关部门按照职责分工,协同国务院水行政主管部门,负责有关的水资源管理工作;在流域一级,国家在重要江河上设立了七大流域机构,在本流域内行使水行政管理职能,统一管理本流域的水资源;在省区内部,建立省、市、县三级人民政府水行政主管部门,统一管理本行政区域内的水资源,其他部门按照法律法规授权和部门分工,负责有关的水资源管理工作。

(三)水资源管理的监督功能

水资源管理的监督功能又称控制功能,即依据水资源的决策目标和实施计划对水资源开发利用活动进行监督、检查和控制,对不合理的开发利用活动及时进行纠正,对新出现的情况,要适时修正原先的决策目标和实施计划,以达到预期的目的。

监督功能必须依照既定的决策目标,并按实施计划执行。监督功能实施的条件:一是要有监督管理组织和必要的手段,这是实施监督功能的关键;二是要有水资源管理信息的收集、传输和处理,以便分析衡量计划目标与实际工作效果的偏差和原因,采取相应的对策措施。目前,我国水资源监督管理机构不统一,缺乏必要的监督管理手段,信息不灵,已不能适应水资源管理的要求。

三、水资源管理的层次

人类开发利用水资源一般要经过以下过程:水资源的评价和分配—开发—供水—利用—保护等步骤。据此,水资源管理可分为三个层次:第一层次是水的资源管理,属宏观范畴;第二层次是水资源的开发和供水管理,属中观范畴;第三层次是用水管理,属微观范畴。这三个层次构成一个以资源—开发(建设)—供水—利用—保护组成的水资源管理系统。

水资源管理的成效取决于各级管理层次能否实现关系协调和职责的明确。

(一)水的资源管理

水的资源管理属于高层次的宏观管理,包括水的权属管理和水资源开发利用的监督管理,是各级政府及水资源主管部门的重要职责。按照我国《水法》的规定,水资源属于国家所有,因此这里所指的水资源的权属管理指水资源使用权的管理。

水资源的权属管理是水资源主管部门依据法规和政府的授权,对已发现并查明的水资源进行资源登记,根据国民经济发展和环境用水需求进行规划、分配、转让(水资源的再分配)及对水资源再生过程中的消长变化进行监控和资源的注销等。权属管理的主要工作内容包括:水资源综合科学调查评价;水资源综合利用规划和水长期供求计划的制订;水资源使用权的审核和划拨,实施取水许可制度;水资源的保护以及为促使水资源的合理利用和保护而制定的法规、政策等。

水资源开发利用的监督管理就是通过监测、调查、评估等手段对各部门开发利用水资源的活动进行监督和控制,以避免水资源的污染、浪费和不合理的使用;监控在开发利用状态下水资源再生过程的消长变化;跟踪检验原水资源规划和分配是否科学合理,以便修正和调整。

实践证明,这一层次的管理必须高度集中,统一管理,保持政策的相对稳定,切忌政出多门,权力分散和政策多变。

水资源属于国家所有,但国家是一个抽象概念,一般由代表国家利益的中央政府(即国务院)行使,使用权的管理即水资源权属管理的职能由国务院水行政主管部门承担。1998年3月,水资源的权属管理统一归国务院水行政主管部门——水利部,从而在体制上保证了水资源权属管理的统一。需要注意的是,无论是跨地区的水资源还是一个行政区域内部的水资源,它的所有权均应由中央政府行使,地方政府不得随意转让国家所有的水资源,并具有保护水资源不受侵害和破坏的责任。

按照《水法》规定,国务院水行政主管部门代表国家负责全国水资源的权属管理,组织全国取水许可管理工作。按照统一管理和分级管理的原则,国务院水行政主管部门可将水资源的权属管理授权给流域机构和省(区)水行政主管部门,其中流域机构主要负责跨省区或对全流域水资源利用有重大影响的水资源使用权的管理,发放取水许可证;其他部分的水资源权属管理可由地方水行政主管部门按照授权,分级组织发放取水许可证。各级主管部门要相互协调,下级水行政主管部门要按照上级水行政主管部门核定的水量和授权,实施水资源的权属管理,不能越级或超越核定水量发放取水许可证。

权属管理的前提和基础是将水资源的使用权进行分配。目前,我国七大江河中只有黄河制订了水量分配方案,因此应加快其他大江大河水量分配方案的制订。黄河水量分配方案也需进一步细化,增强可操作性,其他跨行政区域的河流也应尽快制订水量分配方案。同时,应尽快完善权属管理的法规建设,为水权分配和转让(再分配)提供完善的法规保障。

(二)水资源的开发和供水管理

水资源的开发和供水管理是第二层次的管理,介于宏观与微观管理之间。它是指有关部门在取得水资源主管部门授予的水资源使用权后,组织水资源开发工程建设及工程建成后对用水户实施配水等活动。从获得水资源的使用权到工程供水给各用水户,这期间的管理活动均属于第二层次的管理。按照管理的对象不同,可分为供水工程建设的管理、供水工程的运行管理和供水水源、供水量的管理三大部分。按照供水对象的不同,又可分为农业供水管理和城市供水管理。由于水资源的多功能性,不同部门如水利、航运、渔业可按照各自的需求进行开发,因此也可将此层次的管理称为水资源开发、加工、利用的产业管理。

供水管理的工作内容很多,其中供水工程的审批、供水计划的审批、按照基建程序监督供水工程的建设、划定供水水源保护区、制定供水管理的法规规章和政策属于水行政主管部门的行政行为,但供水设施的维护保养、计划供水、提供良好的供水服务则属于供水部门的经营性行为。供水部门的供水行为要接受水行政主管部门的监督管理。

水资源的开发和供水对国民经济发展具有至关重要的作用,是联系水资源与经济社会的纽带,起承上启下的作用,因此必须加强本层次的管理,其主要管理任务是组织、协调和服务。

由于水资源的可流动性、多功能性和开发的多目标性,水资源开发和工程建设往往由一个或多个行业或部门统筹进行。供水设施属于国民经济发展的基础设施,从整体看,我国供水设施还不能满足国民经济发展的需要,应根据国家经济建设的需要适当发展。但水资源的开发和工程建设,必须在流域或区域规划的指导下进行,服从防洪的总体安排,实行兴利与除害相结合。同时,兴建水资源开发利用工程需向水行政主管部门申请水资源的使用权后方能建设。

随着经济建设的发展,供水系统越来越复杂,一般单个供水系统就可由不同的供水水源、多个取水、净水工程和庞大的输水渠道或管网组成,特别是在多个供水系统共用一个水源的情况下,又组成了一个更加庞大的供水系统。因此,供水的组织、协调是本层次管理中最重要的管理任务,应自上而下建立健全供水管理组织,科学调度,计划供水,合理配水,制定专门的供水管理和工程管理办法。在严重缺水的黄河流域,自1999年实施全河水量调度,由流域机构负责全河水量统一调度,各供水部门按照省区水利厅(局)或黄河河务部门制订的供水计划取水并有组织地配水到各用水户,取得了显著成绩,既兼顾了不同用水需求,又协调了不同供水部门的矛盾。供水的组织、协调不仅存在于不同的供水部门之间,而且单个的供水系统内部也要对供水进行组织及协调。

(三)用水管理

用水管理属微观管理,是指为合理、高效用水,对地区、部门以及单位和个人使用水资源所进行的管理活动,主要手段包括运用水中长期供求计划、水量分配、取水许可制度、征收水费和水资源费、计划用水和节约用水。用水管理的最终目标是实现合理用水,以水资源的可持续利用保障国民经济的可持续发展。

用水管理可分为两个层次,一是水行政主管部门和行业主管部门的用水管理,其任务包括对用水户进行用水水平调查和指标测试,制定合理用水定额,审批和下达用水计划,制订供水计划,进行用水统计,确定排污指标;二是具体用水户(某一个企业或矿山)的用水管理,按照主管部门或供水部门下达的用水指标组织实施,并对其基层单位进行考核。这一层次的管理工作,应从实际出发,采取灵活、多样的方式,切忌一刀切。

进行用水管理是基于水资源相对人类社会的进步与发展来说,水是一种不可替代但又稀缺的自然资源。从资源开发角度看,用水量及其未来需水量的多少,将决定供水的规模;从水资源管理角度而言,用水管理的水平高低,将对供水管理和水的资源管理产生重大影响;从供水与需求的关系出发,人类开发利用水资源已经历了供大于求—供需基本平衡—供需失衡等阶段,其中用水量由小到大决定了上述不同发展阶段及不同阶段水资源管理的基本任务和目标。因此,随着国民经济的发展和用水量的增加,加强用水管理显得日益重要。

用水管理的核心是计划用水和节约用水,我国《水法》第八条也规定了"国家厉行节约用水,大力推行节约用水措施"的内容。计划用水是用水管理的基本制度,是指在水长期供求计划和水量分配方案等的宏观控制下,按照年度来水预测、可供水量、需水要求,制订年度用水计划,并组织实施和监督。实际上计划用水和计划供水是紧密相连的,在缺水地区,供水计划的制订除了要考虑用水户编制的用水需求计划,更重要的是依据年度来水预测,按照以供定需的原则制订供水计划、核定用水计划。在流域计划用水管理中,其主要任务是审批用水计划并实施监督管理。黄河流域在用水管理方面颇具代表性,在国务院批准的《黄河水量调度管理办法》中,规定用水计划的审批要经过以下几个阶段:用水户编制自己的年度用水需求计划—各省区对本辖区内的年度用水需求计划进行汇总和总量平衡,报黄委—黄委进行全流域的汇总和总量平衡,编制黄河年度水量分配和调度预案报水利部—水利部进行审批—各省区根据批准的黄河年度水量分配预案制订年度供水计划,并配水到各用水户。在实施过程中,黄委根据年度水量分配预案,制订月度调度方案,各省(区)根据月度调度方案,安排辖区内各用水户的月用水计划。从上述过程中可以看出,从用水计划到供水计划是一个反复循环的过程,先有用水需求计划,再形成正式的供水计划,最终制订真正执行的用水计划,其中的原因是要考虑年度来水情况。

节约用水就是使用水户合理、高效用水。我国是一个水资源贫乏的国家,虽然水资源总量居世界第6位,约2.8万亿 m^3,但人均水量约只占世界平均水平的1/4;同时,水资源的时空分布极不均匀,且与人口、耕地、矿产资源的分布不匹配,水资源短缺已成为制约我国经济发展的主要因素。另外,用水浪费、效益低下,又大大加剧了全国性的供需矛盾。据调查,我国渠灌区水的利用率仅0.4~0.5,农田灌溉水量超过作物需水量的1/3甚至1

倍以上。绝大多数地区工业单位产品耗水量高于发达国家数倍甚至 10 余倍,水的重复利用率较低,多数城市为 30% ~50%,而美国、日本等发达国家在 20 世纪 80 年代水的重复利用率已达 75% 以上。我国城市生活人均用水量还较低,也存在用水浪费问题。基于对国情的正确认识,我国将节约用水作为国家的基本国策。节水管理包括编制节水规划,制订年度节水计划、行业用水定额和相应的管理办法,推广先进的节水技术和节水措施,利用水费和征收水资源费等经济手段促进节约用水等。

随着国民经济的发展,需水量增加很快,控制需水的增加速度、加强需水管理已成为用水管理的主要内容。据统计,我国年总用水量 1949 年为 1 030 亿 m³,到 1990 年已超过 5 000 亿 m³;根据全国水中长期供求计划研究成果,预计到 2010 年我国总需水量将达 6 988 亿 m³,缺水 318 亿 m³,在采取各种措施压缩需水量,并通过跨流域调水、污水处理回用等措施增加供水量后,缺口仍达 100 亿 m³,由此可见加强需水管理的重要性。需水管理不是对水的需求寻求一些适当的供给,而是着眼于现存的水资源供给,通过各种手段使需水控制在合理、可接受的程度,寻求在用水效益和供水费用之间适当的平衡。需水管理的主要内容是分析现有用水需求的合理性,通过用水调查摸清现有供水水源、供水设施和用水需求的种类、实际用水量,分析其节水的潜力,提出切实可行的节水措施;制定行业用水标准,并通过行政措施强制执行;收取水费和水资源费,利用经济措施促进节约用水;编制和审批用水计划,并按计划实施配水和用水。

总之,需水管理就是利用一切手段,控制需水规模,抑制需水增长速度,实现水资源的可持续利用。需水管理的一条重要原则就是以供定需,即根据当地的水资源条件和现有的供水能力,将需水量控制在合理的程度。

第三节　水资源管理的原则和方法

一、水资源管理的原则

水资源管理要遵循以下基本原则:

(1)水资源属于国家所有,即全民所有,这是实施水资源管理的基本点。由于国家是一个抽象的概念,由代表国家利益的中央政府行使水资源的所有权,对水资源进行分配,水资源的分配即使用权的管理职能由国务院水行政主管部门承担。

(2)开发利用水资源和防治水害,应当全面规划、统筹兼顾、综合利用、讲究效益,充分发挥水资源的多种功能。国家鼓励和支持开发利用水资源与防治水害的各项事业。

(3)国家对水资源实行统一管理和分级管理相结合的管理制度。特别是在水的资源管理上,必须统一,即由国务院水行政主管部门和其授权的省(区)水行政主管部门及流域机构实施水资源的权属管理。对于水资源开发利用的管理,可由不同部门管理,但开发利用水资源必须首先取得水行政主管部门许可。

(4)国家对直接从地下或江河、湖泊取水的,实行取水许可制度。国家保护依法开发利用水资源的单位和个人的合法权益。取水许可制度是现阶段我国水资源使用权管理的制度,还需不断完善。

(5)实行水资源的有偿使用制度。依法取得水资源使用权的单位和个人,必须按使用水量的多少向国家缴纳一定的费用。

(6)调蓄径流和分配水量,应当兼顾不同地区和部门的合理用水需求,优先保证城乡居民和生态基本用水需求,兼顾工农业生产用水。

二、水资源管理的方法

水资源管理的方法分为行政方法、经济方法和法律方法等,不同的管理方法虽然形式、特点各异,但其所要达到的目的是一致的,就是对开发利用水资源的各项活动进行调控,以维持水资源处于良性循环状态,并发挥最大的经济效益、社会效益和生态效益。

(一)水资源管理的行政方法

1.行政方法的内容和作用

行政方法又称为行政手段,它是依靠行政组织或行政机构的权威,运用决定、命令、指令、规定、指示、条例等行政措施,以鲜明的权威和服从为前提,直接指挥下属工作。因此,行政管理方法带有强制性。

管理要有一定的权威性,否则管理功能无法实现。水资源是人类社会生存和发展不可替代的自然资源,不同地区、部门甚至个人都在开发或利用水资源,而水资源又是一种极其有限的自然资源,过度无序的开发活动将会导致水资源总量减少、水质功能下降,人类社会可持续发展难以维持,并引发地区间、部门间的水事矛盾,这就需要对各项开发利用水资源的活动进行管理、指导、协调和控制不同地区、部门和用水户的水事活动。我国《水法》规定,水资源属于国家所有,政府负责对水资源的分配和使用进行管理和控制。为了有效开发利用水资源,协调不同地区、部门和各用水户之间的关系以及使经济社会发展和水资源承载能力相适应,需要政府发挥其行政机构的权威,采取强有力的行政管理手段,制订计划、控制指标和任务,发布具有强制性的命令、条例和管理办法,来规范行为、保证管理目标的实现。

当然,水资源的行政管理必须依据水资源的客观规律,结合本地区水资源的条件、开发利用现状及未来的供求形势分析,做出正确的行政决议、决定、命令、指令、规定、指示等。切忌主观主义和个人专断式的瞎指挥。

2.行政方法在水资源管理中的运用

行政方法是目前我国进行水资源管理最常用的方法。新中国成立以来,我国在水的行政管理方面取得了很大成绩,国务院、水利部以及地方人大、政府都颁布了大量的有关水资源管理的规章、命令和决定,这些规章、命令和决定在水资源管理中起到了统一目标、统一行动的作用。如水利部根据1993年国务院颁布的《取水许可制度实施办法》,分别于1994年、1995年、1996年发布了《取水许可申请审批程序规定》、《取水许可水质管理规定》、《取水许可监督管理办法》等,从而保证了取水许可制度的有效实施;1990年水利部颁发了《制定水长期供求计划导则》,规范了水长期供求计划编制的技术要求。长期的水资源管理实践证明,有许多水事问题需要依靠行政权威处置,所以《水法》规定:地区间的水事纠纷由县级以上人民政府处理,这是行政手段在法律上的运用。《水法》还规定,水量分配方案由各级水行政主管部门制订并报同级政府批准和执行,这都是以服从为前提的行政方法在水资源管理中的运用。

3. 行政方法的不足

行政方法也存在一些不足之处：一是行政方法往往要求管理对象无条件服从，如果运用不好就会产生脱离实际的主观主义和简单的命令主义；二是行政方法是一种无偿的行政统辖关系，单一运用行政方法管理水资源会助长水资源的无偿调拨。

(二)水资源管理的经济方法

1. 经济方法的内容和作用

水资源管理的经济方法是运用经济手段，按照经济原则和经济规律办事，讲究经济效益，运用一系列经济手段为杠杆，组织、调节、控制和影响管理对象的活动，从经济上规范人们的行为，使水资源的开发、利用、保护等活动更趋合理化，间接地强制人们为实现水资源的管理目标而努力。

水资源管理的经济方法是通过经济政策来实现的。长期以来，我国实行水资源的无偿使用和低水价政策，即水资源使用权的获得是无偿的，国家将水资源无偿划拨给用水户使用，水价标准低于供水成本，供水工程的运行、维护不足部分由国家补贴。这种无偿使用和低水价政策的后果是用水需求增长过快，水资源的利用效率不高，浪费严重，人们的节水意识不强。实践证明，单纯依靠行政手段，难以有效解决上述问题，利用经济手段则可以弥补行政手段的不足。经济手段通过提高用水的机会成本，促使用水户减少用水而少支付相应的费用，从而达到抑制用水需求增长速度和节约用水的目的。

水资源管理的经济方法包括：一是制定合理的水价、水资源费（或税）等各种水资源价格标准；二是制定水利工程投资政策，明确资金渠道，按照工程类型和受益范围、受益程度合理分摊工程投资；三是建立保护水资源、恢复生态环境的经济补偿机制，任何造成水质污染和水环境破坏的，都要缴纳一定的补偿费用，用于消除危害；四是采用必要的经济奖惩制度，对保护水资源及计划用水、节约用水等各方面有功者实行经济奖励，而对那些破坏水资源，不按计划用水，任意浪费水资源以及超标准排放污水等行为实行严厉的罚款；五是培育水市场，允许水资源使用权的有偿转让。

2. 经济方法的实践

20 世纪 70 年代后期，我国北方地区出现了严重的水危机，为扭转局面，各级水资源主管部门自 70 年代起相继采用了经济手段以强化人们的节水意识。1985 年国务院颁布了《水利工程水费核定、计收和管理办法》，对我国水利工程水费标准的核定原则、计收办法、水费使用和管理首次进行了明确的规定，这是我国利用经济手段管理水资源的有益尝试。在水资源有偿使用方面，山西省人大常委会于 1982 年 10 月通过的《山西省水资源管理条例》第八条明确规定："各级水资源主管部门，对拥有自备水源工程的单位，按取水的多少，向其征收水资源费。"这是我国第一部具有法律效力的关于征收水资源费的地方法规。为将经济管理的方法纳入法制轨道，1988 年 1 月全国人大常委会通过的《中华人民共和国水法》明确规定："使用供水工程供应的水，应当按照规定向供水单位缴纳水费。""对城市中直接从地下取水的单位，征收水资源费。"这使水资源的经济管理方法在全国范围内开展获得了法律保证。1997 年国家计委颁布的《水利产业政策》和水利部于 1999年颁布的《水利产业政策实施细则》，对使用经济手段管理水资源有了更进一步的发展。

3. 经济方法的局限性

经济方法有其优点,但也有其局限性。它以价值规律为基础,带有一定的盲目性和自发性,并充满了"弹性"。运用经济方法管理必须有统一的方针、政策和计划作指导。需要巨大复杂的组织协调工作才能真正把各级、各层、各方面的积极性互相衔接而不是互相抵消地发挥出来。所以,经济方法应当配合行政方法和法律手段,才能收到最佳的管理效果。

(三)水资源管理的法律方法

1. 水资源管理法律手段的内涵和特点

法律是统治阶级意志的表现,在社会主义制度下,各种法律规范是人民利益和意志的表现。水资源管理的法律方法就是通过制定并贯彻执行各种水法规来调整人们在开发利用、保护水资源和防治水害过程中产生的多种社会关系和活动。《中华人民共和国水法》的颁布实施是我国依法管理水资源的重要标志。水法有广义和狭义之分。狭义的水法就是指《中华人民共和国水法》。广义的水法是指调整在水的管理、保护、开发、利用和防治水害过程中所发生的各种社会关系的法律规范的总称。它包括国家法律、行政法规、国家水行政主管机关颁布的规章和地方性法规等法律规范。新中国成立以来,特别是《中华人民共和国水法》颁布以来,我国出台了许多水法规,已初步形成我国水法规体系。我国水法规体系可分为四个层次:全国人大制定的法律;国务院制定的行政法规;国务院有关部委制定的规章;省、自治区、直辖市地方权力机关制定的地方性法规。

水资源管理的法律方法有以下特点:一是权威性和强制性。水法规是由国家权力机关制定和颁布的,并以国家机器的强制力为其坚强后盾,带有相当的严肃性,任何组织和个人都必须无条件地遵守,不得对水法规的执行进行阻挠和抵抗。二是规范性和稳定性。水法规文字表述严格准确,其解释权在相应的立法、司法和行政机构,绝不允许对其作出任意性的解释。同时水法规一经颁布施行,就将在一定时期内有效并执行,具有稳定性。

目前,我国已颁布的水法律有《中华人民共和国水法》、《中华人民共和国水污染防治法》等。另外与水资源管理密切相关的法律有《中华人民共和国环境保护法》、《中华人民共和国行政处罚法》、《中华人民共和国行政复议法》等。水资源管理的行政法规和部规章主要有《取水许可制度实施办法》、《水利工程核计、计收和管理办法》、《水利产业政策》、《取水许可申请审批程序规定》、《取水许可水质管理规定》、《取水许可监督管理办法》、《水行政处罚实施办法》、《水利部行政复议工作暂行规定》、《占用农业灌溉水源、灌排工程设施补偿办法》等。

2. 法律方法的作用

过去我们在水资源管理中主要运用行政管理的方法,取得了一定的成效。但行政管理方法本身的局限性,难以解决目前在水资源开发利用和管理、保护中出现的种种问题,如水规划和江河分水方案难以执行及地区间、部门间用水矛盾日益突出、水事纠纷和水事案件不断发生等,究其原因是缺乏对各方均有强制作用的法律规范。

水资源管理法律方法的主要作用体现在以下几个方面:

(1)维护了正常的管理秩序。由于水法规规定了参与水资源开发、利用和管理、保护等各方的职责、权利和义务,从而减少了他们之间矛盾的发生,保证了管理的有效实施。

　　(2)加强了管理系统的稳定性。法律方法的特点在于它的规范性、稳定性和强制性。将实践中行之有效的管理制度和管理方法以法律的形式固定下来,严格执行,这就大大加强了管理系统的稳定性,避免随意性、主观臆断或长官意志的干扰。

　　(3)可以有效调节各种管理因素之间的关系。法律不仅规定了各管理因素在整个水资源管理活动中的权利和义务,而且通过各种约束,保证管理对象内外各种组织纵横关系的协调。在管理过程中,各种管理因素发生矛盾时,可以得到及时的调节。

　　(4)不断推进管理系统的发展。由于法律方法可以维护必要的管理秩序、加强管理系统的稳定性,以及及时协调各管理因素之间的管理,因此水资源管理的法律方法不仅能提高管理的效率,而且能增加管理系统的功效,从而可以推动管理系统自身的发展。

三、水资源管理的基本制度

　　根据《中华人民共和国水法》的规定,我国在水资源管理方面实行 8 项基本管理制度。

1. 水资源调查评价

　　开发利用水资源必须进行综合科学考察和调查评价。全国水资源的综合科学考察和调查评价,由国务院水行政主管部门会同有关部门统一进行。1986 年我国进行了第一次全国水资源调查评价。

2. 水规划

　　开发利用水资源和防治水害,应当按流域或者区域进行统一规划。规划分为综合规划和专业规划。

　　国家确定的重要江河的流域综合规划,由国务院水行政主管部门会同有关部门和有关省、自治区、直辖市人民政府编制,报国务院批准。其他江河的流域或者区域综合规划,由县级以上地方人民政府水行政主管部门会同有关部门和有关地区编制,报同级人民政府批准,并报上一级水行政主管部门备案。综合规划应当与国土规划相协调,兼顾各地区、各行业的需要。

　　防洪、治涝、灌溉、航运、城市和工业供水、水力发电、竹木流放、渔业、水质保护、水文测验、地下水普查勘探和动态监测等专业规划,由县级以上人民政府有关主管部门编制,报同级人民政府批准。

　　经批准的规划是开发利用水资源和防治水害活动的基本依据。规划的修改,必须经原批准机关核准。

3. 水长期供求计划

　　全国和跨省、自治区、直辖市的区域性的水长期供求计划,由国务院水行政主管部门会同有关部门制订,报国务院计划主管部门审批。地方的水长期供求计划,由县级以上地方人民政府水行政主管部门会同有关部门,依据上一级人民政府主管部门制订的水长期供求计划和本地区的实际情况制订,报同级人民政府计划主管部门审批。1994 年由国家计委和水利部联合部署在全国开展水中长期供求计划的编制工作,本项工作已经完成。

4. 水资源的宏观调配

　　调蓄径流和分配水量,应当兼顾上下游和左右岸用水、航运、竹木流放、渔业和保护生态环境的需要。

　　跨行政区域的水量分配方案,由上一级人民政府水行政主管部门征求有关地方人民政府的意见后制订,报同级人民政府批准后执行。

　　5. 取水许可

　　国家对直接从地下或者江河、湖泊取水的,实行取水许可制度。为家庭生活、畜禽饮用取水和其他少量取水的,不需要申请取水许可。

　　1993 年国务院以 119 号令发布了《取水许可制度实施办法》,规定了取水制度的实施范围、权限、所要遵循的基本原则和处罚办法。

　　6. 计划用水和节约用水

　　国家实行计划用水,厉行节约用水。各级人民政府应当加强对节约用水的管理。各单位应当采用节约用水的先进技术,降低水的消耗量,提高水的重复利用率。

　　在水源不足地区,应当采取节约用水的灌溉方式,限制城市规模和耗水量大的工、农业项目的发展。

　　7. 水费与水资源费

　　使用供水工程供应的水,应当按照规定向供水单位缴纳水费。

　　对城市中直接从地下取水的单位,征收水资源费;其他直接从地下或者江河、湖泊取水的,可以由省、自治区、直辖市人民政府决定征收水资源费。

　　水费和水资源费的征收办法,由国务院规定。

　　8. 水事纠纷的协调

　　单位之间、个人之间、单位与个人之间发生的水事纠纷,应当通过协商或者调解解决。当事人不愿通过协商、调解解决或者协商、调解不成的,可以请求县级以上地方人民政府或者其授权的主管部门处理,也可以直接向人民法院起诉;当事人对有关人民政府或者其授权的主管部门的处理决定不服的,可以在接到通知之日起 15 日内,向人民法院起诉。在水事纠纷解决之前,当事人不得单方面改变水的现状。

第四节　可持续水资源管理量化研究方法

一、可持续水资源管理概述

　　可持续水资源管理是当今世界水问题研究的热点。它是举世瞩目的《21 世纪议程》中水资源研究的重要内容之一,业已得到各国政府的重视。它也是我国社会经济可持续发展议程中的重要内容。可持续水资源系统管理(management of sustainable water resources system)是指在国家和地方水的政策制定、水资源规划开发和管理中,寻求经济发展、环境保护和人类社会福利之间的最佳联系与协调。它要求水资源利用从长远的观点看有最佳经济效率,即把水资源管理纳入到人类生存的环境要求和未来的变化中考虑,纳入到整个社会经济良性发展的战略地位。1996 年,联合国教科文组织(UNESCO)国际水文计划(IHP)工作组将可持续水资源管理定义为:"支撑从现在到未来社会及其福利而不破坏它们赖以生存的水文循环或生态系统完整性的水的管理与使用。"简言之,它是使未来遗憾可能性达最小化的管理决策。

(一)可持续水资源管理的目标

从可持续发展的三大基本特征即公平性、可持续性、和谐性出发,结合水资源的可持续属性,可持续水资源管理的目标构成如图8-2所示。

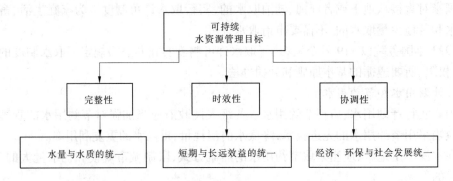

图8-2　可持续水资源管理的目标构成

水资源可持续管理要求维护环境的完整性,着眼于维护水资源可持续性赖以存在的水文循环和生态系统的平衡。水资源可持续管理要求的时效性是指对水资源的利用从长远的观点看效益最佳,达到长期效益与短期效益的统一,实现水资源资产的代际均衡转移。协调性是处理好水资源开发利用过程中经济效益与环境保护以及社会发展之间矛盾的一个重要目标,要求规划和决策将水资源管理纳入到整个社会经济良性发展的轨道,实现经济增长、环境保护和社会发展的统筹协调。

(二)可持续水资源管理的主要内容

20世纪80年代明确提出的可持续发展战略是建立在人口、资源、环境和社会、经济相互协调、良性发展的基础上,寻求一种新的经济增长方式。水资源作为社会可持续发展的物质基础,其管理必须结合可持续发展的思想,即可持续水资源管理是以实现水资源的持续开发和永续利用为最终归宿的。

1. 水资源产权(水权)的管理

水资源产权即水权,是指水的所有权、开发权、使用权以及与水开发利用有关的各种用水权利的总称。水权是水资源分配、使用和获取水资源收益的基础。现代产权制度的发展导致资源的所有权、占有权、开发权、经营使用权和处置权都可以分离和转让。作为全民所有的水资源产权的明晰界定是非常必要的,因为它关系到水资源开发利用是否合理高效,是否能促进环境与经济的协调、持续发展。

2. 水资源合理配置管理

水资源合理配置可以定义为:在一个特定流域或区域内,以有效、公平和可持续的原则,对有限的、不同形式的水资源通过工程与非工程措施在各用水户之间进行的科学分配。水资源配置如何,关系到水资源开发利用的效益、公平原则和资源、环境可持续利用能力的强弱。

3. 水资源政策管理

水资源政策管理是为实现可持续发展战略下的水资源持续利用任务而制定和实施的

方针政策方面的管理。通过制定和实施相应的管理政策、法律、法规,对水资源开发、利用、经营和水环境保护管理、技术管理等进行监督和指导,以实现可持续发展。

4. 水资源开发利用与水环境保护管理

这项管理工作是在上述几项宏观管理的基础上和取得水资源开发使用权的条件下进行的较为具体的开发与保护的管理工作。水资源开发利用管理是指地表水的开发、治理与利用和地下水开采、补给与利用的全过程管理。水环境保护管理是指用水质量、水生态系统及河湖沿岸生态系统的保护管理。以资源可持续利用为指导思想,用生态系统的观点,使水资源保护和开发利用规划与社会、经济发展规划相衔接。

5. 水资源信息与技术管理

水资源规划与管理离不开自然和社会的基本资料和系统的信息供给。因此,加强水文观测、水质检测、水情预报、工程前期的调查、勘察和运行管理中的跟踪检测等,是管好水资源开发、利用、保护、防护的基础。建立水资源综合管理信息系统,及时掌握水资源变动情况,为科学管理和调配提供依据。

6. 水资源组织与协调管理

按照可持续发展战略,要加强和扩大国家级的水资源全国综合管理,完善和健全以河流流域为单元的流域机构的水资源统一管理体制,并且建立专门的协调机构,或调整某些部门职能以加强与本系统外的一些部门的统一管理。

此外,中国的部分河流和水域(如湖泊、水库)是跨越国界的,对这种国际性水资源的开发、利用、保护和管理,应建立双边或多边的国际协定或公约。

(三)可持续水资源管理面临的问题与挑战

1. 我国可持续水资源管理面临的问题

我国是一个水旱灾害频繁、水资源分配很不均匀,且面临水资源短缺、水质恶化等问题的发展中国家。在流域尺度水资源可持续利用和规划管理方面,与发达国家相比存在一定的差距:

(1)与发达国家相比,我国亟须加强在可持续水资源管理的水文学基础方面的研究,尤其是以国家整体经济发展和环境保护为目标、以自然流域为基础,亟须建立具有较高时空分辨率的水档案水资源信息系统;亟须开展社会发展、全球变化和人类活动对水资源可持续利用的影响分析;亟须建立可直接为当地社会经济建设服务并具有权威性、具有时空分布特性的水资源量与质评价信息系统等。

(2)尽管我国在执行水法和实行用水取水许可证制度方面取得了较大的成绩,但是在水资源统一规划和管理,如城市与农村的水资源统一管理、地表水和地下水统一管理、征收水资源费及保障供水水质水量等方面,还需要加强水资源管理体制和经济手段问题的研究。一些地方或部门,为了各自的用水和经济发展,当和防洪发生利益冲突时,往往难以从水资源合理分配和统一调度的高度来处理解决问题。在一些地区,一方面水资源短缺,另一方面又出现水资源浪费严重的现象。

(3)我国水资源系统的科学管理水平和效率还有待提高,尤其在利用现代新技术、新理论,如遥感信息、地理信息、社会经济信息和水文信息,建立以流域水资源可持续利用开发和管理为目标包括风险分析的水资源管理决策支持系统方面,还需要大力发展。

2. 可持续水资源管理研究面临的挑战

"可持续水资源管理"的概念是在人类面临水资源危机日益严重的情况下提出的。人们期待着通过"可持续水资源管理"的研究和管理决策的实施,来改善水的现状,走可持续发展的道路。这就给"可持续水资源管理"提出了欲达到的目标。当然,实现这一目标并非是一件易事,它涉及社会、经济发展、资源、环境保护,以及它们之间的相互协调,同时也涉及国际间、地区间的广泛合作、全社会公众的参与等众多复杂问题。这也给"可持续水资源管理"的研究提出了挑战,主要表现在以下几个方面:

(1)可持续水资源管理的水文学、生态学基础方面的研究。可持续水资源管理特别强调对水文循环、生态系统未来变化的研究,它要求了解未来水文情势及环境的变化影响,包括全球气候变化和人类活动的影响。然而,目前的研究还不能满足这些要求。因此,迫切需要加强水文学、生态学基础研究。只有做好这些扎实的基础工作,可持续水资源管理研究才能有保障。

(2)加强水资源统一规划和管理的研究。它包括水质和水量统一管理、地表水和地下水统一管理、工业用水和农业用水统一管理、流域上游与下游统一管理等。只有把它们纳入一个整体来研究,才能避免出现这样或那样的不良影响和问题。

(3)把水资源管理与社会进步、经济发展、环境保护相结合进行研究,是可持续水资源管理的必然要求。

(4)现代新技术、新理论(如遥感信息、地理信息、社会经济信息和水文信息、决策支持系统等)在水资源管理中的应用研究,使水资源系统的科学管理水平和效率有所提高,以适应现代管理的需要。

由于可持续水资源管理的研究刚刚起步、涉及的领域较广、客观存在的不确定性、研究问题的复杂性,因此可持续水资源管理的理论研究和应用研究还远满足不了发展的需要。目前,国际上关于什么是可持续发展和可持续水资源管理的定义已基本被接受和理解。但是,缺乏量化和针对新的可持续水资源管理科学准则的规范技术和工具。因为只有通过定量化的手段阐明协调发展的具体方法和途径,才能使可持续发展具有可衡量性与可操作性。近些年,国际上许多专家学者大力呼吁开展这方面的研究。总之,可持续水资源管理研究刚刚起步,亟待解决的问题很多,既是机遇又是挑战。

二、水资源管理的系统分析方法与优化技术

水资源系统是一个十分复杂的大系统,水资源规划与管理也是一项涉及社会、经济、水资源、环境、地质学、法律、政策、管理等多方面的系统工程。因此,在水资源研究中应用系统科学方法是十分必要的。系统方法在水资源系统中的应用,已经贯穿于水资源系统规划、设计、施工组织、运行和管理的各个阶段。

(一)水资源系统分析方法

关于系统的定义有多种说法,一般认为:凡是在一定环境下,为实现某一目标,由若干相互联系、相互制约、相互作用的因素(或部分)而组成的集合体,就称为系统。

所谓系统方法,就是把对象放在系统中加以考察的一种方法论。它是着眼于整体与部分(要素)之间、整体与外部环境的相互联系、相互作用、相互制约的关系,综合地、精确

地考察对象,以达到最佳地处理问题的一种方法和途径。在技术上,系统方法充分利用运筹学、概率论、信息论以及控制论中丰富的数学语言,定量地描述对象的运动状态和规律。它为运用数理逻辑和电子计算机来解决各种复杂性问题提供了条件,为认识、研究、构想系统的模型确立了必要的方法论原则,其特点就是整体性、综合性、最佳化。近些年来,系统理论本身也在不断地发展,一些研究大系统、复杂系统的新学说应运而生。如普里高津提出的旨在研究系统从有序到混沌和混沌到有序基本现象的耗散结构理论、哈肯的协同论、查德首创的模糊数学方法,以及我国学者邓聚龙提出的灰色系统理论等。他们基于不同角度提出的新观念、新方法更加丰富了系统论的内容。

系统分析方法的最重要内容是:确定系统目的和目标;建立系统数学模型;实施模拟和优化技术;进行分析、综合和评价;作出选择方案的满意决策。

随着人口的增长、社会经济的发展,对水资源的需求量越来越大,随之而来的水资源短缺、水资源危机及水环境问题日益严重。这就迫使水资源学术界不仅把目光盯在水本身,还要考虑与水有关的其他方面,如人口的增长、工农业的发展、生态环境保护意识的提高等。同时,也迫使水资源学术界不仅把目光盯在本地区的水资源,还要考虑邻区乃至全球的水资源变化及协调等问题。总而言之,水资源系统分析必须考虑一个综合性的系统,其具有以下几个主要特点:

(1)水资源开发利用的目标或目的可能有一个或多个,如防洪、工业、农业、生活用水等。另外,目标的层次有高有低,有主有次。例如,以供水为主要目的的南水北调工程,同时兼有防洪等目的。因此,水资源系统分析的目标有一个或多个,有主要目标和次要目标,次要目标要服从主要目标,低层次目标要服从高层次目标,使各个目标得到充分体现和相互协调。

(2)水资源系统是一个十分复杂的系统,各个分系统之间存在着相互关联、相互依赖、相互制约的关系。因此,水资源系统分析要统筹兼顾、全面分析、系统描述水资源系统的结构和功能,真实、客观地反映水资源系统。

(3)研究复杂的水资源系统对采用的数学工具要求较高。这是由水资源系统的复杂性、研究问题的尖锐性以及系统本身的动态性、不确定性、多功能性所决定的。

(4)需要多学科的综合。应用系统分析方法研究水资源系统时,常常涉及多门学科,如系统科学、管理科学、环境科学以及数学等。在解决实际问题时,需要各个学科的综合,需要多个学科的专家和有关技术人员参加,这对研究系统的目的要求、运行方案选择、成果分析与评价等都有着重要作用。

在做水资源系统分析时,大致可以按以下几步进行。

1. 分析问题、明确目的、确定目标

对于具体的水资源系统,首先要对研究的问题做全面、详尽的分析和研究。①要摸清问题的主要内容和难点方面;②要摸清问题的由来和产生的背景;③要摸清问题的性质,包括问题的提出者、决策者以及他们的目的、想法等;④要摸清问题的条件,包括水文水资源条件、人力、物力、技术、财力状况以及时间要求、规划目标等;⑤要摸清问题实现的可能措施与现有条件相匹配的程度,把握拟选方案的大致范畴,做到有的放矢。

2. 建立数学模型

在分析确定水资源系统的目标、约束条件之后,就应建立相应的数学模型,以描述系统的特征及部分之间的依存关系。也就是说,将系统的结构、有关参数和因素及其相互关系,归纳成一个或一组数学方程式,用来反映水资源系统的结构、功能和目标,即水资源系统数学模型。常用的数学模型有最优化模型(如线性规划、动态规划等)和模拟模型两大类。

3. 求解数学模型并检验

根据建立的数学模型,需要认真研究和确定模型的计算参数,并选择适当的分析计算方法,求解数学模型。实际上,这一步已转化成纯数学求解问题。

在求解完数学模型之后,要对模型进行检验。一方面,从数学模型的解法上,分析计算结果的可靠性,即要求选用的计算方法比较合适,计算处理方法比较符合实际;另一方面,要进行灵敏度分析,即研究模型中所含参数的变化范围及其对计算结果的影响;再一方面,还要按照所用模型的性能是否与实际系统的性能相同、计算结果值与实际值误差是否在允许的范围之内来鉴别计算结果的精度和可靠性。如果模型计算结果不能满足要求,就要重新选择求解方法,重新计算,再检验,直至计算结果满意为止。如果计算结果仍不满意,就要考虑修改数学模型。

4. 决策方案检验

根据数学模型的求解结果,拟定决策方案。决策者可根据自己的经验和意愿,对系统分析的成果进行认真的分析与评价,从总体上权衡利弊得失,进行决策。

在得出最终决策之前,需要对入选方案获得的结论做进一步检验。如果对检验的结果不满意,就转回第一步,对问题重新进行分析,重新建立数学模型,重新选择决策方案,直至满意为止。在通过对方案的正确性检验后才能进入实施阶段。

5. 研究计划实施

对决策方案制订出具体的行动计划,并逐步实施。如果在实施过程中遇到了较多新问题,就要返回到前面的步骤,重新进行研究;如果在实施过程中遇到的新问题不多,就可对实施计划略加调整后继续实施,直至完成整个计划。在研究计划付诸实施过程中,要求系统分析人员与决策实施人员密切合作,并对可能出现的情况和问题及时加以修正和调整。

(二) 水资源管理优化技术

数学分析是系统分析中最常用的分析方法之一。实质上,我们所采用的系统分析就是借助数学模型,应用模拟技术和优化技术,求解系统目标函数最优的科学方法。

在生产实践中,为了获得一种控制和管理真实物理系统的方法,首先,要建立描述该物理系统的数学模型;然后,采用适当的优化技术,求解这个数学模型;最后,再把这个模型的最优解应用到真实物理系统中,以实现对系统控制和管理的意图。

数学模型是真实系统的抽象,是描述和表示真实系统行为的数学方程组。它的作用在于:揭示问题的不同方面,识别系统结构、组成元素间与环境间的函数关系,确定其有效性和约束条件,指明为定量分析需要收集的资料和数据等。这样的数学模型不仅起到传统物理模型的描述作用,而且更能起到选择方案的导向作用。

在水资源系统分析中,常用的数学模型,依其结构形式、模型功能、用途等性质,可分成多种类型。例如,最优化模型和模拟模型、静态模型和动态模型、确定性模型和不确定性模型、线性模型和非线性模型等。但最常用的类型还是最优化模型和模拟模型两大类。下面,仅就部分分类模型进行简单介绍。

1. 最优化模型和模拟模型

最优化模型,是水资源系统分析中,特别是水资源规划与管理中常用的一种模型。它是由目标函数(求最大或求最小)、约束条件组成的一组方程式。

设决策变量为 $x_1, x_2, \cdots, x_n$,其中 n 为决策变量个数;目标函数为 $Z(x_1, x_2, \cdots, x_n)$,其表达式记为:

$$Z(x_1, x_2, \cdots, x_n) = \max[\varphi(x_1, x_2, \cdots, x_n)] \tag{8-1}$$

或

$$Z(x_1, x_2, \cdots, x_n) = \min[\varphi(x_1, x_2, \cdots, x_n)] \tag{8-2}$$

约束条件记为:

$$g_j(x_1, x_2, \cdots, x_n) \leqslant b_j \quad (j = 1, 2, \cdots, m) \tag{8-3}$$

式中　m——约束条件个数。

如果约束条件是"≥",则可以通过方程式两边取负数,变成"≤"形式。

因此,最优化模型可以写成如下方程组形式:

$$\begin{cases} 目标函数 & Z(x_1, x_2, \cdots, x_n) \\ 约束条件 & g_j(x_1, x_2, \cdots, x_n) \leqslant b_j \quad (j = 1, 2, \cdots, m) \end{cases} \tag{8-4}$$

依据目标函数多少,模型结构、参数、变量以及反映优化问题的性质等因素,最优化模型又有多种类型,如线性规划模型、非线性规划模型、动态规划模型、确定性模型、分布参数模型等。

最优化模型实际上是对"系统在约束条件下,达到最优目标(目标函数值最大或最小)"这一思维过程寻找最佳方案途径的一种数学描述。在水资源规划和管理中,帮助人们定量选择或确定水资源系统开发方案、管理策略,"最优化模型"无疑是一个常用的数学模型。但是,我们应该清楚:①由于建模的限制,很多情况下,只能对实际的水资源系统作必要的假设、概化、简化、取主舍次等处理,这样建立的模型可能会比较好地反映系统,也可能不能胜任这一重任;②在很多情况下,由于最优化模型比较复杂,不一定能给出精确的最优解,常常只能在实际求解时,也采用简化、取主舍次等处理,如非线性的线性化、变量和约束条件的简化等,或者采用数值解方法,得到近似最优解。因此,需要对计算的结果作必要的检验,分析所建模型反映实际的程度。

模拟模型,也是水资源系统分析中一种常用的数学模型。它是模仿系统的真实情况而建立的模型。通过模拟模型的多次计算(或试验),可以帮助回答类似"如果……,则……"的问题。在水资源系统分析研究中,可以仿造水资源系统的实际情况,利用计算机模型(或称模拟程序),模仿水资源系统的各种活动(如水文循环过程、洪水过程、水资源分配、利用途径等),为制定决策提供依据。同时,也可以用于对不同决策方案的反应做出模拟分析。

对于一个十分复杂的水资源系统,当最优化模型建立或求解比较困难时,可以考虑选用模拟模型。但是,我们应该清楚:模拟模型不是一种优化技术。

2. 确定性模型和不确定性模型

在水资源系统分析中，按照所建模型中是否包含不确定性参数、变量或结构，可以把数学模型分为确定性模型和不确定性模型。

确定性模型，是指将模型中的所有参数和变量以及模型结构都视为是确定的，从而建立的数学模型。比如，常系数线性规划模型就是一个确定性模型。

水资源系统和其他系统一样，总是具有确定性和不确定性两个方面。到目前为止，人们认识到四种不确定性：①由于条件提供的不充分和偶然因素的干扰，几种人们已知道的确定结果的出现呈现偶然性，在某次试验中不能预料哪一个结果发生，这种不确定性即是随机性；②由于事物的复杂性、事物的界线不分明，概念不能给出确定的描述和确切的评定标准，这种不确定性即是模糊性；③由于事物的复杂性、信道上噪声干扰和接收系统能力（含人的辨识能力）的限制，人们只知系统的部分信息或信息量所呈现的大致范围，这种部分已知、部分未知的不确定性即称为灰色性；④纯主观上的、认识上的不确定性称为未确知性，与灰色性相比，它具有较多的信息量，不但知道信息量的取值范围，还知道所求量在该区间的分布状态。处理各种不确定性已有了各自的数学方法。处理随机性的数学方法是概率统计；处理模糊性的数学方法是模糊数学；处理灰色性的数学方法是灰色数学；处理未确知性的数学方法是未确知数学。

因此，在研究水资源系统时，常常遇到不确定性问题的分析、处理和定量表示等问题，建立的数学模型也常常含有不确定性变量或参数。这种包含不确定性参数或变量的模型称为不确定性模型。比如，下式就是一个含有区间型灰数的区间型灰色线性规划模型：

$$\begin{cases} \min Z = [c_1,d_1]x_1 + [c_2,d_2]x_2 + \cdots + [c_n,d_n]x_n \\ [a_{11},b_{11}]x_1 + [a_{12},b_{12}]x_2 + \cdots + [a_{1n},b_{1n}]x_n \geq [e_1,f_1] \\ \qquad\qquad\qquad\vdots \\ [a_{m1},b_{m1}]x_1 + [a_{m2},b_{m2}]x_2 + \cdots + [a_{mn},b_{mn}]x_n \geq [e_m,f_m] \\ x_1,x_2,\cdots,x_n \geq 0 \end{cases} \quad (8\text{-}5)$$

3. 静态模型和动态模型

无论是最优化模型和模拟模型，还是确定性模型和不确定性模型，都可以依据所考虑问题是否与时间因素有关，或者依据所建模型是否包含时间因子，进一步把模型分为静态模型和动态模型两种类型。

静态模型，是不考虑时间因子所建立的模型。动态模型，是把时间因子作为变量所建立的模型。比如，一般包括以时间为自变量的微分或差分方程模型就是动态模型，如下式：

$$Z = \max \int_0^T N\left[V(t), \frac{dV}{dt}, t\right] dt \quad (8\text{-}6)$$

目标函数 Z 中含有以时间为自变量的微分、积分和变量。因此，由它组成的优化模型是一个动态模型。

4. 集中参数模型和分布参数模型

集中参数模型和分布参数模型是另一种模型分类方案。根据模型中参数是反映空间的每一点，还是反映集中单元的整体，来把模型分为集中参数模型和分布参数模型。

集中参数模型，是把一个系统单元看成一个整体，忽略其内部活动，而只注意其输入与输出信息;把系统看成一个网络,即一个按特定方式互相连接的单元集合。这样,系统中的参数均不是空间变量的函数。如下式就是一个集中参数模型:

$$Y(t) = \int_0^m U(\tau)R(t-\tau)\mathrm{d}\tau \tag{8-7}$$

分布参数模型,表示的过程是发生在空间的每一个点上,不能像集中参数模型那样再把系统看成是集中单元的一种相互连接。如下式就是一个分布参数模型:

$$B\frac{\partial h}{\partial t} + \frac{\partial Q}{\partial z} = q \tag{8-8}$$

式中　　B——河宽;

　　　　Q——流量;

　　　　h——平均水深;

　　　　q——单位长度旁侧入流量(常量);

　　　　t——时间;

　　　　z——河流纵向坐标。

5. 线性模型和非线性模型

如果按照模型是否满足线性关系来分类,又可分为线性模型和非线性模型。线性模型是指所有方程式均满足线性关系的模型。例如,线性规划模型就是典型的线性模型。

非线性模型是指所有方程式或部分方程式满足非线性关系的模型。例如,下面两式均为非线性模型:

$$Y(t)\frac{\mathrm{d}Y}{\mathrm{d}t} + Y(t) = I(t) \tag{8-9}$$

$$Y = ax + bx^2 \tag{8-10}$$

三、水资源管理模型的一般形式

水资源管理模型是为使水资源规划管理达到某既定目标,应用系统分析原理所建立的一组数学模型。它往往由水资源系统的状态模拟模型(如水流模拟模型、溶质运移模拟模型)和优化模型(运筹学模型)耦合构成。也就是说,水资源管理模型是这样一个复合模型,它既考虑所研究的水资源系统自身的特性,又考虑管理决策人员给定的管理目标与限定条件(包括社会的、经济的和环境的)。这样的规划管理模型,可以在寻求最优决策的运转过程中严格服从水资源系统的实际变化规律,从而保证了最优决策的可行性。

(一)水资源管理模型的数学表达式

一般地,水资源规划管理模型的数学表达式由目标函数和约束条件两部分组成:

目标函数　　　　　$\max(\min)[Z_1(X), Z_2(X), \cdots, Z_k(X)]$　　　　(8-11)

约束条件　　　　　　　　　$A \cdot X = B$　　　　　　　　　(8-12)

式中　　$X = (x_1, x_2, \cdots, x_n)^\mathrm{T}$——决策变量向量;

　　　　$B = (b_1, b_2, \cdots, b_m)^\mathrm{T}$——约束条件右端项;

　　　　A——$m \times n$ 阶系数矩阵。

目标函数可取极大值也可取极小值,当 $k=1$ 时,为单目标模型;当 $k>1$ 时,为多目标模型。

式(8-11)表示在满足式(8-12)约束条件下,求得目标函数每个决策变量的 $x_j(j=1,2,\cdots,n)$ 值,并使目标函数达到极大(或极小)值。

(二)水资源管理模型的组成

1.决策变量

在寻找优化决策的过程中,通过操纵可控变量,可对水资源系统进行调整,并使水资源规划管理目标最终达到最优。该可控变量即为决策变量。对水资源规划管理来讲,可能的决策变量有:抽取的水量、地下水人工补给量、与地下水有直接联系的地表水水位、水质、用于地下水人工回灌的水源的水质等。在实际工作中,可根据具体的管理目标和水资源状况,选取决策变量。

2.目标函数

在水资源规划管理中,每一个问题都有一个明确的目标。这个目标以决策变量的函数式来表示,称为目标函数。问题的解决可以是使目标函数达到极大值或极小值。常用的目标函数有:使供水系统在运营期限内所得的净利润的总值达到极大值;使单位体积水的供水成本(或开发水资源的投资)达到最小值;使与水资源利用密切相关的部门的总产值达到最大;管理区内地下水水位降深最小或人工回灌使得地下水水位回升最大;实际水位和规定水位之差值最小;在规定地下水水位降深条件下使出水量最大;求水资源系统所能承受的最大污水排放量或求水资源系统所受污染程度最小等。

3.约束条件

在水资源规划管理工作中,解决每一个问题时都要受到一定条件的约束。它们常用决策变量的数学表达式表示,称为约束条件。常见的约束条件有:

(1)均衡约束:多以水均衡方程、水流状态方程或溶质运移方程来约束,保证在寻优过程中不仅服从水资源系统本身的发展变化规律,而且考虑了自然系统的变化。

(2)水量约束:包括管理区内用水量之和不得大于当地总供水量指标,回灌给地下水的水量之和不得大于可提供的总回灌水量,取水量不应超过取水设备的出水能力,人工补给量不得超过设备的补给能力,总的取水量要满足区内的工农业和生活用水的需求等。

(3)水质约束:取出(或用于回灌)的水中某些化学组分和物理性质不得超过相应的水质标准,排放的污水要满足一定的水质标准等。

(4)水位约束:该约束可体现在水资源规划管理中环境、经济效益的要求。如为了防止、控制和改善管理区内的各种环境地质问题(河流断流、泉水减少或断流、地面沉降或塌陷、海水入侵、水质恶化、土壤沙化和盐渍化等)的产生和发展,而对水位升、降值的限制;为了能继续使用现有取水设备,不至于由于水位下降产生吊泵,而对水位降深的限制。

(5)经济约束:如区内的水资源分配要保证工农业总产值达到规划要求;保证水资源的开发利用投资不超过预算等。

在实际工作中,要根据具体情况来确定需要哪些约束条件。

值得一提的是,目前对水资源的环境效益和经济效益还无统一的计算标准。特别是环境效益,在实际中还无法计算出来,往往通过水位的控制来实现环境效益。关于经济效益,由于水资源的价值系数影响因素很多,目前也只能粗略确定。相关的细节还有待进一步研究。

(三)水资源管理模型的分类

模型分类方法很多,按不同的标准,可划分出不同的类型。按模型中变量的性质可分为确定性和随机性规划管理模型;按目标函数及约束条件的性质可划分为线性和非线性规划管理模型;按目标函数的多少可划分为单目标和多目标规划管理模型;按水资源系统的参数分布可划分为集中参数和分布参数规划管理模型。

四、水资源管理模型的建立

水资源管理是一个广义概念,它包括水资源的行政、法律法规和经济技术等方面的内容。而我们讨论的主要是经济技术方面的规划管理,即通过某些工程措施或技术手段将区域内的地表水与地下水联合起来综合考虑,在满足一定的约束条件下,通过对决策变量的操纵,使既定的规划管理目标达到最优,并获得规划管理的最佳实施方案。这一整体过程可以通过管理模型的建立和运行来完成。

(一)管理问题的确定

进行水资源规划管理,首先应明确要解决的问题和要达到的目的。一般应包括下列几方面的内容:

(1)确定管理目标。根据水资源规划管理提出的问题和要达到的目的,概括出规划管理目标。同时,还要确定出与此目标相关的社会、经济、环境、法律等因素的相互制约和限制条件。目标可以是一个或多个,也可以是多层次或包含多重含义。如目标函数为地下水水位降深最小,虽然是一个函数,却包含了防止水位持续下降、水井吊泵、土壤沙化、地面沉降等含义。

(2)确定管理区范围。规划管理区的范围原则上应该是一个完整的流域或地下水系统,以体现水资源系统的整体最优。但有时也要考虑行政区划或根据特定需要而圈定的范围。

(3)选定管理期限。期限的长短应根据目标、资料精度、水资源模型及计算方法误差来选定。一般以不超过5年为宜。需要指出的是,随着规划管理模型的运转,管理区内的社会、经济、环境条件会不断变化,同时区外的自然条件变化也会影响区内的水资源系统。虽然,建模时已考虑了这些问题,但是否与实际变化相符还需要实际验证。因此,规划管理模型必须在管理期内根据实际反馈信息不断地进行修正,以保证模型的精度和可靠性。

(二)建立水资源系统的状态模拟模型——水资源系统的模型化

应用水文学和水文地质学理论,通过实际资料分析,总结水资源系统中水或溶质的特征和运移规律,建立起地表水系统模拟模型、地下水水流模拟模型、溶质运移模拟模型,以及地表水与地下水联合运行模型。

(三)建立水资源管理模型——水资源系统的最优化

运用系统分析原理,综合考虑社会、经济、环境、法律等因素,建立起一个在满足一定约束条件下使规划管理目标最优的优化模型。而优化模型中的决策变量又要服从水资源系统本身的变化规律,所以还要将水资源系统的状态模拟模型耦合于优化模型之中,形成水资源规划管理模型。目前,实现耦合的方法有两种,即嵌入法(embedding method)和响应矩阵法(method of response matrix)。

1. 嵌入法

嵌入法又叫嵌套法或镶嵌法,由 Bredehoeft 和 Young 在 1974 年初次提出。之后,Aguad 和 Remson 进一步用有限差分法离散地下水流运动方程,并将所形成的线性代数方程组作为一组约束条件,构成线性规划模型,在满足一定供水要求条件下,以使含水层中特定位置的水头最高为目标,确定出最佳抽水量分配和水头分布。Alley、Aguad 和 Remson又于 1976 年对非稳定流问题,分步建立了一系列管理模型,从而使嵌入法趋于成熟,并得到一定的应用。

1)基本原理

嵌入法是把地下水系统水流或水质模拟模型用一个代数方程组(线性或非线性)表示。然后,把这个方程组作为规划模型的一部分约束条件,完成模拟模型与优化模型的耦合。用嵌入法建立的规划管理模型,其模拟模型与管理模型的运行是同时进行的,二者一步完成。

2)嵌入法建模方法

把模型进行数值离散,形成线性或非线性代数方程组,以约束条件的形式"嵌入"到优化模型中,完成地下水管理模型的建立。用嵌入法建立的地下水线性规划管理模型可表示为如下形式:

$$\min(\max)Z = \boldsymbol{C} \cdot \boldsymbol{F}(\boldsymbol{H},\boldsymbol{Q}) \tag{8-13}$$

$$\begin{cases} \boldsymbol{A} \cdot \boldsymbol{H} + \boldsymbol{B} \cdot \boldsymbol{Q} = \boldsymbol{D} \\ \boldsymbol{G}_i(\boldsymbol{H},\boldsymbol{Q}) = (\leqslant, \geqslant)\boldsymbol{G}_{0i} \quad (i=1,2,\cdots,n) \\ \boldsymbol{H},\boldsymbol{Q} \geqslant 0 \end{cases} \tag{8-14}$$

式中　$\boldsymbol{C}$——价值系数向量;

$\boldsymbol{A}$——地下水流模拟模型离散后形成的线性方程组的系数矩阵;

$\boldsymbol{H}$——由状态变量水位(头)或其降深构成的向量;

$\boldsymbol{B}$——单位对角矩阵;

$\boldsymbol{Q}$——可控的开采量向量;

$\boldsymbol{D}$——方程右端常数项向量;

$\boldsymbol{F}(\boldsymbol{H},\boldsymbol{Q})$——决策变量 $\boldsymbol{H}$ 或 $\boldsymbol{Q}$ 构成的函数向量;

$\boldsymbol{G}_i(\boldsymbol{H},\boldsymbol{Q})$——约束条件左端表达式向量;

$\boldsymbol{G}_{0i}$——约束条件右端常数项向量。

3)适用范围

嵌入法对于地表水或地下水资源管理中管理期限短、时段少及计算面积小的稳定流问题和一些非稳定流问题比较有效。而对于区域性多期规划管理问题,由它建立的管理模型求解困难,这使嵌入法在实际应用中受到一定的限制。

4)举例

下面以确定地下水最佳开采量的管理模型的建立为例来说明嵌入法的使用。

在地下水资源评价中,以往常用"允许开采量"这个概念。但在开发地下水资源过程中,地下水开采量是与许多因素有关的一个变化值,有时在一定条件下还要超量开采。因此,近来广泛应用"最佳开采量"这个概念。它定义为在地下水资源开发利用和规划管理中,为追求一定的经济和技术目标,在一定的自然、环境、技术等因素的约束条件下,从地下含水系统中开采出来的最佳水量。最佳开采量是地下水系统时间和空间的函数。

在考虑到控制和改善地面沉降、建筑物基础浸没、地下水蒸发损失及土壤盐渍化等要求的同时,为满足供水实施、抽水扬程能力及地下水水位降深等限制条件下,确定地下水的最佳总开采量。用嵌入法可表达为:

目标函数
$$\max Z = \boldsymbol{U} \cdot \boldsymbol{Q} \tag{8-15}$$

约束条件
$$\begin{cases} \boldsymbol{A} \cdot \boldsymbol{H} + \boldsymbol{B} \cdot \boldsymbol{Q} = \boldsymbol{D} \\ \boldsymbol{H}_2 \geqslant \boldsymbol{H} \geqslant \boldsymbol{H}_1 \\ \boldsymbol{Q} \leqslant \boldsymbol{Q}_S \\ \boldsymbol{U} \cdot \boldsymbol{Q} \geqslant \boldsymbol{Q}_T \\ \boldsymbol{Q}, \boldsymbol{H} \geqslant \boldsymbol{Q} \end{cases} \tag{8-16}$$

式中　$\boldsymbol{Q}$——最佳抽水量列向量;

$\boldsymbol{H}$——地下水水位列向量;

$\boldsymbol{U}$——单位行向量,$\boldsymbol{U} = (1, 1, \cdots, 1)$;

$\boldsymbol{H}_1$、$\boldsymbol{H}_2$——水位下限和上限向量;

$\boldsymbol{Q}_S$——各抽水井抽水能力限制向量;

$\boldsymbol{Q}_T$——总供水指标;

其余符号意义同前。

2. 响应矩阵法

根据线性系统原理,地下水水位降深是开采量与地下水水位降深响应系数的卷积。它表达了地下水系统输入脉冲信号(单位时间的开采量或注水量)与响应(地下水水位升降)之间的关系。其中,响应系数常以矩阵形式表达,并将用其表示的一组方程作为管理模型的一组约束条件,以实现地下水模拟模型与优化模型的耦合,故称为响应矩阵法。这种方法是将地下水流模拟模型与优化管理模型分开求解,便于在微型计算机上实现,所以得到越来越广泛的应用。

1)叠加原理

要想建立响应矩阵,首先要了解它的理论基础——叠加原理(principal of superposion)。若 $\varphi_1 = \varphi_1(x, y, t)$ 和 $\varphi_2 = \varphi_2(x, y, t)$ 分别为非齐次线性偏微分方程 $L_1(\varphi) = f_1$ 和 $L_2(\varphi) = f_2$ 的通解,则其和($\varphi_1 + \varphi_2$),或一般地,φ_1、φ_2 的任意线性组合 $\varphi = C_1 \cdot \varphi_1 + C_2 \cdot \varphi_2$(式中:$C_1$、$C_2$ 为常数)也是非齐次线性偏微分方程 $L(\varphi) = f_1 + f_2$ 的一个解。

例如,描述二维承压含水层系统中的线性算子可写为:

$$L = \frac{\partial}{\partial x}\left[T_1\left(\frac{\partial h}{\partial x}\right)\right] + \frac{\partial}{\partial y}\left[T_2\left(\frac{\partial h}{\partial y}\right)\right] - S\left(\frac{\partial h}{\partial t}\right) \tag{8-17}$$

对于初边值条件为非齐次的定解问题:

$$\begin{cases} L(\varphi) = f_1 + f_2 \\ L(\varphi) = g_0 \qquad (t = 0) \\ L(\varphi)\mid_{\varGamma_1} = g_1 \quad (t > 0) \end{cases} \tag{8-18}$$

可利用叠加原理将此问题分为两个问题：

$$\begin{cases} L_1(\varphi) = f_1 \\ L_1(\varphi) = 0 & (t=0) \\ L_1(\varphi)\mid_{\Gamma_1} = 0 & (t>0) \end{cases} \qquad (8\text{-}19)$$

和

$$\begin{cases} L_2(\varphi) = f_2 \\ L_2(\varphi) = g_0 & (t=0) \\ L_2(\varphi)\mid_{\Gamma_1} = g_1 & (t>0) \end{cases} \qquad (8\text{-}20)$$

式中　　h——承压水头；

　　　　T_1、T_2——导水系数；

　　　　S——贮水系数；

　　　　Γ_1——一类边界。

定解问题(8-19)的解 φ_1 与定解问题(8-20)的解 φ_2 之和 $\varphi = \varphi_1 + \varphi_2$，即为定解问题(8-18)的解。

因此，利用叠加原理可将一个问题分解为几个求解较简单的子问题来解决。在地下水流问题中，由几个分散而同时单独工作的源或汇对某点或某一地区产生作用的代数和，即为各源或汇同时共同作用的效果；若干单个边界对计算区内地下水水位作用之和，等同于总边界的综合作用结果。

若地下水系统为线性系统，则描述含水层中地下水流的数学方程为线性式，它满足叠加原理。而潜水系统为非线性系统，方程需经过线性变化后才能应用叠加原理来解决。

2) 地下水水位响应矩阵

对于一个具有齐次初边值条件的线性地下水水流系统，在给其中某些源或汇施加脉冲后，在系统中的某一点产生的水位总响应，可以由各源或汇单独施加脉冲对该点所产生的响应的代数和求得。这里，脉冲是指能够激发地下水系统使其内部状态变化的离散输入信号，例如地下水的抽水或注水量；响应就是在系统中施加脉冲后，系统状态发生变化而产生的输出，例如地下水水位变化。

线性系统中响应与脉冲的关系可用卷积积分的形式表示：

$$S(i,j,t) = \int_0^t \beta(i,j,t-\tau) Q(j,\tau)\mathrm{d}\tau \qquad (8\text{-}21)$$

式中　　$S(i,j,t)$——t 时刻在 i 点产生的响应值；

　　　　$Q(j,\tau)$——在 τ 时刻作用于 j 点的地下水脉冲量；

　　　　$\beta(i,j,t-\tau)$——单位脉冲响应系数，表示由于 τ 时刻在 j 点施加单位脉冲值时，在 τ 时刻对 i 点产生的响应值；

　　　　i,j——区内的两个点；

　　　　t——时间。

式(8-21)称为地下水水位响应函数，有人称之为代数技术函数(algebratic technological function）。式中的响应系数$\beta(i,j,t-\tau)$是一个函数，它表示从$t=0$开始在j点施加单位脉冲后，在$t=\tau$时刻各完整井i处产生的一系列水位响应。

为了求解地下水水位响应函数，对式（8-21）进行离散后，得：

$$S(i,j,n) = \sum_{k=1}^{n} \beta(i,j,n-k+1)Q(j,k) \tag{8-22}$$

式中　$S(i,j,n)$——由于第j点脉冲的作用，在第n时段末第i点的水位响应；

　　　$\beta(i,j,n-k+1)$——由于第j点在第k时段内单位脉冲的作用，在第n时段末第i
　　　　　　点的响应，即单位脉冲响应函数；

　　　$Q(j,k)$——第k时段第j点的脉冲量；

　　　其他符号意义同前。

式（8-22）以线性方程的形式表达了地下水系统中脉冲和响应的关系。如果在地下水渗流场中有N个源或汇点同时抽或注水，对M个观测点的作用，就在一个时段内形成$M\times N$个单位脉冲的响应系数，组成$M\times N$阶响应矩阵。若有L个时段，则形成$M\times N\times L$阶响应矩阵。

可见，地下水水位响应矩阵反映了地下水系统本身的特征，包括含水层类型、内部结构、边界性质和形状、源汇点的空间分布位置等，与地下水系统的输入和输出无关。

3）地下水水位响应矩阵的建立

地下水水位响应矩阵是以地下水流模拟模型为基础，对地下水系统施加单位脉冲量时所得到的地下水系统的水位响应值组成的矩阵。因此，地下水流模拟模型的建立方法不同，其确定方法也有所不同，常见的有数值法、解析法等。但目前人们常用数值法来建立，所以下面介绍如何应用数值法来建立地下水水位响应矩阵。

（1）齐次初边值条件下响应矩阵的建立。如果地下渗流场的初边值条件均为齐次，即初始条件和边界条件均为零，则可采取以下步骤来建立响应矩阵：①对渗流场进行剖分，对管理期进行时间剖分；②在剖分基础上，利用一定的原理和方法建立地下水数值模拟模型；③在第一时段内，第一口井以单位流量抽水，其余井不抽（注）水，计算各个观测孔（结点）的水位降深值，然后第二口井以单位流量抽水，其余井不抽（注）水，再计算各个观测孔的水位降深值……依次类推，直至N个抽水井全部循环完毕，这样每次求得M个观测孔（结点）的水位降落值，即得$M\times N$个水位降深响应值，构成$M\times N$阶响应矩阵；④对各时段按第3步进行循环求解，直至L个时段全部算完，则得$M\times N\times L$个响应系数，构成$M\times N\times L$阶三维响应矩阵。

（2）非齐次初边值条件下响应矩阵的建立。对于具有天然补给或排泄（不可控量）和非齐次初边值条件的非线性地下水系统，为建立响应矩阵，可用在可控脉冲量形成的降深场上附加一在天然补、径、排和初边值条件作用下形成的降深场来模拟实际流场，即通过分解渗流场，将非齐次初边值条件化为齐次的，然后在齐次初边值条件下确定单位脉冲响应系数，形成响应矩阵。

下面以平面二维流问题为例，说明其建立过程。设一个承压含水系统中平面二维流问题可用下列偏微分方程的定解问题描述：

$$
\begin{cases}
\dfrac{\partial}{\partial x}\left(T\dfrac{\partial h}{\partial x}\right)+\dfrac{\partial}{\partial y}\left(T\dfrac{\partial h}{\partial y}\right)+P(x,y,t)+\varepsilon(x,y,t)=\mu^{*}\dfrac{\partial h}{\partial t}\ (x,y\in D)\\[2mm]
h|_{t=0}=g_{0}(x,y)\qquad(x,y\in D)\\[2mm]
h|_{\Gamma_{1}}=g_{1}(x,y,t)\qquad(x,y\in\tilde{A}_{1})\\[2mm]
\dfrac{\partial h}{\partial n^{r}}|_{\Gamma_{2}}=-g_{2}(x,y,t)\qquad(x,y\in\tilde{A}_{2})
\end{cases}
\tag{8-23}
$$

式中　T,μ^{*}——导水系数与贮水系数；

　　　Γ_{1},Γ_{2}——一类边界和二类边界；

　　　$g_{0}(x,y)$——承压水头分布初始值；

　　　$g_{1}(x,y,t)$—— 一类边界值；

　　　$g_{2}(x,y,t)$—— 二类边界值；

　　　$P(x,y,t)$——位于点(x,y)的可控制抽水量或注水量；

　　　$\varepsilon(x,y,t)$——不可控量的代数和；

　　　(x,y)——平面位置坐标；

　　　D——地下水渗流场区域。

其中,初始条件、边界条件和系统不可控输入输出量均不为零,即该系统是一个非齐次非线性系统,因此不能直接应用叠加原理来确定单位脉冲响应系数。为了解决此问题,可把定解问题(8-23)分解为下列两个定解问题:

$$
\begin{cases}
\dfrac{\partial}{\partial x}\left(T\dfrac{\partial H}{\partial x}\right)+\dfrac{\partial}{\partial y}\left(T\dfrac{\partial H}{\partial y}\right)+\varepsilon(x,y,t)=\mu^{*}\dfrac{\partial H}{\partial t}\quad(x,y\in D)\\[2mm]
H|_{t=0}=g_{0}(x,y)\qquad(x,y\in D)\\[2mm]
H|_{\Gamma_{1}}=g_{1}(x,y,t)\qquad(x,y\in\tilde{A}_{1})\\[2mm]
\dfrac{\partial H}{\partial n^{r}}|_{\Gamma_{2}}=-g_{2}(x,y,t)\qquad(x,y\in\tilde{A}_{2})
\end{cases}
\tag{8-24}
$$

和

$$
\begin{cases}
\dfrac{\partial}{\partial x}\left(T\dfrac{\partial s}{\partial x}\right)+\dfrac{\partial}{\partial y}\left(T\dfrac{\partial s}{\partial y}\right)+P(x,y,t)=\mu^{*}\dfrac{\partial s}{\partial t}\qquad(x,y\in D)\\[2mm]
s|_{t=0}=0\qquad(x,y\in D)\\[2mm]
s|_{\Gamma_{1}}=g_{1}(x,y,t)\qquad(x,y\in\tilde{A}_{1})\\[2mm]
\dfrac{\partial s}{\partial n^{r}}|_{\Gamma_{1}}=0\qquad(x,y\in\tilde{A}_{2})
\end{cases}
\tag{8-25}
$$

根据数理方程原理:

$$
h=H+s
\tag{8-26}
$$

式中　h——由定解问题(8-23)所确定的实际水头值；

　　　H——由没有可控制脉冲量而仅由于初始流场、边界条件和天然补给排泄所形成的水头分布,即由定解问题(8-24)确定的天然水头分布；

　　　s——在齐次边界条件,无不可控制输入输出因素影响,仅由可控脉冲(抽、注水)形成的水头降深或回升,即定解问题(8-25)确定的水头降深或回升。

这样,按齐次初边值条件下确定单位脉冲响应系数方法,形成响应矩阵。

4)适用范围

响应矩阵法可应用于大、小区域地下水非稳定流模拟模型与优化模型的耦合,建立多时段地下水资源管理模型。

5)举例

问题:在地下水开发中,每口井的开采量受出水能力的限制;总开采量要满足人们的需求;为了保护环境,水位降深不得超过一定极限值。在上述约束条件下要求获得最大的地下水开采量。下面利用响应矩阵法建立这个追求地下水系统最大开采量的管理模型。

首先,应用所建的地下水模拟模型,按上述方法求得单位脉冲响应系数 $\beta(i,j,n-k+1)$,形成响应矩阵,则在 N 口抽水井作用下,第 i 点第 n 时段末实际的地下水水位降深 $s_i(i,n)$ 为:

$$s_i(i,n) = \sum_{j=1}^{N} \sum_{k=1}^{n} \beta(i,j,n-k+1)Q(j,k) + s_0(i,n) \tag{8-27}$$

式中 $s_0(i,n)$——仅由初边值条件和天然补、径、排条件确定的第 i 点第 n 时段末的水位附加降深值;

其他符号意义同前。

然后,将优化模型中的水位与开采量联系起来,建立起如下地下水管理模型:

目标函数
$$\max Z = \sum_{j=1}^{N} \sum_{n=1}^{L} Q(j,n) \tag{8-28}$$

约束条件
$$\begin{cases} Q(j,n) \leqslant Q_0(j,n) \\ \sum_{j=1}^{N} Q(j,n) \geqslant Q_T(n) \\ \sum_{j=1}^{N} \sum_{k=1}^{n} \beta(i,j,n-k+1)Q(j,k) + s_0(i,n) \leqslant s_T(i) \\ Q(j,n) \geqslant 0 \end{cases} \tag{8-29}$$

式中 Q_T——地下水需水量指标;

Q_0——各规划阶段各井出水能力;

s_T——地下水水位降深极限;

其他符号意义同前。

以上是用以地下水水流模拟模型为约束条件的线性规划模型为例来说明嵌入法和响应矩阵法的。对于以溶质运移模型为约束条件的线性规划模型上述方法同样成立,只是溶质浓度代替了水位。对于其他优化模型(如非线性规划、动态规划等)上述方法也适用。

3. 嵌入法和响应矩阵法的特点对比

(1)响应矩阵法是将建模分为两大计算步骤,即首先用模拟模型计算出响应矩阵,然后把响应矩阵与决策变量关系式作为规划管理模型的约束条件。嵌入法则为一步法,即把整个离散的水资源状态模拟方程组直接作为优化模型的等式约束条件。

(2)响应矩阵法可针对特定的地下水资源管理问题,对管理区内某些重点区域或时间段上的变量进行约束,不必非对全区所有点进行约束,从而可以减小数学规划的规模。而嵌入法必须将整个模拟模型嵌入优化模型中,特别是对于分布参数系统则要将模拟模型的整个离散方程组作为优化模型的约束条件。

(3)响应矩阵法尤其适用于大区域、多阶段性的非稳定流地下水资源规划管理问题。而嵌入法适合于面积不太大的稳定流地下水资源管理问题。

(4)响应矩阵法在建模和管理运行过程中得到的最佳决策,仅包含决策变量(抽、注水量)或状态变量(水位、浓度),而后再通过模拟模型或响应矩阵求得其他量。嵌入法则同时给出决策方案的各种变量结果。

五、水资源管理模型的求解方法

水资源管理模型,由于解决的问题不同,其类型也不相同,因此模型的求解方法也不相同。在进行水资源规划管理时常用的方法有线性规划法、动态规划法、层次分析法和多目标规划法等。

(一)线性规划法(Linear Programming,简称 LP 法)

线性规划是系统分析方法的一个基本内容。自从 1947 年丹西格(George Dantzig)提出求解一般线性规划问题的单纯形法之后,线性规划不仅在理论上趋向成熟,而且在实际中的应用日益广泛而深入。特别是随着电子计算机的发展和应用,它的适用领域更广泛,目前已成为解决水资源规划管理问题的重要基础和手段之一。

线性规划研究的是具有线性关系的多变量函数,在变量满足一定线性约束条件下,如何求函数的极值问题。线性规划模型是由一个线性的目标函数和一组线性的约束条件组成的线性代数不等式或等式。

目标函数
$$\max(\min) Z = \sum_{j=1}^{n} c_j X_j \tag{8-30}$$

约束条件
$$\begin{cases} \sum_{j=1}^{n} a_{i,j} x_j \leqslant (\text{或} =, \geqslant) b_i \\ x_i \geqslant 0 \\ i = 1,2,\cdots,m; j = 1,2,\cdots,n \end{cases} \tag{8-31}$$

从上述数学模型可以看出,线性规划问题有不同的数学表达式。为了便于讨论和求解,可将线性规划问题归纳为两种形式——范式和标准式。范式是目标函数取极大值形式,约束条件取"≤"形式,变量为非负。范式有利于线性规划对偶问题的讨论。标准式是目标函数取极大值或极小值,约束条件均取"="形式,变量为非负。标准式有利于直接用标准模型求解问题。因此,在解线性规划问题时,为了便于求解,先要按标准化方法将所建线性规划问题转化为标准式。线性规划问题的求解常用单纯形法,其基本思路是根据问题的标准型,从可行域(满足约束条件及非负条件的区域)中某个基本可行解(可行域各顶点所对应的满足约束条件及非负条件的解)开始,以最快捷的途径转换到另一个基本可行解,使目标函数值达到极大(或极小)。这时的解即为问题的优化解。这种迭代过程常借助于单纯形表来完成。单纯形表是根据线性规划方程组的增广矩阵设计而成的。

单纯形法的具体计算步骤如下：

第一步，将线性规划数学模型变为标准式。

第二步，确定初始基本可行解，建立初始单纯形表。最顶行 c_j 填写目标函数各变量的系数，以下分三部分：①第一部分由 c_i、X_B 和 b 组成，X_B 列填写基本变量（非零的变量）；c_i 列填写基本变量的目标函数系数，它们与基本变量相对应，随基本变量的改变而改变；b 列填写约束方程组右端的常数，即初始基本变量的解值，以后将随基本变量的改变而改变。②第二部分由基本变量 $x_1,x_2,\cdots,x_n$ 和非基本变量（为零的变量）$x_{n+1},x_{n+2},\cdots,x_{n+m}$ 各列的相应系数 $a_{i,j}(i=1,2,\cdots,n;j=1,2,\cdots,n+m)$ 组成，其数值将随着迭代运算过程，从一个表到另一个表不断变化。③第三部分由检验比 θ_j 列组成，用以确定调出行的调出变量。表中最下两行，一行填写 Z_j，并按下式求 Z_j 各行元素：

$$Z_0 = \sum_{i=1}^{m} c_i b_i, \quad Z_j = \sum_{i=1}^{m} c_i a_{i,j}$$

最下一行为检验数行，即 $\delta_j = Z_j - c_j$。

第三步，检查对应于非基本变量的检验数，以确定调入列的变量。对于求极大值问题，选择 $\delta_i < 0$ 的各列中，负值绝对值最大者所在列（称主列）x_k 为调入基本变量（若有几个 $\delta_i < 0$ 的值相等，则选序号最低者）。

第四步，计算检验比 θ_i，将主列 x_k 大于零的各行系数 $a_{i,k}$，分别除同行的 b_i，求得 $\theta_i = b_i/a_{i,k}$，取 θ_i 最小所在行 r（称主行）的基本变量 x_r 作为调出基本变量。

第五步，主行与主列相交的系数称为主系数 $a_{r,k}$，以 $a_{r,k}$ 除主行各系数 $a_{r,j}$，得出新的主行各系数 $a'_{r,j}$，即 $a'_{r,j}=a_{r,j}/a_{r,k}$，将主系数化为 1，并通过消元法，把主列各行的系数（除主系数外）化为零。主行以外各行元素，按 $a'_{i,j}=a_{i,j}-(a_{r,j}/a_{r,k})a_{i,k}$ 计算，形成新的单纯形表，即得出一组新的基本可行解和目标函数值。

第六步，在新单纯形表中，若有 $\delta_j < 0$，且该列有任一个 $a_{i,j} < 0$ 者，表明目标函数仍有改善的余地，应继续迭代下去，即重复第三、四、五步，直至表中所有 $\delta_j \geq 0$（对于求极大值问题），得到最优解为止。

以上是属于约束条件均为"≤"线性规划问题的单纯形法求解。这类约束条件标准化后，其松弛变量均为正数，故在约束方程组的系数矩阵中，就有一个 m 阶的单位矩阵，形成一个初始基本可行解。但是，当约束条件为"≥"或"="时，经标准化后，约束方程组系数不存在单位矩阵，因而没有一个现成的初始基本可行解。为了解决此问题，可在约束方程中引入非负的人工变量。这种人工变量与前述松弛变量不同，它没有物理意义，仅是为了求解方便而引入的。所以，解的结果必须使这些变量为零，才能保持改变后的问题与原问题等价；否则，说明原问题无解。处理人工变量的方法有两种：-M 法和两阶段法，其求解方法均同于一般的单纯形法。其中，两阶段法可避免 -M 法在计算机计算时可能产生失真现象，应用广泛。

（二）动态规划法（Dynamic Programming，简称 DP 法）

在水资源规划管理中，往往涉及地表水库调度、水资源量的合理分配、优化调度等问题，而这些问题又可概化为多阶段决策过程问题，动态规划法是解决此类问题的有效方法。

　　动态规划是 20 世纪 50 年代由美国数学家贝尔曼(R. Bellman)等提出,用来解决多阶段决策过程问题的一种最优化方法。所谓多阶段决策过程,就是把研究问题分成若干个相互联系的阶段,在每个阶段都作出决策,从而使整个过程达到最优化。许多实际问题利用动态规划法处理,常比线性规划法更为有效,特别是对于那些离散型问题。实际上,动态规划法就是分多阶段进行决策,最后使整个过程最优的方法。动态规划中的"动态",狭义地讲,就是指时间过程。因此,动态规划就是在时间过程中,依次采取一系列的决策,来解决这个过程的最优化问题。如地表水库的调度问题,地下水系统中水位、水质的变化等。而对于一些没有时间过程的"静态"问题,如水量分配等,也可以将其在空间上划分为多个"区"或"点",当做多阶段决策过程来考虑,使用动态规划来求解。

　　多阶段决策过程的动态规划法的基本思路是:按时空特点将复杂问题划分为相互联系的若干个阶段,在选定系统行进方向之后,逆着这个行进方向,从终点向始点计算,逐次对每个阶段寻找某种决策,使整个过程达到最优,故又称为逆序决策过程。

　　贝尔曼等所提出的动态规划最优化原理是这样叙述的:"一个过程的最优策略具有这样的性质,即无论初始状态和初始决策如何,从这一决策所导致的新状态开始,以后的一系列决策必须是最优的。"

　　如前所述,动态规划逆序决策过程中,总是从整个过程的终端开始计算,向始端逐阶段择优,其中每一个阶段都要考虑未来各阶段情况并加以比较而选取决策,唯独终端的阶段决策,只考虑终端这一阶段最有利即可。

　　同时,根据最优化原理可知,一个 n 阶段的决策过程,如果所选取的最优策略分别为 $d_1^*, d_2^*, \cdots, d_n^*$,经过第 i 阶段 s_i 状态时,则从 s_i 至终点的最优策略 $d_1^*, d_2^*, \cdots, d_n^*$ 必然是整个最优策略的一部分。这样,就使多阶段决策过程寻找最优策略问题具有递推的性质。即求第 i 阶段至末阶段的最优策略时,可用当前 i 阶段的一个决策加上剩余阶段相应的最优策略,作为从 i 阶段至终点的一个比较策略,从中选取最优策略。据此,可建立动态规划的递推方程:

$$f_i^*(s_i) = \min_{d_i \in D} \left\{ r_i(s_i, d_i) + f_{i+1}^*(s_{i+1}) \right\} \tag{8-32}$$

式中　　$r_i(s_i, d_i)$——由 s_i 和 d_i 决定的指标函数;

　　　　$f_i^*(s_i) \backslash f_{i+1}^*(s_{i+1})$——第 i 阶段状态为 s_i 及第 $i+1$ 阶段状态为 s_{i+1} 时的最优目标函数值。

　　若阶段变量 $i = n, n-1, \cdots, 1$,经历所有阶段,式(8-32)就成为一个递推方程,当 $i = 1$ 时,最优目标函数值 $f_i^*(s_i)$ 也就是全过程最小总费用 R^*,即:

$$f_i^*(s_i) = R^* = \min \sum_{i=1}^{n} r_i(s_i, d_i) \tag{8-33}$$

　　上述递推方程的阶段编码次序和递推次序与实际过程状态转换方向相反,故称为逆序递推;如果阶段编码次序和递推次序与实际过程状态转换方向相一致,则称为顺序递推。

　　递推方程计算时,可顺序递推,也可逆序递推。通常,当初始状态已知时,逆序递推较方便;当最终状态已知时,顺序递推较方便。但无论是顺序递推或逆序递推,都要采用前述逆序决策过程——选定系统前进方向后,逆此方向自终点向始点逐阶段寻优,达到整体最优。所以,逆序递推与逆序决策过程是两个不同的概念。

采用动态规划求解水资源规划管理问题的最优策略时,需要先建立动态规划数学模型。它是由系统状态转移方程、目标函数、递推方程和约束条件等几部分组成的:

$$
\begin{cases}
目标函数 & R^* = \max_{d_i \in D}(\min) \sum_{i=1}^{n} r_i(s_i, d_i) \\
递推方程 & f_i^*(s_i) = \max_{d_i \in D}(\min)\{r_i(s_i, d_i) + f_{i+1}^*(s_{i+1})\} \quad (i = n, n-1, \cdots, 1) \\
系统状态转移方程 & s_{i+1} = T(s_i, d_i) \quad (i = 1, 2, \cdots, n) \\
约束条件 & s_i \in S, d_i \in D
\end{cases}
\tag{8-34}
$$

式中　S、D——状态空间和决策空间;

其他符号意义同前。

动态规划没有固定的标准解法,主要是重复使用递推方程,逐段选优。下面以一维求最大值问题,逆序递推为例,说明其求解步骤。

第一步,将水资源管理的实际问题,按其时空特点分为若干个阶段,并相应选择阶段、状态及决策等变量。若变量在问题中是离散的,则按原离散值进行计算;否则,可在其可行域范围内离散为有限个数值。即阶段变量 i 离散为 $i = 1, 2, \cdots, n$,第 i 阶段有 m 个状态变量 s_i^j,离散为 $s_i^1, s_i^2, \cdots, s_i^m$,允许决策变量集合或决策空间为 1 个 $d_i^1, d_i^2, \cdots, d_i^l$。

第二步,由终端开始逆序进行逐段递推计算:①由给定的 s_i^j 和 d_i^k,求得相应的 $r_i(s_i^j, d_i^k)$;②由 s_i^j 和 d_i^k 求转移后的状态 $s_{i+1}^j = T(s_i^j, d_i^k)$,并求出由状态 s_{i+1}^j 开始至终点的最优值 $f_{i+1}^*(s_{i+1}^j)$,它可由 $i+1$ 阶段的计算结果中直接查到,若 s_{i+1}^j 不在离散状态点上,则 $f_{i+1}^*(s_{i+1}^j)$ 须进行内插;③计算使用 d_i^k 时的最优值 $f_i(s_i^j, d_i^k) = r_i(s_i^j, d_i^k) + f_{i+1}^*(s_{i+1}^j)$,当每一个决策变量均使用完毕之后,将所有的 $f_i(s_i^j, d_i^k)$ 进行比较,得出其中的最优值 $f_i^*(s_i^j)$,其相应的 d_i^k 就是最优决策 d_i^*,记下 $f_i^*(s_i^j)$ 和 d_i^*,以供 $i-1$ 阶段计算之用,一个指定的 s_i^j 算完之后,接着依次进行其他离散状态点计算,当所有 $s_i^j(j = 1, 2, \cdots, m)$ 都计算完后,第 i 阶段计算结束,即转入第 $i-1$ 阶段计算;④重复上述过程,一直计算到初始状态 s_1,此时所得的最优决策序列 $d_1^*, d_2^*, \cdots, d_n^*$ 即为最优策略,所对应的目标函数值即为最优目标函数值。

(三)多目标规划法(Multi-objective Programming)

在水资源的开发利用中,往往具有多种目标要求,如在要求供水量最大的同时,还要求泉的流量或河流的流量保持一定的数量,或控制点的地下水水位降深最小,或水质处理费用最小,或抽水费用最小等。这样的问题就是一个多目标问题。

多目标规划问题与一般单目标问题的区别,不仅仅表现为目标函数个数上的差异,而且更重要的是质的区别。首先,多目标规划与单目标规划相比,能够更全面地反映总体利益。单目标规划往往只偏重一个方面,而多目标规划理论和方法使人们有可能从相互对立、相互冲突、相互竞争的不同利益中,探讨其总体最优的方案或策略。其次,单目标规划的度量单位是统一的,而多目标规划则是各目标有各自的度量单位,而且大多是不可公度的。有的多目标规划中的所有问题都可用货币单位来度量。这时,不可公度性就不存在了,多目标规划问题即可转化为单目标规划问题。例如,在水资源开发利用中,要求供水的效益最大,同时还要求水质的处理费用最小。另外,单目标和多目标问题的求解,在性质上是不同的。单目标规划可求得唯一最优解,而多目标规划则不可能。一般地,在多目标规划中,没有一个方案能使所有目标均达到最优。这样,多目标规划问题一般不存在一个在通常意义下的最优解。但是,任何多目标规划问题都存在它的非劣解,即在所有可行解的集合中是满意的解。单目标规划与多目标规划的本质区别在于单目标规划是标量的最优化问题,而多目标规划则是向量的最优化问题。

多目标规划模型如下:

目标函数
$$\max(\min)\left[Z_1(x),Z_2(x),\cdots,Z_p(x)\right] \tag{8-35}$$

约束条件
$$\begin{cases} x \in R \\ g_i(x) \leqslant b_i & (i=1,2,\cdots,m) \\ x_j \geqslant 0 & (j=1,2,\cdots,n) \end{cases} \tag{8-36}$$

式中　x——决策变量向量,$x=\left[x_1,x_2,\cdots,x_n\right]^{\mathrm{T}}$;

$Z_1(x),Z_2(x),\cdots,Z_p(x)$——$p$ 个独立的目标函数;

$g_i(x)$——约束条件组;

b_i——常数项向量;

R——决策空间可行域。

在水资源管理中,这些目标函数可以是取水量最大、取水费用最小、水质污染程度最小、污水处理费用最小、发电量最大等。约束条件可以是水资源量的限制、水位控制、污染质浓度控制、水量需求约束等。

多目标规划求解方法较多,下面介绍几种常见的方法。

1. 化多目标为单目标法

(1)权重法。当 p 个目标 $Z_1(x),Z_2(x),\cdots,Z_p(x)$ 都要求最小(或最大)时,可预先给每个函数以相应的权系数 λ_i,然后形成新的目标函数:

$$u(x) = \sum_{i=1}^{p} \lambda_i Z_i^x \tag{8-37}$$

$u(x)$ 达到最小(或最大)的解即为多目标规划问题的最优解。

(2)约束法。假定有 p 个目标 $Z_1(x),Z_2(x),\cdots,Z_p(x)$ 要求最优,$x \in R$,如果选其中一个目标作为主要目标,例如选 $Z_1(x)$,要求它越小越好,而且对其他指标只要满足一定限制即可。例如 $Z_i^{\min} \leqslant Z_i(x) \leqslant Z_i^{\max}(i=2,3,\cdots,p)$,这样就变成了单目标规划问题:

$$\begin{cases} \min\limits_{X \in R'} Z_1(x) \\ R' = \{x \mid Z_i^{\min} \leqslant Z_i(x) \leqslant Z_i^{\max}, i=2,3,\cdots,p, x \in R\} \end{cases} \tag{8-38}$$

(3)乘除法。设有 p 个目标 $Z_1(x),Z_2(x),\cdots,Z_p(x)$,要求其中 k 个 $Z_1(x),Z_2(x),\cdots,Z_k(x)$ 达到最小,剩下的 $p-k$ 个达到最大,且 $Z_{k+1}(x)>0,Z_{k+2}(x)>0,\cdots,Z_p(x)>0$。这时,可采用:

$$u(x) = \frac{Z_1(x)Z_2(x)\cdots Z_k(x)}{Z_{k+1}(x)Z_{k+2}(x)\cdots Z_p(x)} \tag{8-39}$$

作为评价解优劣的目标函数(简称评价函数),$u(x)$ 达到最小的解即为原规划问题的最优解。

（4）目标规划法。对每一个目标 $Z_i(x)$ 预先规定了一定目标值 Z_i^*（$i=1,2,\cdots,p$），希望所有的目标与相应的目标值尽量接近，同时根据各个目标的轻重缓急赋予不同的优先级因子 ω_i。这时，可采用下述评价函数：

$$u(x) = \sum_{i=1}^{p} \omega_i \left[Z_i(X) - Z_i^* \right]^2 \tag{8-40}$$

$u(x)$ 在满足原规划问题的约束条件下达到最小时的解，即为原规划问题的最优解。

2. 逐步法

设多目标规划问题的目标函数和约束条件都是线性的，其模型为：

目标函数 $\qquad \max\left\{ \sum_{j=1}^{n} c_{1j}x_j, \sum_{j=1}^{n} c_{2j}x_j, \cdots, \sum_{j=1}^{n} c_{pj}x_j \right\} \tag{8-41}$

约束条件 $\qquad \begin{cases} \sum_{j=1}^{n} a_{ij}x_j \leqslant b_i & i=1,2,\cdots,m \\ x_j \geqslant 0 & j=1,2,\cdots,n \end{cases} \tag{8-42}$

用向量形式可表示为：

$$\max\left\{ C_1^{\mathrm{T}}X, C_2^{\mathrm{T}}X, \cdots, C_p^{\mathrm{T}}X \right\} \tag{8-43}$$

约束条件 $\qquad \begin{cases} AX \leqslant B \\ X \geqslant 0 \end{cases} \tag{8-44}$

下面以该模型的求解为例，说明逐步法的求解过程。

第一步，建立性能指标表。先分别求以下 p 个单目标问题的解：

目标函数 $\qquad \max Z_i(X) = C_i^{\mathrm{T}}X \tag{8-45}$

约束条件 $\qquad \begin{cases} AX \leqslant B \\ X \geqslant 0 \end{cases} \tag{8-46}$

所求得的最优解记为 X_i^*，$i=1,2,\cdots,p$，相应的目标函数值记为 Z_i^*（原多目标规划问题的理想目标值），可列出性能指标表，见表 8-1。

表 8-1　多目标规划问题性能指标

项目	Z_1	Z_2	$\cdots$	Z_i	$\cdots$	Z_p
X_1^*	Z_1^*	$Z_2(X_1^*)$	$\cdots$	$Z_i(X_1^*)$	$\cdots$	$Z_p(X_1^*)$
X_2^*	$Z_1(X_2^*)$	Z_2^*	$\cdots$	$Z_i(X_2^*)$	$\cdots$	$Z_p(X_2^*)$
$\vdots$	$\vdots$	$\vdots$		$\vdots$		$\vdots$
X_i^*	$Z_1(X_i^*)$	$Z_2^*(X_i^*)$	$\cdots$	Z_i^*	$\cdots$	$Z_p(X_i^*)$
$\vdots$	$\vdots$	$\vdots$		$\vdots$		$\vdots$
X_p^*	$Z_1(X_p^*)$	$Z_2^*(X_p^*)$	$\cdots$	$Z_i(X_p^*)$	$\cdots$	Z_p^*

第二步，计算。在第一次迭代时，先寻求原多目标规划问题的最接近理想目标值 Z_1^*，$Z_2^*,\cdots,Z_p^*$ 的解，即求 X，使：

目标函数 $\qquad\qquad\qquad\min\lambda$ $\qquad\qquad\qquad$ (8-47)

约束条件 $\qquad\begin{cases} \lambda \geqslant \left[Z_i^* - Z_i(X) \right] \omega_i \\ AX \leqslant B \qquad (i = 1,2,\cdots,p) \\ X \geqslant 0, \lambda \geqslant 0 \end{cases}$ $\qquad$ (8-48)

式中 ω_i——权重,其值为 $\omega_i = \alpha_i / \sum\limits_{i=1}^{p} \alpha_i$,其中:

$$\alpha_i = \frac{Z_i^* - Z_i^{\min}}{Z_i^*} \cdot \frac{1}{\sqrt{\sum\limits_{j=1}^{n} C_{ij}^2}} \qquad (Z_i^* \geqslant 0) \qquad (8\text{-}49)$$

或 $$\alpha_i = \frac{Z_i^{\min} - Z_i^*}{Z_i^*} \cdot \frac{1}{\sqrt{\sum\limits_{j=1}^{n} C_{ij}^2}} \qquad (Z_i^* < 0) \qquad (8\text{-}50)$$

第三步,求得式(8-48)的解为 $X^{(1)}$,然后把 $Z_1(X^{(1)}),Z_2(X^{(1)}),\cdots,Z_p(X^{(1)})$ 逐个进行比较。如果认为某些目标太好,而另一些目标太差,则可以进行协调。若认为把太好的目标中的某一个 Z_j 修正得差一些,把它降低到 $Z_j(X^{(1)}) - \Delta Z_j$ 就行了。在下一轮计算中,只要求 $Z_j(X)$ 的值不劣于(即不小于)$Z_j(X^{(1)}) - \Delta Z_j$ 就行了。这样,显然降低了 Z_j 的值,必然会使那些不太好的目标得到改进。此时目标 Z_j 对应的权系数 ω_j 应为零,则式(8-48)变换为:

约束条件 $\qquad\begin{cases} \lambda \geqslant \left[Z_i^* - Z_i(X) \right] \omega_i \\ AX \leqslant B \\ Z_j(X) \geqslant Z_j(X^{(1)}) - \Delta Z_j \\ Z_i(X) \geqslant Z_i(X^{(1)}) \\ X \geqslant 0 \qquad i = 1,2,\cdots,j-1,j+1,\cdots,p \end{cases}$ $\qquad$ (8-51)

求解单目标规划问题,得其解为 $X^{(2)}$,再比较 $Z_1(X^{(2)}),Z_2(X^{(2)}),\cdots,Z_p(X^{(2)})$,按上述步骤不断迭代下去,直到得到一组满意的解为止。

需要说明的是,各种优化方法在水资源规划管理中只是一种技术手段,在应用过程中不可过分夸大其在水资源管理中的作用,而忽视基础条件的研究,以免得出错误的结论,影响水资源的合理开发利用。在实际工作中,特别要注意约束条件不当的问题。实践中,因约束条件不当,常造成整个规划模型的失败。在确定约束条件时,除了水文、水文地质意义要正确,约束条件的数量要适中,过多过少的约束都是不可接受的,更不能认为约束条件越多越好。在构造约束条件时,还要避免矛盾约束,或只有部分约束条件起作用,而大部分的约束条件无效。如在水资源管理模型的约束条件中,要求水位保持在 h_0 的同时还要满足 Q 的供水需求。如果当水位保持在 h_0 的情况下,最大抽水量小于 Q,那么这两个约束就是矛盾的,以至于无法求得最优解。这就需要进一步研究水文地质条件,并全面考察环境和经济利益之后,对约束条件进行修正。

第五节　水资源管理措施

　　水资源管理是一项复杂的水事行为,包括很广的管理内容。需要建立一套严格的管理体制,保证水资源管理制度的实施;需要公众的广泛参与,建立水资源管理的良好群众基础;水资源是有限的,使用水资源应该是有偿的,需要采用经济措施及其他间接措施,以实现水资源宏观调控;针对复杂的水资源系统和多变的社会经济系统,必须具有水资源实时调度的能力。

一、管理体制与公众参与

(一)水资源管理体制的重要性及我国水资源管理体制

　　为了实现水资源管理的目标,确保水资源的合理开发利用、国民经济可持续发展以及人民生活水平不断提高,必须建立健全完善的法律法规。这是非常重要的,也是非常关键的。

　　长期以来,我国的水资源管理较为混乱,形成"多龙治水"的局面。如,气象部门监测大气降水,水利部门负责地表水,地矿部门负责污水评价和开采地下水;城建部门的自来水公司负责城市用水,环境部门负责污水排放和处理。在国家一级部门,也相应出现各行其责的分管形式。这种局面严重影响水资源的综合开发利用效益。

　　2002年8月29日,第九届全国人民代表大会常务委员会第二十九次会议通过了新的《中华人民共和国水法》。新水法规定,水资源属于国家所有。水资源的所有权由国务院代表国家行使。开发、利用、节约、保护水资源和防治水害,应当全面规划、统筹兼顾、标本兼治、综合利用、讲求效益,发挥水资源的多种功能,协调好生活、生产经营和生态环境用水。

　　在新水法中还规定,国家对水资源实行流域管理与行政区域管理相结合的管理体制。国务院水行政主管部门负责全国水资源的统一管理和监督工作。国务院水行政主管部门在国家确定的重要江河、湖泊设立的流域管理机构,在所管辖的范围内行使法律、行政法规规定的和国务院水行政主管部门授予的水资源管理和监督职责。县级以上地方人民政府水行政主管部门按照规定的权限,负责本行政区域内水资源的统一管理和监督工作。

(二)完善水资源管理体制,对水资源管理起主导作用

　　综观国内外水资源管理的经验和优势,可以看出,水资源开发利用和保护必须实行全面规划、统筹兼顾、综合利用、统一管理,充分发挥水资源的多种功能,以求获得较大的综合效益。同时,可以看出,水资源管理体制越健全,这些优势体现得越充分。我国主要江河流域面积大,人口众多,管理手段还比较落后,各地区开发利用程度不同,管理水平也不一。因此,我国的水资源管理必须根据我国国情,逐步健全水资源管理体制,按照《中华人民共和国水法》规定,对水资源实行流域管理与行政区域管理相结合的管理体制。

(三)加强宣传,鼓励公众广泛参与,是水资源管理制度落实的基础

　　水资源管理措施的实施,关系到每一个人。只有公众认识到"水资源是宝贵的,水资源是有限的","不合理开发利用会导致水资源短缺","必须大力提倡节约用水",才能保

证水资源管理方案得以实施。公众参与,是实施水资源可持续利用战略的重要方面。一方面,公众是水资源管理执行人群中的一个重要部分,尽管每个人的作用没有水资源管理决策者那么大,但是公众人群的数量很大,其综合作用是水资源管理的主流,只有绝大部分人群理解并参与水资源管理,才能保证水资源管理政策的实施,才能保证水资源可持续利用;另一方面,公众参与能反映不同层次、不同立场、不同性别人群对水资源管理的意见、态度及建议。水资源管理决策者仅反映社会的一个侧面,在做决定时,可能仅考虑某一阶层、某一范围人群的利益。这样往往会给政策执行带来阻力。例如,许多水资源开发项目的论证没有充分考虑受影响的人群,导致受影响群众的不满情绪,对项目实施带来不利影响。

(四)水资源管理法制建设及执法能力建设

这是水资源管理实施的法律基础。加强和完善水资源管理的根本措施之一,就是要运用法律手段,将水资源管理纳入法制轨道,建立水资源管理法制体系,走"依法治水"的道路。新中国成立后,我国政府十分重视治水的立法工作,已经制定了《中华人民共和国水法》、《中华人民共和国水污染防治法》、《中华人民共和国水土保持法》、《中华人民共和国防洪法》。

二、经济运行机制

水资源管理的另一个措施,是采用经济手段。其依赖于政府部门制定的有关经济政策,以此为杠杆,来间接调节和影响水资源的开发、利用、保护等水事活动,促进水资源可持续利用和社会经济发展。

(一)以水价为经济调控杠杆,促使水资源有效利用

水价作为一种有效的经济调控杠杆,涉及经营者、普通水用户、政府等多方面因素,用户希望获得更多的低价用水,开发经营者希望通过供水获得利润,政府则希望实现其社会政治目标。但从综合的角度来看,水价制定的目的在于,在合理配置水资源、保障合理生态环境、美学等社会效益用水以及可持续发展的基础上,鼓励和引导合理、有效、最大限度地利用可供水资源,充分发挥水资源的间接经济社会效益。

在水价的制定中,要考虑用水户的承受能力,必须保障起码的生存用水和基本的发展用水。而对不合理用水部分,则通过提升水价,利用水价杠杆,来强迫减小、控制、逐步消除不合理用水,以实现水资源有效利用。

(二)依效益合理配水,分层次动态管理

其基本思路是,首先全面、科学地评价用水户的综合用水效益,然后综合分析供需双方的各种因素,从理论上确定一个"合理的"配水量。再认真分析各用水户缴纳水资源费(税)的承受能力,根据用水的费—效差异,计算制定一个水资源费(税)收取标准。比较用水户的合理配水量与实际取水量,对其差额部分予以经济奖惩。对于超标用水户,其水资源费(税)的收取标准应在原有收费(税)标准上,再加收一定数量的惩罚性罚款,以促进其改进生产工艺,节约用水;对于用水比较合理的非超标用水户,应根据其盈余情况给予适当的奖励。这样就将单一的水资源费(税)改成了分层次的水资源费(税),实现了水资源的动态经济管理。

（三）明晰水权，确定两套指标，保证配水方案实施

水利部曾提出"明晰水权，确定两套指标"的管理思路。

水权包括水的所有权、使用权、经营权、转让权等。在我国，水的所有权属于国家，国家通过某种方式赋予水的使用权给各个地区、各个部门、各个单位。这里所说的水权主要是水的使用权。一般来说，水的使用权是按流域来划分的。例如某流域水资源中，有多少用于生态、多少用于冲沙、多少用于各区分配，每个区用多少，这就是国家赋予他们的水权。

明晰水权是水权管理的第一步，要建立两套指标体系：一套是水资源的宏观控制体系；另一套是水资源的微观定额体系。前者用来明确各地区、各行业、各部门乃至各企业、各灌区各自可以使用的水资源量，也就是说，要确定各自的水权。另外，可以再将所属的水权进行二次分配，明细到各单位，每个县、乡、村、组及农户。后者用来规定社会的每一项产品或工作的具体用水量要求，如炼 1t 钢的定额是多少、种 1 亩小麦的定额是多少等。有了这两套指标的约束，各个地区、各个行业、每一项工作都明确了自己的用水和节水指标，就可以层层落实节水责任，可持续发展才能真正得到保障。

三、水资源管理方案

水资源管理方案的制订，是水资源管理研究的中心任务，也是水资源管理日常工作所需的重要内容。前文已用了大量篇幅论述水资源管理有关的理论和应用研究内容，为水资源管理方案的制订奠定了基础。

但随着人口增长和社会经济发展，人类在创造财富的同时，增加了引用水量，同时增加了污水排放量，给水资源带来了前所未有的压力，出现了水资源短缺、水污染严重、供需矛盾突出等问题。在这种情况下，人们想到了"通过水资源管理来解决问题"，希望通过对水资源开发、利用及保护的组织、协调、监督和调度等方面的实施，以做到科学、合理地开发利用水资源，支持社会经济发展，改善自然生态环境，并达到水资源开发、社会经济发展及自然生态环境保护相互协调的目标。现今，水资源管理已作为水利部门一项十分重要的工作。目前制订的水资源管理方案也比较复杂，考虑的因素也较多，实施的科学性也较强。

（一）水资源管理方案的制订步骤

水资源管理方案的制订过程可概括为以下几步：

（1）根据研究区的具体实际，调查估算水资源量和可供水资源量，分析水资源利用现状以及水资源开发利用出现的主要问题。

（2）收集水资源管理的法律依据，本区域水资源管理的具体任务、目标和指导思想。重点要体现可持续发展的思想。

（3）了解社会经济发展现状和发展趋势，建立社会经济主要指标的发展预测模型，计算生活用水量、生产用水量（包括工业、农业用水）。

（4）调查生态环境现状，计算合理的生态用水量。

（5）建立面向可持续发展的水资源优化管理模型。

（6）通过优化模型的求解和优化方案的寻找，来制订水资源管理方案的具体内容。

（二）水资源管理方案的内容

水资源管理方案的内容主要包括：

（1）制订水资源分配的具体方案。包括分流域、分地区、分部门、分时段的水量分配，以及配水的形式、有关单位的义务和职责。

（2）制订目标明确的国家、地区实施计划和投资方案。包括工程规模、投资额、投资渠道以及相应的财务制度等。

（3）制定水价和水费征收政策。以水价为经济调控杠杆，促使水资源合理有效利用。

（4）制定水污染保护与防治政策。水资源管理工作应当承担水资源保护与水污染防治的义务。在制订水资源管理方案时，要具体制定水污染防治对策。

（5）制定突发事件的应急对策。在洪水季节，需要及时预报水情、制定防洪对策、实施防洪措施；在旱季，需要及时评估旱情、预报水情、制定并组织实施抗旱具体措施。

（6）制订水资源管理方案实施的具体途径。包括宣传教育方式、公众参与途径以及方案实施中出现问题的对策等。

第六节　其他水资源管理内容简介

一、水务管理的内涵

从水务管理体制改革的本意出发，水务管理的内涵可以概括为在城乡水资源统一管理的前提下，以区域水资源可持续利用支撑城乡经济社会可持续发展为目标，对行政辖区范围内防洪、水源、供水、用水、排水、污水处理与回用以及农田水利、水土保持乃至农村水电等所有涉水事务进行一体化管理的水管理体制。

二、水务管理的主要内容

（一）水务工作的目标

水务局管理城市水资源的主要原因是：首先，水资源是以流域为单元进行循环转化，按流域管理才符合水资源的自身属性和生态属性；其次，尽管城市管理是以行政区划为基础，绝大多数城市都在同一流域内，只有在城市行政区划内尽可能大的范围内统一管理水资源，才符合按流域管理水资源的系统思想；最后，国内外实践表明，以水务局形式管理水资源，能够取得好的效果。

水务局管理的目标是：在城乡水资源统一管理的前提下，要建立三个补偿机制，即谁耗费水量谁补偿；谁污染水质谁补偿；谁破坏水生态环境谁补偿。同时，利用补偿建立三个恢复机制，即保证水量的供需平衡，保证水质达到需求标准，保证水环境与生态达到要求。水务局就是这六个机制建设的执行者、运行的操作者和责任的承担者，是城市可持续发展水资源保障的责任机构，还是水资源相关法规的执行机构。

（二）水务管理的原则

水务管理的基本原则是按饮水保障、防洪安全、粮食供给、经济发展和生态系统建设的次序优化配置资源，其中粮食供给和经济发展应从适当的、更大的系统来考虑。这种配置通过以下十个方面的工作来实现：统一法规，统一政策，统一规划，统一调度，统一监测，统一治理，统一标准，统一制定水价，统一发放和吊销取水许可证，统一征收水资源费。

（三）水务管理的内容

在城市水务管理中，必须统一管理地表水、地下水、自来水、自备水等供给方案，统一管理生活用水、生产用水、生态用水等需求方案。在具体工作中通过做到"十个统一"，建立三个补偿机制和三个恢复机制，达到以水资源的可持续利用保障可持续发展。

要通过城市水资源规划对水资源进行优化配置。在取水阶段，要利用取水许可制度、水资源费征收管理办法、建设项目水资源论证管理办法等调控手段，加强管理。在用水阶段，要制定用水定额，大力节水，为城市居民提供合格的饮用水，充分发挥水价在用水上的杠杆作用。在开源方面，要考虑雨洪利用、中水回用、区外调水、海水淡化和水资源生态建设（包括地下水回灌、保护植被）等综合措施。

在治理污水方面，要采用集中治污、达标处理等措施，同时充分利用污染处理费的价格调控手段。在排水阶段，要综合考虑城市地面硬化对城市雨洪特性的影响，把排水与防洪、污水达标排放综合考虑。

三、我国水务管理概况

我国基本形成了以国务院水行政主管部门、流域机构、地方水行政主管部门为主线，统一管理与分级管理及流域机构与行政区域管理相结合的水资源管理体制和组织制度。

（一）水务管理体制改革的原因

我国人均水资源占有量 2 114 m^3，仅为世界平均值的 28%，耕地亩均水资源占有量 1 500 m^3 左右，为世界平均的一半左右。随着国民经济持续快速发展，城市化进程的加快和人民生活水平的不断提高，水资源短缺、洪涝灾害、水污染和水土流失等问题日益突出。目前，全国 669 座建制市中，有 400 多座城市缺水，年缺水量近 60 亿 m^3，其中有 100 多个城市严重缺水；90% 的城市水域受到了不同程度的污染，特别是随着城市化进程的不断加快，城市对水资源的需求急剧增长，引发了城市水资源短缺、地下水严重超采和水质、水生态恶化等诸多问题，城市水资源供需矛盾越来越突现出来。例如京、津、沪三大直辖市都是缺水的地区，北京、上海属人口压力缺水地区，北京人均水资源量不足 $300m^3$，上海人均水资源量不足 $200m^3$，天津更属于生态缺水地区（即自然水生态不平衡），人均水资源量仅 $153m^3$，都属于极度缺水地区。北京、天津和上海三大直辖市地域狭小，仅是河流流域的一部分，都要依靠外来水源。北京、天津周边地区水资源都十分紧缺；上海境内虽有滚滚长江水流过，但水质取决于上游，水质型缺水问题已很严重。另外，我国水资源管理体制不顺，新中国成立初期，为适应当时的经济发展水平和管理体制，水资源采用了分级、分部门管理的管理体制。水利部门主要负责城市水源工程和农村水利工程建设与管理；地矿部门负责地下水管理；建设部门负责城区地下水资源管理和城市供水、排水设施建设与管理；部分城市还有公用事业局管理排水系统，城区节水办负责城区水资源管理及城市节水。

随着经济社会快速发展，城市水管理中普遍存在管水源的不管供水，管供水的不管排水，管排水的不管治污，管治污的不管回用，城乡分割、部门分割的管理体制。城乡水源不能统一调配，城市地表水与地下水分管，地下水多头管理，用水节水监督不力，多龙管水、缺龙治水,政出多门等问题更加剧了城市用水的紧张局势。这种分割性的水资源管理体制,不仅违背了水的自然循环运移规律和水的再生、储存等动态性、连续性的自然特性,还违背了世界各国对关系国计民生和社会建设发展的重要自然资源进行统一管理的一般社会管理原则。城乡分割、部门分割的水资源管理体制,越来越不适应经济社会发展的需要。

建立以流域统一管理为指导思想的水务局城市水务管理体制,强化水务统一管理,是解决城市日趋严重的缺水问题的有效途径。推行建立防洪、水源、供水、用水、节水、排水、污水处理及回用一体化管理的城乡水资源统一管理模式,提高供水水质,保障城乡供水安全,解决水资源管理中职能交叉、权责不清等问题,缓解水源和地下水超采,使城市水生态系统得到逐步恢复,是在城市中实现工程水利向资源水利转变的当务之急。

(二)我国水务管理改革的成效

我国以水务统一管理为重要特征的水务管理体制改革进入了一个全新的发展阶段。截至2004年10月底,全国成立水务局和由水利局承担水务统一管理职责的县级以上行政区单位1 251个,占全国县级以上行政区总数的53%。2011年中央一号文件关于完善水资源管理体制的核心内容是推进城乡水务一体化,为水务管理体制改革注入新的动力。

各地水务管理体制改革试点工作,已经收得了显著的成效。

(1)水务一体化管理克服了部门职能交叉、政出多门、办事效率低下的弊端,体现了精简、统一、效能和一事一部的机构设置原则,也有利于公众参与水管理。2000年5月上海市水务局成立后,立即显示出了城乡水务统一管理的体制优势,过去水资源分割管理,在咸潮期需要调水时,是由建设部门提出要求,报主管城建的副市长,主管城建的副市长与主管水利的副市长协调,再安排水利局与太湖流域管理局联系,一般要7～10d,而水务局成立后,只需报主管市长后即与太湖流域管理局联系,1～2d就可以完成协调工作。

(2)水务部门统筹调度地表水与地下水,优化配置城区、郊区以及区外水资源,水工程联合调度能够充分发挥工程效益,有效缓解供需矛盾,提高了城乡防洪和供水保证率,改善了城市生态质量。包头市水务局通过建立统一的管理水资源的体制,使其与黄河流域水资源统一管理相配套。在黄河水质超标、供水紧张的情况下,包头市水务局积极采取有效措施,实施"三水"联调,减少黄河取水量,加大水库和地下水的取水量,使供水水质明显改善,保证了百万人口饮用水的水量和水质。

(3)水务一体化管理有利于统一水管理法规与技术标准,为依法管理和规范各项涉水事务提供了法律保障,实现了水务统一执法,加大了执法力度。齐齐哈尔市水务局成立后,为加快排水设施和污水集中处理设施建设和发展,在清理现行涉水行政法规的基础上,由市政府出台了《齐齐哈尔市市区污水处理费征收管理办法》,制定了《水资源管理条例》,修订了《齐齐哈尔市城市供水管理办法》、《齐齐哈尔市排水设施管理条例》,加强了水资源费、水利建设基金的征收工作。在建立地方性水务管理法规方面先走了一步,为齐齐哈尔市水务管理的法制化奠定了一定基础。通过对水务技术标准的整理,把制定新的质量规范和技术规范,提高水务行业的产品质量、服务质量和技术水平,作为强化水务管理的政府职能来抓。

（4）有利于制定统一的水规划,使水资源综合规划与水源、供水、节水、排水、污水处理和中水回用有机结合。上海市水务局发挥体制优势,把规划作为实现水务建设与城市建设协调发展的"龙头"工作来抓,一是组织调查研究,完成了水资源和供、排水管网三项普查,在历史上第一次摸清了水的家底、算清了水账。二是通过编制《上海市水资源综合规划纲要》,贯彻"安全、资源、环境"三位一体的规划思想。三是在纲要编制的基础上,相继组织开展了供水、污水、节水、雨水排水、水功能区划、骨干河道整治和水景观体系等专业规划修编,形成了比较完善的水务规划体系。规划工作的推进和落实,缩短了实现城乡一体、全行业、全覆盖管理的过程,强化了水务一体化管理的权威,促进了城市建设的协调发展。

（5）防洪、河道治理、排水与污水处理工程和城市建设相结合,有利于城市水生态系统建设,水生态系统建设还提高了城市品位,拉动了地产升值,有利于城市产业结构调整和提高城市现代化水平。武汉市结合长江防洪工程和城市排水系统建设,治理沿江环境,规划在长江一桥和二桥之间建设江滩工程。2002年9月完成一期工程1 500多亩江滩,成为武汉市新景点。"十一"期间100多万市民参观休闲,附近搁置多年的烂尾楼很快启动建成,显现了巨大的经济、社会、生态效益。经市民评议,水务局在市政府组成部门中名列第一位。

（6）有利于统一制定水资源费征收标准和供水排水价格政策,统一征收有关规费,加大征管力度,有利于水务基础设施建设的投资回收和培育水务市场。齐齐哈尔市成立水务局后,从供水、排水、污水处理多方面统筹考虑水价改革问题,积极开展工作,最终于2001年7月出台了《齐齐哈尔市市区污水处理费征收管理办法》。可以说,正是水务局的成立,为齐齐哈尔市建立合理的水价格体系提供了组织保障。

（7）强化了水务资产运营,有利于建设统一的水务市场和实现水务国有资产的保值增值。在城乡水务统一管理体制初步建立后,各地在深化改革、建立水务良性运行机制方面也进行了有益的探索。珠海市多年前就准备采用BOT和TOT形式建设污水处理厂,但由于多头管理,多年谈不下来,成立水务局后,半年时间就完成了谈判,并已进入建设阶段。

（三）水务管理体制改革存在的问题

水务管理体制改革在全国范围内已经取得了重要突破,收到了明显的成效,但是改革中也发现了一些问题:在管理体制方面,还有一些水务局没有真正实现涉水事务一体化管理或一体化管理的程度有待提高,与城建系统、环保系统的分工协作关系没有完全理顺,系统内政企、政事不分的问题较为普遍;在运行机制方面,合理的水价形成机制尚未建立,多元化、市场化的投资渠道尚未形成,水务现代企业制度改革滞后;在政策法规方面,现有的行政法规不适应城乡水务统一管理新体制的要求,水务管理技术标准体系有待建立和完善;在队伍建设上,水务系统的思想观念、人员结构、业务素质不能适应城乡水务统一管理新体制的要求。这些问题是新事物发展过程中的问题,是新旧体制交替中的问题,在一定意义上是很难完全避免的,这些问题都将在改革的实践中逐步得到解决,使新体制更加完善。实施城市水务统一管理是水资源管理工作的一次质的飞跃,是资源管理体制的重大改革和创新。随着水资源管理工作范围的逐步扩展,新领域和新问题不断出现,对水务管理自身建设提出了更高的要求。抓住机遇,在更大范围内实现这一管理体制改革,对促进可持续发展战略的实施具有特别重要的意义。这不仅是我国新的治水思路的具体体现,是缓解水资源严重短缺形势的时代要求,也是经济社会发展的必然要求。

(四) 水务管理的发展方向

1. 政企分开,完善城乡水务统一管理体制

为适应社会主义市场经济和加入世贸组织的要求,水务管理必须实行政企分离,建立高效率的政府管理机制和市场化的企业经营机制,正确处理水务局与水务企业之间的关系。

在水务局机关及下属企事业单位机构改革中,要按照政企分开、政资分开、政事分开和精简、统一、效能的原则,充分考虑市场经济条件和加入世贸组织后对政府管理方式的新要求,建立新型的水务管理体制。强化水务局作为政府水行政主管部门在规划编制、政策制定、监督检查、组织协调等方面的职能,同步推进作为政府行政职能延伸的事业单位改革,经营性、科研性、开发性的事业单位逐步转制为企业,推向市场。

2. 依法行政,逐步建立地方性水务管理政策法规体系

建立并发挥城乡水务统一管理体制优势的水务管理政策法规体系,清理已有与水务管理体制不相适应的政策法规,是下一阶段水务工作的重要任务。

充分发挥城乡水务统一管理的优势,严格执行现有的《中华人民共和国水法》、《中华人民共和国防洪法》、《取水许可制度实施办法》等法律法规,采用核检、吊销取水许可证等行政手段,从源头上加强城市用水的监管。按照《国务院关于加强城市供水节水和水污染防治工作的通知》精神,严格控制并逐步减少城市建成区的地下水开采量;建立河湖闸坝放水调控制度,保证城市河湖环境用水;在城市公共供水管网覆盖范围内,原则上不再批准新建自备水源,对原有的自备水源要提高水资源费征收额度,逐步核减取水许可量直至完全取消。

已经实施城乡水务统一管理的地区,针对执法和行政管理中存在的突出问题,密切结合当地实际,清理与水务管理体制不相适应的地方性水管理办法,按照城乡水务统一管理的要求,逐步建立健全发挥水务管理优势、强化水务行业管理的地方性水务管理办法。

3. 深化改革,逐步建立水务良性运行机制

其目标是逐步建立水价形成合理化、项目投资多元化、企业运行市场化、行业监督法制化的良性运行机制。

1) 建立合理的水价形成机制

按照《国务院关于加强城市供水节水和水污染防治工作的通知》和国家发展计划委员会等五部委《关于进一步推进城市供水价格改革工作的通知》精神,改革水价形成机制,加快城市水价改革步伐。一是调整水价要与改革水价计价方式相结合,在 2005 年前所有城市对居民用水实行阶梯式计量水价,对非居民用水实行计划用水和定额用水管理及超计划、超定额累进加价办法;二是针对不同城市特点,实行季节性水价;三是合理确定回用水价格与自来水价格的比价关系,建立鼓励使用回用水替代自然水源和自来水的价格机制。同时,要加大污水处理费征收力度,逐步提高水资源费征收标准。全国所有城市在 2003 年底前都已开征污水处理费,已经开征污水处理费的城市,要把污水处理费的征

收标准提高到保本微利的水平。各地应该高度重视供水水价改革工作,尽快出台供水水价改革实施方案和水价调整方案。

2)建立多元化的水务投融资机制

国内外的经验表明,供水、污水处理单纯由政府办,背不起也搞不好,必须走市场化、产业化、专业化、社会化的路子。按照国家计委《关于鼓励和引导民间投资的若干意见》和《外商投资产业指导目录》的精神,要积极创造条件促使民间资本和海外资本流入城市水务行业,重点鼓励和吸引社会资本及外资投向城市水源工程和净水厂、城市污水处理和回用设施的建设与运营。推广上海、深圳、呼和浩特等市水务局的成功经验,组建城市水务资产经营公司,多渠道、多元化解决水务投资问题。

3)建立水务现代企业制度

供水、排水、污水处理等水务企业,要认真贯彻党的十六大精神和国务院的要求,在"十一五"期间完成企业改制的各项工作,建立"产权清晰,权责明确,政企分开,管理科学"的现代企业制度,使水务企业真正成为自主经营、自负盈亏、自我约束、自我发展的法人主体和市场竞争主体。水务部门也要建立权责明确的国有资产管理、监督、营运体系,确保国有资产保值增值。

4.夯实基础,及时启动地区水资源综合规划,提出水务技术标准体系

实施城乡水务统一管理的地区,要认真开展调查研究,对辖区范围内的水资源与水环境状况及分布特征、供水水源、水利工程概况进行普查,重点是对水厂、供水管网、排水系统、污水处理设施,以及对供水、排水、水处理等相关水务企业和主要用水户进行深入调查,对存在问题进行认真梳理,着手解决突出问题和重点问题。在对水务基本情况与存在问题深入分析的基础上,对水源、供水、排水、污水处理及回用等工程措施进行全面规划,明确不同水平年水务发展目标和相应投资。在对现有水务技术标准进行收集、分析、整理的基础上,提出水务管理技术标准体系建设意见,提出对现有标准的沿用、修订意见,以及新制定标准名称及完成时间,用3~5年时间逐步建立水务管理技术标准体系,指导水务管理工作。

习　题

1. 简述水资源管理的工作流程。
2. 水资源管理有哪些功能?各功能间有何关系?
3. 水资源管理的原则和方法有哪些?
4. 水资源管理的基本制度有哪些?
5. 可持续水资源管理量化研究方法有哪些?
6. 水务管理的原则及内容是什么?

附表1　全国水资源数量评价成果
(1956~2000年同步水文系列)

分区	评价面积 (万 km²)	多年平均降水		多年平均地表水资源量		多年平均地下水资源量 (亿 m³)	多年平均水资源总量	
		降水深 (mm)	降水量 (亿 m³)	径流深 (mm)	径流量 (亿 m³)		总量 (亿 m³)	占全国 (%)
全国	**950.6**	**649.8**	**61 775**	**288.1**	**27 388**	**8 218**	**28 412**	**100**
松花江区	93.5	504.8	4 719	138.6	1 296	478	1 492	5.2
辽河区	31.4	545.2	1 713	129.9	408	203	498	1.8
海河区	32.0	534.8	1 712	67.5	216	235	370	1.3
黄河区	79.5	445.8	3 544	76.4	607	376	719	2.5
淮河区	33	838.5	2 767	205.1	677	397	911	3.2
长江区	178.3	1 086.6	19 370	552.9	9 856	2 492	9 958	35
(其中太湖流域)	(3.7)	(1 177.3)	(434)	(437.6)	(160)	(53)	(176)	(0.6)
东南诸河区	24.5	1 787.5	4372	1 086.1	2 656	666	2 675	9.4
珠江区	57.9	1 549.7	8 972	815.7	4 723	1 163	4 737	16.7
西南诸河区	84.4	1 088.2	9 186	684.2	5 775	1 440	5 775	20.3
西北诸河区	336.2	161.2	5421	34.9	1 174	770	1 276	4.6
北方地区	**605.6**	**328.2**	**19 875**	**72.3**	**4 378**	**2 459**	**5 267**	**18.6**
南方地区	**345.0**	**1 214.4**	**41 900**	**666.9**	**23 010**	**5 759**	**23 145**	**81.4**

注:(1)资料来源于全国水资源综合规划编制组编制的《中国水资源及其开发利用调查评价》。

　　(2)本表数据均包含台湾省和香港、澳门特别行政区。地下水的计算面积扣除了未评价荒漠区、水面面积和不透水城镇化面积,计算面积为845.1万 km²,平原区地下水可开采量的计算面积为166.6万 km²。

附表2　省级行政区水资源量评价成果

省级行政区	降水量（亿 m^3）	地表水资源量（亿 m^3）	地下水资源量（亿 m^3）	地表水资源与地下水资源重复量（亿 m^3）	水资源总量（亿 m^3）	人均水资源总量（m^3）	单位面积水资源总量（产水模数）（万 m^3/km^2）	单位耕地水资源总量（m^3/亩）
全国	**61 775**	**27 388**	**8 218**	**7 194**	**28 412**	**2 091**	**30.0**	**1 437**
北京	98	18	26	7	37	218	22.2	756
天津	69	11	6	1	16	136	13.2	217
河北	998	120	122	37	205	293	10.9	200
山西	795	85	81	44	122	358	7.5	177
内蒙古	3 263	408	232	93	547	2 266	4.7	469
辽宁	987	303	125	86	342	793	23.5	548
吉林	1 145	344	123	68	399	1 459	21.3	477
黑龙江	2 426	686	287	163	810	2 117	17.8	460
上海	69	24	11	7	28	148	43.5	582
江苏	1 014	266	112	54	324	422	31.9	428
浙江	1 664	944	221	210	955	1 865	92.1	3 048
安徽	1 636	652	191	122	716	1 167	51.6	801
福建	2 079	1 180	343	341	1 182	3 280	95.3	5 698
江西	2 735	1 546	380	361	1 565	3 557	93.7	3 486
山东	1 064	197	165	60	302	321	19.1	261
河南	1 278	302	197	96	403	427	24.2	331
湖北	2 194	1 006	289	259	1 036	1 814	55.7	1 403
湖南	3 072	1 682	392	385	1 689	2 647	79.7	2 871
广东	3 144	1 820	450	440	1 830	1 917	103.1	3 900
广西	3 637	1 892	457	456	1 893	3931	80.0	2 878
海南	597	304	80	77	307	3 595	90.0	2 621
重庆	976	568	105	105	568	2 001	68.9	1 500
四川	4 740	2 615	616	615	2 616	3 215	54.0	2 726
贵州	2 076	1 062	260	260	1 062	2 800	60.3	1 444
云南	4 900	2 210	767	767	2 210	4 865	57.7	2 294
西藏	6 876	4 395	972	972	4 395	153 136	36.6	79 647
陕西	1 349	396	131	104	423	1 124	20.5	588
甘肃	1197	260	123	116	267	1 016	6.7	360
青海	2 077	611	282	264	629	11 348	8.8	6 264
宁夏	149	9	18	16	11	178	2.0	54
新疆	2 541	789	503	460	832	3 905	5.1	1 392

注：(1)资料来源于全国水资源综合规划编制组编制的《中国水资源及其开发利用调查评价》。

　　(2)全国水资源总量含台湾省和香港、澳门特别行政区。

附表3　全国水资源分区情况

一级区名称	二级区名称	三级区名称
松花江区 A000000	额尔古纳河	呼伦湖水系、海拉尔河、额尔古纳河干流
	嫩江	尼尔基以上、尼尔基至江桥、江桥以下
	第二松花江	丰满以上、丰满以下
	松花江(三岔河口以下)	三岔河至哈尔滨、哈尔滨至通河、牡丹江、通河至佳木斯干流区间、佳木斯以下
	黑龙江干流	黑龙江干流
	乌苏里江	穆棱河口以上、穆棱河口以下
	绥芬河	绥芬河
	图们江	图们江
辽河区 B000000	西辽河	西拉木伦河及老哈河、乌力吉木仁河、西辽河下游(苏家堡以下)
	东辽河	东辽河
	辽河干流	柳河口以上、柳河口以下
	浑太河	浑河、太子河及大辽河干流
	鸭绿江	浑江口以上、浑江口以下
	东北沿黄渤海诸河	辽东沿黄渤海诸河、沿渤海西部诸河
海河区 C000000	滦河及冀东沿海	滦河山区、滦河平原及冀东沿海
	海河北系	北三河山区、永定河册田水库以上、永定河册田水库至三家店区间、北四河下游平原
	海河南系	大清河山区、大清河淀西平原、大清河淀东平原、子牙河山区、子牙河平原、漳卫河山区、漳卫河平原、黑龙港及运东平原
	徒骇马颊河	徒骇马颊河
黄河区 D000000	龙羊峡以上	河源至玛曲、玛曲至龙羊峡
	龙羊峡至兰州	大通河享堂以上、湟水、大夏河与洮河、龙羊峡至兰州干流区间
	兰州至河口镇	兰州至下河沿、清水河与苦水河、下河沿至石嘴山、石嘴山至河口镇北岸、石嘴山至河口镇南岸
	河口镇至龙门	河口镇至龙门左岸、吴堡以上右岸、吴堡以下右岸
	龙门至三门峡	汾河、北洛河状头以上、泾河张家山以上、渭河宝鸡峡以上、渭河宝鸡峡至咸阳、渭河咸阳至潼关、龙门至三门峡干流区间
	三门峡至花园口	三门峡至小浪底区间、沁丹河、伊洛河、小浪底至花园口干流区间
	花园口以下	金堤河和天然文岩渠、大汶河、花园口以下干流区间
	内流区	内流区

续附表3

一级区名称	二级区名称	三级区名称
淮河区 E000000	淮河上游（王家坝以上）	王家坝以上北岸、王家坝以上南岸
	淮河中游（王家坝至洪泽湖出口）	王蚌区间北岸、王蚌区间南岸、蚌洪区间北岸、蚌洪区间南岸
	淮河下游（洪泽湖出口以下）	高天区、里下河区
	沂沭泗河	南四湖区、中运河区、沂沭河区、日赣区
	山东半岛沿海诸河	小清河、胶东诸河
长江区 F000000	金沙江石鼓以上	通天河、直门达至石鼓
	金沙江石鼓以下	雅砻江、石鼓以下干流
	岷沱江	大渡河、青衣江和岷江干流、沱江
	嘉陵江	广元昭化以上、广元昭化以下干流、涪江、渠江
	乌江	思南以上、思南以下
	宜宾至宜昌	赤水河、宜宾至宜昌干流
	洞庭湖水系	澧水、沅江浦市镇以上、沅江浦市镇以下、资水冷水江以上、资水冷水江以下、湘江衡阳以上、湘江衡阳以下、洞庭湖环湖区
	汉江	丹江口以上、唐白河、丹江口以下干流
	鄱阳湖水系	修水、赣江栋背以上、赣江栋背至峡江、赣江峡江以下、抚河、信江、饶河、鄱阳湖环湖区
	宜昌至湖口	清江、宜昌至武汉左岸、武汉至湖口左岸、城陵矶至湖口右岸
	湖口以下干流	巢滁皖及沿江诸河、青弋江和水阳江及沿江诸河、通南及崇明岛诸河
	太湖水系	湖西及湖区、武阳区、杭嘉湖区、黄浦江区
东南诸河区 G000000	钱塘江	富春江水库以上、富春江水库以下
	浙东诸河	浙东沿海诸河、舟山群岛
	浙南诸河	瓯江温溪以上、瓯江温溪以上
	闽东诸河	闽东诸河
	闽江	闽江上游、闽江中下游
	闽南诸河	闽南诸河
	台澎金马诸河	台澎金马诸河

续附表3

一级区名称	二级区名称	三级区名称
珠江区 H000000	南北盘江	南盘江、北盘江
	红柳江	红水河、柳江
	郁江	右江、左江及郁江干流
	西江	桂贺江、黔浔江及西江
	北江	北江大坑口以上、北江大坑口以下
	东江	东江秋香江口以上、东江秋香江口以下
	珠江三角洲	东江三角洲、西北江三角洲、香港、澳门
	韩江及粤东诸河	韩江白莲以上、韩江白莲以下及粤东诸河
	粤西桂南沿海诸河	粤西诸河、桂南诸河
	海南岛及南海各岛诸河	海南岛、南海诸岛
西南诸河区 J000000	红河	李仙江、元江、盘龙江
	澜沧江	沘江口以上、沘江口以下
	怒江及伊洛瓦底江	怒江勐古以上、怒江勐古以下、伊洛瓦底江
	雅鲁藏布江	拉孜以上、拉孜至派乡、派乡以下
	藏南诸河	藏南诸河
	藏西诸河	奇普恰普河、藏西诸河
西北诸河区 K000000	内蒙古内陆河	内蒙古高原东部、内蒙古高原西部
	河西内陆河	石羊河、黑河、疏勒河、河西荒漠区
	青海湖水系	青海湖水系
	柴达木盆地	柴达木盆地东部、柴达木盆地西部
	吐哈盆地小河	巴伊盆地、哈密盆地、吐鲁番盆地
	阿尔泰山南麓诸河	额尔齐斯河、乌伦古河、吉木乃诸小河
	中亚西亚内陆河区	额敏河、伊犁河
	古尔班通古特荒漠区	古尔班通古特荒漠区
	天山北麓诸河	东段诸河、中段诸河、艾比湖水系
	塔里木河源流	和田河、叶尔羌河、喀什噶尔河、阿克苏河、渭干河、开孔河
	昆仑山北麓小河	克里亚河诸小河、车尔臣河诸小河
	塔里木河干流	塔里木河干流
	塔里木盆地荒漠区	塔克拉玛干沙漠、库木塔格沙漠
	羌塘高原内陆区	羌塘高原区

参 考 文 献

[1] 贺伟程. 水资源[M]//中国资源科学百科全书・水资源学. 北京:中国大百科全书出版社,东营:石油大学出版社,2000.

[2] 陈家琦,王浩. 水资源学概论[M]. 北京:中国水利水电出版社,1996.

[3] 陈家琦,王浩,杨小柳. 水资源学[M]. 北京:科学出版社,2002.

[4] 本刊编辑部. 笔谈:水资源的定义与内涵[J]. 水科学进展,1991,2(3):206-215.

[5] 孙广生,乔西现,孙寿松. 黄河水资源管理[M]. 郑州:黄河水利出版社,2001.

[6] 水利电力部水文局. 中国水资源评价[M]. 北京:水利电力出版社,1987.

[7] 水利电力部水利水电规划设计院. 中国水资源利用[M]. 北京:水利电力出版社,1989.

[8] 世界气象组织,联合国教科文组织. 水资源评价——国家能力评估手册[M]. 李世明,张海敏,朱庆平译. 郑州:黄河水利出版社,2001.

[9] 徐恒生. 水资源开发与保护[M]. 北京:地质出版社,2001.

[10] 刘国纬. 水文循环的大气过程[M]. 北京:科学出版社,1997.

[11] 黑龙江水文总站. 区域水资源分析计算方法[M]. 北京:水利电力出版社,1987.

[12] 陈守煜. 模糊水文学与水资源系统模糊优化原理[M]. 大连:大连理工大学出版社,1990.

[13] 水利部水资源管理司,水利部水资源管理中心. 建设项目水资源论证培训教材[M]. 北京:中国水利水电出版社,2005.

[14] 杨诚芳. 地表水资源与水文分析[M]. 北京:水利电力出版社,1992.

[15] 钱学伟,李秀珍. 陆面蒸发计算方法述评[J]. 水文,1996,16(6):25-31,68.

[16] 雒文生. 河流水文学[M]. 北京:水利电力出版社,1992.

[17] 胡方荣,侯宇光. 水文学原理[M]. 北京:水利电力出版社,1991.

[18] 季学武. 水资源评价[J]. 水资源研究,2006,S1:259-427.

[19] 刘美南,陈晓宏,陈俊合,等. 区域水资源原理与方法[M]. 福州:福建省地图出版社,2001.

[20] 水资源调查评价[EB/OL]. http://www.hwcc.com.cn.2003-10-9.

[21] 王建生,钟华平,耿雷华,等. 水资源可利用量计算[J]. 水科学进展,2006,17(4):549-553.

[22] 朱光华. 区域地表水资源可利用量问题研究[J]. 水文,2007,27(1):82-85.

[23] 高桂霞. 水资源评价与管理[M]. 北京:中国水利水电出版社,2000.

[24] 王开章,董洁,韩鹏,等. 现代水资源分析与评价[M]. 北京:化学工业出版社,2006.

[25] SL 278—2002 水利水电工程水文计算规范.

[26] SL/T 238—1999 水资源评价导则.

[27] 郑在洲,何成达. 城市水务管理[M]. 北京:中国水利水电出版社,2003.

[28] 尚守义,田世义. 水资源及其开发利用[M]. 北京:科学普及出版社,1993.

[29] 《供水水文地质手册》编写组. 供水水文地质手册[M]. 北京:地质出版社,1977.

[30] 张顺联. 地下水资源计算与评价[M]. 北京:水利电力出版社,1990.

[31] 张瑞,吴林高. 地下水资源评价与管理[M]. 上海:同济大学出版社,1997.

[32] 张席儒,赵尔惠,霍崇仁,等. 地下水利用[M]. 北京:水利电力出版社,1987.

[33] 全达人. 地下水利用[M]. 北京:中国水利水电出版社,1996.

[34] 曲焕林. 中国干旱半干旱地区地下水资源评价[M]. 北京:科学出版社,1991.

[35] 董辅祥,董欣东. 城市与工业节约用水理论[M]. 北京:中国建筑工业出版社,2000.

[36] 范逢源,马耀光,施仁浦. 环境水利学[M]. 北京:中国农业出版社,1994.

[37] 冯绍元. 环境水利学[M]. 北京:中国农业出版社,2007.

[38] 王兴奎,邵学军,王光谦,等. 河流动力学[M]. 北京:科学出版社,2004.

[39] 任树梅,李靖. 工程水文与水利计算[M]. 北京:中国农业出版社,2005.

[40] 陈静生. 河流水质原理及中国河流水质[M]. 北京:科学出版社,2006.

[41] 马耀光,马柏林. 废水的农业资源化利用[M]. 北京:化学工业出版社,2002.

[42] 高宗军,张兆香. 水科学概论[M]. 北京:海洋出版社,2003.

[43] 钱易,汤鸿霄. 西北地区水污染防治对策研究[M]. 北京:科学出版社,2004.

[44] 黄才安. 水流泥沙运动基本规律[M]. 北京:海洋出版社,2004.

[45] 汤奇成,熊怡. 中国河流水文[M]. 北京:科学出版社,1998.

[46] 蒋定生. 黄土高原水土流失与治理模式[M]. 北京:中国水利水电出版社,1997.

[47] 周怀东,彭文启. 水污染与水环境修复[M]. 北京:化学工业出版社,2005.

[48] 李天杰,宁大同,薛纪渝. 环境地学原理[M]. 北京:化学工业出版社,2004.

[49] 钱宁,万兆惠. 泥沙运动力学[M]. 北京:科学出版社,1983.

[50] 李义天,邓金运,孙照华,等. 河流水沙灾害及其防治[M]. 武汉:武汉大学出版社,2004.

[51] 翁文斌,王忠静,赵建世. 现代水资源规划:理论、方法和技术[M]. 北京:清华大学出版社,2004.

[52] 林洪孝. 水资源管理理论与实践[M]. 北京:中国水利水电出版社,2003.

[53] 曹万金. 水资源计算评价管理[M]. 南京:河海大学出版社,1989.

[54] 沈大军. 水管理学概论[M]. 北京:科学出版社,2004.

[55] 朱永昌. 水资源管理工作手册[M]. 南京:江苏科学技术出版社,1992.

[56] 何俊仕,尉成海,王教河. 流域与区域相结合水资源管理理论与实践[M]. 北京:中国水利水电出版社,2006.

[57] 左其亭,陈曦. 面向可持续发展的水资源规划与管理[M]. 北京:中国水利水电出版社,2003.

[58] 刘昌明. 西北地区生态环境建设区域配置及生态环境[M]//西北地区水资源配置生态环境建设和可持续发展战略研究·生态环境卷.北京:科学出版社,2004.

[59] 冯尚友. 水资源持续利用与管理导论[M]. 北京:科学出版社,2000.

[60] 姜文来,唐曲,雷波,等. 水资源管理学导论[M]. 北京:化学工业出版社,2005.

[61] 陈志恺,王浩,汪党献. 西北地区水资源及其供需发展趋势分析[M]//西北地区水资源配置生态环境建设和可持续发展战略研究·水资源卷.北京:科学出版社,2004.